五南出版

數學起源

The Historical Roots of Elementary Mathematics

進入古代數學家的另類思考

五南圖書出版公司 印行

序言

本書具備許多獨有的特色，其內容都源自於三位作者實際的數學史教學經驗。

本書的內容著重於單元的選擇，而不在題材的包山包海。儘管讀者在此書中，可能找不到其他參考書籍會出現的某些特定資訊，然而，我們所介紹的各個主題都有足夠的深度，使得學生們可以在一個真實的歷史情境中，實際地從事數學知識活動。他可以像古埃及人一樣地作長除法，像巴比倫人一樣解二次方程，以及如同歐幾里得時代的學生一樣，研究幾何學。參與古代數學家經歷過的數學活動與問題，並面對他們所遭遇的相同困難，最終獲得問題的答案，便是欣賞早期學者之聰慧與創意的最佳途徑。我們（三位作者）也發現，學生們享受著這種深入學習數學史的方式，並且能藉由分析古代的且另類的數學方法，增益他們對現代數學的理解。

本書涵蓋了初等數學的歷史根源：算術、代數、幾何及數論。它省略了許多晚近發展的數學單元。近代所發展的諸多數學主題，都超乎大學數學系的專業範疇，同時，若僅僅在一個膚淺的層次上討論這些概念，並沒什麼太大的意義。具備足夠高中數學知識背景的學生，一定可以藉由研讀本書而獲益；同時，本書大部分的內容（例如：巴比倫、埃及、希臘，以及其他記數系統和計算用的算則），都屬於一般國中生可理解的程度。

由於本書討論了一般中小學數學課程所包含的多數主題的起源，所以特別適合未來的數學教師閱讀。我們過去的經驗也顯示：這些材料的份量，足以提供開設一學期三學分的數學史課程，而這門課是以數學主修的學生或未來的中學數學教師為對象。本書的內容（特別是第 1、2、3、6 和 8 章）也適合當作培育未來小學教師的課程，並作

為中學生的補充教材，以及一般讀者怡情養性之用。我們誠摯地期許，相較於過去的讀物，本書能將數學史惠及更廣大的閱聽大眾。

　　本書中的許多材料來自一部荷蘭文本，*Van Ahemes tot Euclides*（Wolters, Groningen），由當時任教於烏崔特大學的奔特（Lucas N. H. Bunt）博士，以及他的合作者 Catharina Faber-Gouwentak 博士、E. A. de Jong 修女、D. Leujes、H. Mooij 博士以及 P. G. Vredenduin 博士所共同撰寫。書中包括了許多由瓊斯（Phillip S. Jones）所貢獻的修飾與延拓，其中包括有第 6 章的後半部、第 7 章的前半部，以及第 8 章的大部分。他的小冊子《理解數目：它們的歷史與用途》（*Understanding Numbers: Their History and Use*）的大部分內容已經併入本書。至於貝迪因特（Jack D. Bedient）則加入了本書草稿的最後組織工作。

　　作者群由衷地感謝 Bruce E. Meserve 教授，他的許多建議對於本書初稿的改善貢獻良多。同時，他的協助與鼓勵也支撐著此一計畫直到完工。作者群也想對 Prentice-Hall 出版社的工作同仁之襄助表示謝忱。而 Anna Church 和 Emily Fletcher 負責打字工作，也是我們深懷感激的。

奔特（Lucas N. H. Bunt）

瓊斯（Phillip S. Jones）

貝迪恩特（Jack D. Bedient）

希臘字母表

α	alpha		ν	nu
β	beta		ξ	xi
γ	gamma		o	omicron
δ	delta		π	pi
ε	epsilon		ρ	rho
ζ	zeta		σ	sigma
η	eta		τ	tau
θ	theta		υ	upsilon
ι	iota		φ	phi
κ	kappa		χ	khi
λ	lambda		ψ	psi
μ	mu		ω	omega

數學起源的根本魅力

我任教數學史有近四十年的經驗，學生層次包括大學部及研究所。在我使用的教材或參考文獻中，《初等數學史》（*The Historical Roots of Elementary Mathematics*）始終是上上之選，尤其是本書第 6 章〈歐幾里得〉所刻畫的《幾何原本》之知識結構及其歷久彌新意義，更是最足以清晰說明古希臘數學的獨特風貌，令數學史愛好者印象深刻。如果高中階段的數學學習也包括數學經典的研讀，那麼，本章〈歐幾里得〉內容就是《幾何原本》的絕佳替代。

從經典的位階來看，歐幾里得的《幾何原本》（*The Elements*）為何重要？這是因為它與中算經典《九章算術》的對比，大有助於我們理解希臘數學 vs. 中國數學之迥異風格。事實上，在《九章算術》主要提供算則（algorithm）解題的特性之映照下，《幾何原本》所彰顯的「假設＋演繹」（hypothetico-deductive）的結構面向，即使在初等數學層次，也相當足以激發學生的知識探索好奇心。因此，從數學史的連結切入，《幾何原本》的恰當解讀固然是數學通識的必備素養，然而，如從數學史與（中學）數學教學的連結切入，那麼，《幾何原本》所能帶給讀者的教學或學習啟發，就不是其他數學典籍所能望其項背了。

顯然，本書《初等數學史》三位作者正是以《幾何原本》為例，為我們示範數學史如何與數學教學連結，而這也是 HPM 的宗旨。所謂 HPM，原是歸屬於國際數學教育委員的一個研究群——International Study Group on the Relations between History and Pedagogy of Mathematics——的簡稱，後來也用以簡稱這個專業的學門。不過，本書在 1976 年（英文版）發行時，這個學門尚未成熟。儘管如此，本書作者都經由數學史的實際授課經驗中，注意到：如果我們引

導學生採取如同古代數學家一樣的步驟解決問題，並且在面對同樣困難時思考答案的合理性，「這就是欣賞古代學者的聰慧與創意之最佳途徑。我們發現學生欣然介入這種學習數學史的深入進路，以及他們經由古代、另類的解題進路之分析，而得以理解當今數學。」換言之，HPM 進路為我們更深刻理解現代數學，帶來了不可或缺的啟發。

本書這種 HPM 進路以及其第 6 章的精彩獨到，是我十分樂意推薦本書及其中譯的主要原因。公元 2000 年，由於 HPM 主席 Jan van Maanen（任期 1996-2000）及前一屆主席 John Fauvel（任期 1992-1996）的委託，我承辦 HPM 2000 Taipei 國際研討會，讓臺灣數學教育的 HPM 面向得以和國際學界接軌。也因為如此，我在多次與 Jan 的會面中，得以從容地跟他討論 HPM 及數學史（他是荷蘭數學史家 Henk Bos 的徒弟）。記得有一次，我提及本書時，他欣然回憶它的荷蘭文母本之影響。事實上，本書的許多材料來自一部荷蘭文的 *Van Ahemes tot Euclides*，由（當時任教於 Utrecht 大學的）第一作者 Bunt 及其他多位學者合撰。至於英文版則主要經由第二作者 Jones 的修飾與延拓，他發表過一些 HPM 相關論文，頗受同行矚目。總之，如果讀者有意分享 HPM 的深刻關懷，那麼，本書將是極佳的入門選擇。當然，如果讀者的著眼點是數學史本身，那麼，由於「本書涵蓋了初等數學的（西方）歷史根源：算術、代數、幾何及數論」，所以，讀者對於數學史的基本問題意識，想必很容易上手才是。

基於有關起源的 HPM 進路，在本書中，「中小學數學課程中的大部分單元之起源都經過討論」，因此，誠如作者在「序言」所強調，本書適合用在中小學數學教師之培訓及專業發展，或作為中學生的補強教材，在十二年國教的多元選修課程之中，它絕對會有一席之地。另一方面，本書「第 1，2，3，6 和 8 章」，尤其適合充當作未來的小學教師之課程。這個現成的 HPM 文本，對於我們團隊較少著力的這個小學數學面向，確實意義非凡，值得我們學習與發揚。

最後有關譯者，他們都是現職的中學數學教師，在臺灣師範大學數學系就學時，都曾經是我的數學史專業研究生，在數學史及其與數

學教學之關連等方面，都擁有相當紮實的素養。也因此，他們分章負責中譯本書，絕對足以勝任。在定稿前，為了慎重起見，他們更是開設臉書，對本書內容進行細緻的討論。不過，掛一漏萬，缺漏在所難免，我謹以推薦中譯者及審訂者的身分，至盼讀者指正為要。

洪萬生

臺灣師範大學數學系退休教授

目　錄

4

CHAPTER 1
埃及數學

1-1 史前數學

　　埃及第一個法老王曼尼斯（Menes）的儀式權杖頂端上，刻著現存最早的數學文獻。他大約生活於西元前 3000 年，他的權杖上用象形文字記載著征戰的事蹟。那銘文記錄著搶奪來的 400,000 頭公牛、1,422,000 頭羊以及 120,000 個俘虜。如圖 1-1 上所示，圖片裡有公牛、羊還有雙手反綁的俘虜。曼尼斯是否浮誇他的戰功，是很有趣的歷史問題，但從數學來看，卻不是什麼特別重要的事。這件事的重點是，遠在很久很久以前，人們就能記錄下很大的數目。這也暗示著在西元前 3000 年之前的幾個世紀，也就是書寫被發明之前（史前時期），有些數學符號就已經被使用（來記數）了。

圖 1-1　出自 J. E. Quibell, *Hierakonopolis*, 圖版 26B
（London, 1900）

　　目前已知有兩個方法可以認識史前人類的想法和文化。首先，我們可以透過考古學家發現和詮釋下的古代工藝品而得知，另一方面，也可以經由觀察現代世界中的原始文化（部落），從而推論史前思想和習俗如何發展，來了解史前文明。這兩種不同的進路，對於我們研究理念與知識的發展而言，都是很有用的。

　　在考古學上最令人興奮的發現之一，便是 1937 年，由阿伯索洛姆（Karl Absolom）所帶領的團隊，在捷克中部挖掘出來的物品。阿

伯索洛姆發現距今 30,000 年前的狼骨，在圖 1-2 裡可以看到其中一部分，5 個刻痕一組，在狼骨上總共有 55 個刻痕。前 25 個刻痕被兩條一樣長的刻痕分開。雖然我們不知道他們怎麼將這些刻痕刻在骨頭上，但比較合理的解釋是，史前人類非常慎重地刻上這樣的記號，或許他記錄的是某些收集的數量，也許是毛皮，也可能是有多少位親戚，或可能是記錄某個事件發生之後所經歷的天數。我們可以合理地假設他是為了計算每一樣收集來的東西所作的刻痕。如果這樣的詮釋是正確的，那麼，我們可以從中確認史前人類已經對兩個很重要的數學概念有了初步的認識。一個是兩個不同集合的**一對一對應**（one-to-one correspondence），也就是狼骨上的刻痕和他所計算的事物之間的對應。另一個則是計數系統的**基底**（base）概念。刻痕上 25 個刻痕以 5 個一組的方式安排，顯示出一個以 5 為基底的計數系統的雛型。

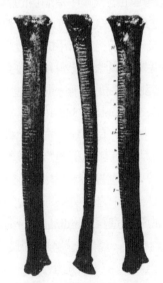

圖 1-2　史前時代的狼骨

（London Illustrated News, 1937 年 2 月 10 日）

人類學的研究更加鞏固了我們有關史前已有數目概念存在的

信念。1889 年，哈頓（A. C. Haddon）發表了一篇關於托里斯海峽（Torres Straits）西方部落的研究報告。在沒有書寫文字的情況之下，那些部落人的數數方式如下：1，*urapun*；2，*okosa*；3，*okasa-urapun*；4，*okosa-okosa*；5，*okosa-okosa-urapun*；6，*okosa-okosa-okosa*。6以上則稱之為 *ras*。現今精熟數學的學生們可以輕易了解這是以 2 為基底的計數系統。如果托里斯海峽部落的人們能了解這樣的概念，或許他就會用使用不同的字來表示 4，而且，也不會將比 6 大的數字以 *ras* 表示。

賽登柏格（A. Seidenberg）最近發表了一篇有關於計數起源的論文（參考本章末的第 12 篇參考文獻），他認為計數是為了從前的宗教儀式而創造。其中，他引述原始部落以及古巴比倫人早期宗教文獻的許多研究成果，顯示參與宗教儀式的人必須按照一定的順序，這同時也說明計數的發展與確定儀式順序這個目的息息相關。從上述兩個研究來看，2 進位是他最早可追溯並查驗的計數方式，這似乎暗指托里斯海峽的原住民和幾千年前祖先所用的計數方法是一樣的。

史前時代的這兩個數學概念「配對和計數」，剛好對應到現代生活與現代教育之中，有關數目的兩種不同的進路。其中一個是 19 世紀後半葉由**康托爾**（Georg Cantor, 1845-1932）提出的集合概念，以及兩個集合之間的一對一概念。有時候，吾人也稱此為數目的**基數進路**（cardinal approach）。大約在康托爾開始發展現代集合論的時代，**皮亞諾**（Giuseppe Peano）也企圖將自然數和其相關之算術公理化。所以，他設立了五個公理，其中之一便是每個自然數都會有後繼元素。而我們把這稱作數目的**序數進路**（ordinal approach）。對比於前述的基數進路所提到的配對概念，序數進路強調的是計數的概念。這兩個進路其實相互等價，但我們在此只是想強調，這些底蘊基本概念的「古代性」（antiquity）已經被數學家加以推陳出新，而成為現代數學系統重要的一部分。

其他有關於數學概念的史前證據並不難找到，吾人可以看到洞窟壁畫裡一些比例和對稱概念，就像技巧熟練的藝術家一樣，畫出非

常寫實的動物和獵人。從畫中顯現出打獵的人和四隻腳的動物，則與數目及一對一概念有關。陶器上亦可發現精巧的幾何設計。在歐洲，經由考察史前畫作也發現他們對於馬車和馬的不同觀點。古巴比倫時代，可能是用以建築寺廟的概略圖，也已經在巴基斯坦的古城 Mohenjo-Daro 被挖掘出土，其中出現一把十進位的直尺。雖然考古學上的發現很有趣，但若我們從數學的觀點來探討，對於歷史時期（historic period）的研究則更顯價值。接下來，我們把注意力轉移到古埃及與古巴比倫的早期書寫系統上。

1-2 最早的數學文獻

雖然歷史遺跡、銘文、曼尼斯的權杖上都記載著最早的書寫數目，不過大部分我們所知關於埃及人的數學活動，主要還是從紙莎草紙上面的文字得知。紙莎草紙類似我們現今所用的紙，它是利用生長在尼羅河邊的紙莎草製成的。從這些文獻，我們可以研究西元前兩千年前的埃及數學，但為什麼起源於埃及呢？

希羅多德（Herodotus，約西元前 450 年）察覺到埃及人每年被迫在尼羅河氾濫之後重新劃分土地界線，為此目的，測量員就必須擁有簡單算術與幾何的實用知識，於是，很多當時的計算過程被留下來。不過，典型的埃及數學是描述算術過程和幾何關係，但未提及其底蘊的通則。所以，我們只能知道埃及人如何計算，並猜測他們如何發展這些方法。我們解讀和研究這許多問題的詳細解答，以尋找他們計算方法背後的原因。

希臘數學家德謨克利特斯（Democritus，大約西元前 460 - 370 年）欣賞埃及人的數學，並將之和自己的研究成果相媲美，他寫道：「在說到以證明來建構直線時，沒有人，甚至連所謂埃及的拉繩索的人（rope stretcher）都無法勝過我。」他所指的埃及的拉繩索的人，可能是測量員（surveyor）的意思，而他最主要的工具就是那綑繩索。如圖 1-3 所示，是一個抱著自己那捆繩索的拉繩索的人之雕像。

圖 1-3　測量員抱著捆好的準繩。哈特薛普斯特女王（Queen Hatshepsut）時期雕塑的塞尼姆特（Senemut）像，今收藏於羅浮宮。[1]

　　現今所知道的最古老的埃及數學文本之中，包含了很多日常生活中的實際問題，像是計算穀倉的容量、商店建築物所需的磚塊數量，或者是做麵包、啤酒所需儲存的穀物總量。

　　《萊因德紙草書》（*Rhind papyrus*）是我們獲得埃及人算術知識的最好來源，它是以於 1858 年從路克索（Luxor）購買此紙草書的英國人萊因德（A. Henry Rhind）命名的。後來，他又賣給了現在陳列展示的博物館。西元前 1650 年，抄寫者阿姆斯（Ahmes）複製了這本紙草書，有時候我們也以他的名字稱呼這本書，儘管根據作者自述，本書事實上取材自西元前 2000 年到 1800 年之間更古老的作品。書中總共包含了 80 個問題，除了包含許多實用問題的解答之外，有

---

[1]　譯按：原文引自 René Taton 所編 *Histoire Générale des Sciences* 第一卷（Presses Universitaires de France, 1957）。

些問題也涵蓋了幾何概念，但也包含很多沒有實用價值的問題。從書中可以窺見作者以解決他自己提出的問題為樂。

其他四本規模小一點的重要埃及數學文獻，分別是《莫斯科紙草書》(*Moscow papyrus*)、《卡夫紙草書》(*Kahun papyrus*)、《柏林紙草書》(*Berlin papyrus*)和《皮革卷》(leather roll)。還有很多因為貿易而散落世界各地的紙草書，但那些書的內容只包含少許的埃及數學。

我們無法得知《莫斯科紙草書》明確的發現地點，因此，它是以保存這本書的城市命名。本書在 1920 年開始被學者解讀，直到 1930 年文本才被完全公開。這本紙草書包含了 30 個範例問題，從本章的圖 1-9 之中（見第 47 頁）可看到本書的一部分內容。

大約在 1900 年左右，英國人在卡夫（Kahun）發現了一本紙莎草書，因而為之命名。這本書包含了算術方法的應用，但相對地沒有那麼重要。

歷經漫長的時間之後，《皮革書》已經完全乾燥而且變硬，很難在不被破壞的情況下完整打開，但現在的化學方法已經可以使它軟化並且保存。現在，這本《皮革書》正陳列在大英博物館，我們將在 1-9 節再繼續探討。

1-3 記數符號

埃及人的記數符號非常簡易，他們用**聖書體**（hieroglyphics）表示 1，10，100，…，1,000,000：

1 = |		1,000 =	
10 = ∩		10,000 =	
100 = ℮		100,000 =	
	1,000,000 =		

1000 的符號是一朵蓮花，10^4 是指尖彎曲的手指，10^5 是蝌蚪，10^6 則是一個雙手手臂上舉的人。試回頭看看圖 1-1 裡的曼尼斯權杖，尋找這些符號的例證。

　　數目 2 到 9 分別以二、三、⋯⋯、九條豎立線段表示如下：

$$2 = \|, \quad 3 = \|\|, \quad \cdots, \quad 9 = \begin{array}{c} \|\| \\ \|\| \\ \|\| \end{array}$$

十位數，百位數等等，以此類推。例如：

$$50 = \begin{array}{c} \cap\cap \\ \cap\cap\cap \end{array}$$

$$700 = \begin{array}{c} \wp\wp\wp \\ \wp\wp\wp\wp \end{array}$$

　　這些符號可以結合在一起表示其他的數字，舉例來說：

$$324 = \wp\wp\wp \,\cap\cap\, \|\|\|\|$$

這裡由左而右依序是百位、十位然後是個位，就如同現代的書寫表示。但是，聖書體亦可以由右而左書寫，也就是說，將其反序而寫。茲以 324 為例，也可以書寫如下：

$$\|\|\|\|\cap\cap\,\wp\wp\wp$$

我們進一步觀察到如下事實：

1. **沒有 0 的記號。**例如書寫 305，我們現在不能缺少的 0，埃及人寫法如下：

$$\text{ᒍᒍᒍ} \begin{array}{c} || \\ ||| \end{array}$$

2. **數碼以基底 10 來表現**。以一個符號來取代 10 個相同且數值較小的符號。

習題 1-3

1. 參考圖 1-1 之中的曼尼斯權杖，請計算出共有多少頭公牛，多少頭羊以及多少俘虜。請比較你的答案與章節 1-1 之中所給的結果。

2. 請用聖書體表示以下數字

   (a) 53 　(b) 407 　(c) 2136 　(d) 12,345

3. 請問下列的數字分別是多少？

   (a) ᕧᕧ $\begin{array}{c} \text{ᒍᒍ} \;\; ||| \\ \text{ᒍᒍᒍ} \;\; |||| \end{array}$

   (b) ⚐ ⚐

   (c) ⌒

4. 請問總共需要用多少種聖書體符號，才能將 1 到 1,000,000 表示出來？如果使用我們現代的計數系統，又需要多少種符號呢？

5. 請將下述這兩個數字相加：

   $$\begin{array}{ccc} \begin{array}{c} \text{ууу} \\ \text{ууу} \\ \text{ууу} \end{array} & \begin{array}{c} \text{ᒍᒍᒍ} \;\; || \\ \text{ᒍᒍᒍ} \;\; |||| \\ |||| \end{array} & + \; \begin{array}{c} \text{ᒍᒍ} \;\; ||| \\ \text{ᒍᒍᒍ} \;\; |||| \end{array} \end{array}$$

   古埃及的學生需要記住多少個數字才能作加法運算？又現代的學生又要記住多少個數字？

6. 請將下述這兩個數字相乘：

〉𒐈𒐈 ∩∩ ∥∥ × ∩
　　　　∩∩

你可以用埃及數碼提供一個簡單的乘法規則嗎？

1-4 算術運算

利用上述這些符號作加法運算並沒有什麼困難，甚至比我們現在慣用的還簡單，不需要像 7 + 5 = 12 這樣的組合需要記憶。因為古埃及人知道 10 個豎劃可用 ∩ 表示，而 10 個 ∩ 可用 ℰ 表示，以此類推。他們只需要數符號的個數即可作加法運算。因此他們要加 ℰℰℰ ∩∩ ∥∥∥ 和 ℰℰ ∥∥，直接可得 𒐈 ∩∩ ∥。數 10 個豎劃寫成 ℰℰℰ ∩∩ ∥∥∥∥　　　　ℰℰ ∥∥∥　　　　　　∩∩∩ ∥∥ ∩，再將剩下的兩個豎劃寫下，不需要知道 7 加 5 等於 12，也不需要寫下 2 然後在心裡記住 1 進位等等。

下面的例子可看出他們的減法操作方式。如果古埃及人想要計算 12 − 5，他們心裡會這樣想：要加上多少才能讓 5 成為 12？這樣補上的算法稱為 *skm*（讀作 *saykam*）。我們現在使用一個找零錢（making change）的等價作法。舉例來說，如果應該付款金額是 5.83 元，給 10 元時，店員會累加到 10 元找錢，也就是 $5.83 + $0.02 = $5.85；$5.85 + $0.05 = $5.90；$5.90 + $0.10 = $6.00；$6.00 + $4.00 = $10.00。當店員找錢時不會講出這些過程，也不會將畫底線的數字 0.02，0.05，0.10，4.00 加起來算出總和，然後得知 5.83 和 10 的差。這整個「補上」過程在數學上站得住腳。在普通的代數學裡，甚至較高等的數學系統上，以及在演算法之中，減法經常被看作是加法的逆運算。每一個減法問題，像 12 − 5 = ？這樣的問題，就是先給出加法答案及一個加數（addend），然後求另外一個加數的問題。因此，12 − 5 = ？事實上是問 12 = 5 + ？。數學上，加法是基礎的運算，減法則是以加法來定義的，若沒有加法，則減法是不存在的。當孩子們被教育以加法來驗證減法結果，而且當減法和加法同時進行於數學教學時，就能體認

到上述的事實。

　　埃及人的乘法和我們現在的乘法很不一樣，埃及人用兩個運算作乘法：**倍增**（doubling）及其**加法**（adding）。例如，計算 6×8，埃及人會「論證」如下：

$$2 \cdot 8 = 16$$
$$4 \cdot 8 = 2 \cdot (2 \cdot 8) = 32$$

算式的左邊知道：$(2 + 4) \cdot 8$，也就是 6×8。算式的右邊可知道 $16 + 32 = 48$，那因此，$6 \times 8 = 48$。

　　《萊因德紙草書》中的問題 32，說明了古埃及人究竟如何計算 12×12，以下就是他們的計算方法（讀法由右至左）：

對應如下（讀法由左至右）：

	1	12	
	2	24	
\	4	48	
\	8	96	和 144

從上到下我們可以看到他們以**倍增**的方式得到 1×12、2×12、4×12、8×12 的結果。而第三和第四列前的斜劃記號，則提示將兩式相加以得到原題目要的乘積。最下面的算列之中的那個聖書體文字 ，代表紙草卷，是「**結果如下**」的意思。

　　除了這個方法，古埃及人有時候以 10 直接相乘，取代相加兩次還有以 8 相乘。若以他的記號表示，作法比較簡單。他們只是以∩代替丨、以 ℓ 代替∩，以此類推。

例題 1　計算 14×80

聖書體文字				現代的表示	
∩∩∩∩ ∩∩∩∩	|			1	80
9999 9999	∩	/	\	10	800
∩∩∩9 ∩∩∩	||			2	160
∩∩99	∩∩999	|||| /	\	4	320　和 1120

　　古埃及人還有其他計算乘法的進路，例如，以 5 相乘，古埃及人通常會先以 10 相乘然後再以 2 除之。

例題 2　計算 16×16（《卡夫紙草書》的問題 6）

\	1	16	
\	10	160	
\	5	80	和 256

　　將數目分半（halving a number）被認為是以心算方式來進行的基礎算術運算。

　　例題 2 裡介紹的「加倍」和「分半」方法，在古希臘以及中世紀時被當作是兩個分開的運算。事實上，在早期美國的教科書裡，這兩個運算被放在雙倍法（duplation or duplication）和二等分法（mediation）兩個不同標題之下的章節。

　　讀者可以試著透過手算練習，幫助自己更了解埃及人執行乘法計算的方式。

習題 1-4

1. 請將下述的加法問題用聖書體文字來表示，並計算出加法的結果。

   (a)　46　　(b)　64　　(c)　4297

   　　　23　　　　28　　　　1351

2. 同例題 1，試以減法計算出結果。

3. 在不翻譯成聖書體文字的情況下，請以重複加倍和相加的方法，計算下面問題的答案。（不需要用聖書體文字）

   (a) 22×17　(b) 34×27　(c) 19×28

4. 請用聖書體文字表示第三題的算式。

5. (a) 請用聖書體文字寫下 426。

   (b) 請以聖書體文字表示 10 乘上 426。

   (c) 請以 5 乘上 426 也就是將 (b) 所得結果的每個聖書體文字分半重新表示。並以現代的符號檢查你的算法。

1-5 乘法

　　讓我們重新來看 12×12：

```
          1      12
          2      24
      \   4      48
      \   8      96         和 144
```

左邊的直列數字是由 2 的乘冪構成的，斜劃後的數字暗示出被乘數 12 可被表示成這樣的乘冪之和。

　　如此一來，可能會引發下列問題：這樣加倍還有相加的方法永遠都會是對的嗎？如果我們可以將被乘數表示成 2 的冪級數，答案就是肯定的。那麼這永遠可行嗎？是的，這是可行的。接下來，我們將舉個例子進一步說明。假設我們想要將 237 與 18 兩數相乘，拿 237 當被乘數，那麼，237 就必須寫成 2 的乘冪之和的形式。2 的前面九個乘冪分別是：

$$2^0 = 1 \qquad 2^3 = 8 \qquad 2^6 = 64$$
$$2^1 = 2 \qquad 2^4 = 16 \qquad 2^7 = 128$$
$$2^2 = 4 \qquad 2^5 = 32 \qquad 2^8 = 256$$

　　現在，讓我們將 237 表示成 2 的乘冪之和：

$237 = \underline{128} + 109$，
　　但是 $109 = \underline{64} + 45$，
　　　　　　$45 = \underline{32} + 13$，
　　　　　　　　$13 = \underline{8} + 5$
　　　　　　　　　　$5 = \underline{4} + \underline{1}$

　　那麼，$237 = 128 + 64 + 32 + 8 + 4 + 1$，也就是，$237 = 2^7 + 2^6 + 2^5 + 2^3 + 2^2 + 2^0$。其他所有的乘數，也都可以像這樣表示成 2 的冪級數。

　　我們繼續完成 237×18 的步驟：

$$237 \times 18 = (2^7 + 2^6 + 2^5 + 2^3 + 2^2 + 1) \times 18$$
$$= (2^7 \cdot 18) + (2^6 \cdot 18) + (2^5 \cdot 18) + (2^3 \cdot 18) + (2^2 \cdot 18) + (1 \cdot 18)$$

埃及人的計算版本是：

\	1	18
	2	36
\	4	72
\	8	144
	16	288
\	32	576
\	64	1152
\	<u>128</u>	<u>2304</u>
	237	4266

直行數字前有標記「\」的數字要相加。

　　在前面的段落裡，我們其實利用了分配律（distributive property），$(a+b) \cdot c = ac + bc$。這個性質已經隱諱地被使用了好多個世紀，它是非常古老的概念，但直到十九世紀，才終於被認為是基礎的計算法則，出現在許多不同數學系統的基礎結構中。掌握數學的這種底蘊結構的重要性，已經成為現代數學的特徵及現代數學的研究目標。還有，對於數學結構的認識，可以幫助我們弄清楚古老系統的相關概念，並且有助於發展新的系統。我們現在也將這個古老的分配律性質，視為用來定義**體**（*field*）的性質之一，在 8-11 節裡，我們會再次談到體的概念。

　　還有一個在俄國農村間流傳的乘法「俄羅斯農夫法」（Russian peasant method），這個方法和古埃及的乘法非常類似，至今俄國某些地區仍然使用這樣的計算方法。在此方法中，所有的乘法都結合了加倍法和分半法來執行。假設今天俄國農夫想要計算 83 乘以 154，他會以相同的步驟，一邊連續作加倍法，另一邊連續作分半法進行：

$$83 \times \quad 154 \quad /$$
$$41 \times \quad 308 \quad / \quad （41 \text{ 是二等分 } 83 \text{ 取比較小的那一半，} 308 = 2 \times 154）$$
$$20 \times \quad 616 \qquad （20 \text{ 是二等分 } 41 \text{ 取比較小的那一半}）$$
$$10 \times 1232 \qquad （10 \text{ 是 } 20 \text{ 的一半}）$$
$$5 \times 2464 \quad /$$
$$2 \times 4928$$
$$1 \times 9856 \quad /$$

選取只有包含一個偶數的算式列，並在後面劃記，將劃記算式列的乘數相加：

$$154 + 308 + 2464 + 9856 = 12{,}782$$

那麼，12,782 即為所求，利用現在一般的乘法，亦可求出相同的解。

　　第一次看到這樣算法的人可能會懷疑其正確性，然而，它的確是正確的，為什麼呢？解釋如下：

$$83 = 82 + 1 \qquad (83 \cdot 154 = 82 \cdot 154 + 1 \cdot 154)$$
$$82 = 41 \cdot 2 \qquad (83 \cdot 154 = 41 \cdot 308 + \underline{154})$$
$$41 = 40 + 1 \qquad (83 \cdot 154 = 40 \cdot 308 + \underline{308} + \underline{154})$$
$$40 = 20 \cdot 2 \qquad (83 \cdot 154 = 20 \cdot 616 + \underline{308} + \underline{154})$$
$$20 = 10 \cdot 2 \qquad (83 \cdot 154 = 10 \cdot 1232 + \underline{308} + \underline{154})$$
$$10 = 5 \cdot 2 \qquad (83 \cdot 154 = 5 \cdot 2462 + \underline{308} + \underline{154})$$
$$5 = 4 + 1 \qquad (83 \cdot 154 = 4 \cdot 2464 + \underline{2464} + \underline{308} + \underline{154})$$
$$4 = 2 \cdot 2 \qquad (83 \cdot 154 = 2 \cdot 4928 + \underline{2464} + \underline{308} + 154$$
$$\text{也就是 } 83 \cdot 154 = \underline{9856} + \underline{2464} + \underline{308} + \underline{154}$$

所以，結論就是 $83 \times 154 = 12{,}782$。

　　仔細觀察俄國農夫乘法可以發現和埃及乘法的關聯，觀察等號之後的直行可結合解釋如下：

$$
\begin{aligned}
83 \;&=\; 82+1 \\
&=\; 41 \cdot 2 + 1 \\
&=\; (40+1) \cdot 2 + 1 \\
&=\; 40 \cdot 2 + 2 + 1 \\
&=\; 20 \cdot 2^2 + 2 + 1 \\
&=\; 10 \cdot 2^3 + 2 + 1 \\
&=\; 5 \cdot 2^4 + 2 + 1 \\
&=\; (4+1) \cdot 2^4 + 2 + 1 \\
&=\; 4 \cdot 2^4 + 1 \cdot 2^4 + 2 + 1 \\
&=\; 2^6 + 2^4 + 2 + 1
\end{aligned}
$$

這是將 83 以 2 的乘冪之和表示（$1 = 2^0$）。不管哪個自然數都一定可以像這樣，寫成 2 的乘冪之和。

　　現在，讓我們比較一下俄國農夫和埃及人各是如何將 83 和 154 相乘。埃及人的算法是這樣的：

\	1	154	
\	2	308	
	4	616	
	8	1232	
\	16	2464	
	32	4928	
\	64	9856	和 12,782

埃及人之所以在一部分 2 的乘冪數字前劃記，是因為全部相加總和為 83，右行相對應的數，分別是：154 (= 154 · 2^0)、308 (= 154 · 2^1)、2464 (= 154 · 2^4)、9856 (= 154 · 2^6)，剛好就是俄國農夫的乘法中，同樣做記號的算式列（前述有劃底線加以解釋的部分）。

　　與現代的算法比起來，埃及人的乘法相當奇怪。更奇怪的是埃及

人的除法，但事實上，他們的算法比我們現今所使用的除法更容易讓人了解。埃及人如此描述：「以 9 算出 45」，而不是如現代所說的「計算 45÷9」。我們從 9 的乘法開始如下：

$$
\begin{array}{ccl}
\backslash & 1 & 9 \\
 & 2 & 18 \\
\backslash & 4 & 36 \quad \text{和 } 45
\end{array}
$$

從此可看出 $(1+4) \cdot 9 = 45$ 或者 $45 \div 9 = 5$。

　　現在我們常常將除法定義為乘法的逆運算，換句話說，每個除法問題，都等同於先給出乘積和某個因數，接著要求出另一個乘數。因此，現在當我們問 45 除以 9 等於多少時，意思即是問多少乘以 9 等於 45。

習題 1-5

1. 試以古埃及人的乘法運算，計算下列問題：
   (a) 74×64　(b) 129×413　(c) 58×692　(d) 4968×1234
2. 試以俄國農夫的乘法計算第一題中各小題的答案。
3. 將乘數和被乘數位置對調重新計算習題 1(c) 的乘積，再比較這和前述的算法有什麼不一樣，並解釋為什麼。
4. 試以埃及的聖書體文字寫下 1(a) 和 1(b) 的算式。
5. 試以古埃及人的除法運算，計算下列問題：
   (a) 364÷24　(b) 238÷17　(c) 242÷11　(d) 405÷9
6. 試以 2 的冪級數表示下列數字：
   (a) 15　(b) 14　(c) 22　(d) 45　(e) 16　(f) 79　(g) 968　(h) 8643
7. 請參考 8-11 章節所列有關體的性質，並在埃及人計算下列問題的過程中，標示出我們現在確知的相關性質。
   (a) 1-4 之中的習題 1。
   (b) 第 14 頁的乘法：237×18。

1-6 分數和除法

如果進行除法時餘數不為零，那麼，分數就會跟著產生。古埃及人在度量衡制中當然也會使用分數。

古埃及人和我們用的分數有很明顯的差異，我們分數的分子可以是任何數，但是，古埃及人除了 $\frac{2}{3}$ 和 $\frac{3}{4}$ 之外的其他分數，只用 1 當分子。我們稱分子為 1 的分數為**單位分數**（unit fraction）。為了寫出分數，古埃及人只是將分母劃在記號 ⬭ 下方，那個記號象徵打開的嘴巴，舉例來說，$\frac{1}{12}$ 就表示成 ⌢‖ 的聖書體文字。

古埃及人用不同的符號表示分數，其中幾個是：

$$\frac{1}{2} = \sqsubset \quad 、 \quad \frac{1}{4} = \times \quad 、 \quad \frac{2}{3} = \oplus$$

還有 $\frac{3}{4}$ 的聖書體文字：⏝，這個符號也寫成 $\sqsubset \times (= \frac{1}{2} + \frac{1}{4})$。

對於經常使用的分數，他們會利用特別的符號來表示，就像英文會用 one half（一半）、one quarter（四分之一）、one percent（百分之一），來表示 one twoth（二分之一）、one fourth（四分之一）、one one-hundredth（百分之一）等。

在計算求解的過程中，古埃及人常常發現有些問題的答案不能只以一個單位分數表示，這種情形下，古埃及人就將之寫成數個單位分數的和。舉例來說，古埃及人會以 $\frac{1}{3} + \frac{1}{2}$ 表示 $\frac{5}{6}$，還有前面已經看過的 $\frac{3}{4} = \frac{1}{2} + \frac{1}{4}$。

我們必須提醒讀者，將分數化約為單位分數之和的表示法，並不總是唯一的，先來看看下面的例子：

例題 1

$$\frac{7}{24} = \frac{4+3}{24} = \frac{4}{24} + \frac{3}{24} = \frac{1}{6} + \frac{1}{8} ,$$

也可以寫成

$$\frac{7}{24} = \frac{6}{24} + \frac{1}{24} = \frac{1}{4} + \frac{1}{24} 。$$

例題 2

$$\frac{2}{35} = \frac{6}{105} = \frac{1}{21} + \frac{1}{105} ,$$

也可以寫成 $\frac{2}{35} = \frac{12}{210} = \frac{1}{30} + \frac{1}{42}$ 。

或者是 $\frac{2}{35} = \frac{8}{140} = \frac{1}{20} + \frac{1}{140}$ 。

　　古埃及人如何發現他們單位分數表徵的相關未解決問題，刺激許多現代數學家進行研究，西爾維斯特（J. J. Sylvester, 1814-1897）提出了一套系統，將每一個 0 和 1 之間的分數，唯一地表示為單位分數之和。他的方法如下：

　　(1) 找出比給定分數小的最大的單位分數（也就是找出分母最小的單位分數）；(2) 從給定分數減去剛找出的單位分數；(3) 再找出比相減結果小的最大單位分數；(4) 再繼續相減，重複這樣的過程。讓我們運用西爾維斯特的方法，將例題 1、例題 2 的分數進行分解。

1. 在單位分數 $\frac{1}{2} , \frac{1}{3} , \frac{1}{4} , \frac{1}{5} , \cdots$ ，之中，$\frac{1}{4}$ 是小於 $\frac{7}{24}$ 的最大單位分數，作減法運算得：

$$\frac{7}{24} - \frac{1}{4} = \frac{1}{24}$$

也就是：

$$\frac{7}{24} = \frac{1}{4} + \frac{1}{24}$$

得到相同於例題 1 的結果。

2. 比 $\frac{2}{35}$ 小且最大的單位分數是 $\frac{1}{18}$，作減法運算得：

$$\frac{2}{35} - \frac{1}{18} = \frac{1}{630}$$

也就是：

$$\frac{2}{35} = \frac{1}{18} + \frac{1}{630}$$

與例題 2 的結果不一樣。

　　下面的例子，若依照西爾維斯特的方法，會由兩個以上的單位分數組成。

例題 3　請找出 $\frac{13}{20}$ 的單位分數表示法。

　　因為比 $\frac{13}{20}$ 小的最大的單位分數是 $\frac{1}{2}$，所以：

$$\frac{13}{20} - \frac{1}{2} = \frac{3}{20}$$

又比 $\frac{3}{20}$ 小的最大的單位分數是 $\frac{1}{7}$，所以：

$$\frac{3}{20} - \frac{1}{7} = \frac{1}{140}$$

也就是說:

$$\frac{3}{20} = \frac{1}{2} + \frac{1}{7} + \frac{1}{140}$$

西爾維斯特並不是唯一發明這個方法的人,但是,他證明了使用這樣的方法,可以將任意分數,表示成有限多個單位分數之和。

為了更貼近古埃及人的方法,我們用新的記號來表示單位分數。以 $\frac{1}{12}$ 來說,我們以 $\overline{12}$ 表示,更一般化來看就是,以 $\overline{n}$ 代替 $\frac{1}{n}$。而 $\frac{2}{3}$ 就以 $\overline{\overline{3}}$ 代替。

例題 4　(《萊因德紙草書》問題 24) 以 8 除 19 (以 8 計算直到找到 19)

	1	8	
\	2	16	
	$\overline{2}$	4	
\	$\overline{4}$	2	
\	$\overline{8}$	1	和 19

被標記的算式列,其對應右邊行相加剛好就是 19,顯然就是:

$$2 \times 8 + \overline{4} \times 8 + \overline{8} \times 8 = (2 + \overline{4} + \overline{8}) \times 8 = 19$$

也就是說:

$$19 \div 8 = 2 + \overline{4} + \overline{8}$$

以上，我們可以用常見的記號與乘法來驗證。

　　古埃及人除了以連續 $\overline{2}, \overline{4}, \overline{8},\cdots$ 的相乘表示除法結果，有時候為了方便起見，他們也會用 $\overline{\overline{3}}, \overline{3}, \overline{6},\cdots$ 這個數列來表示。在這種情況下，他們會先用三分之二乘，再用三分之一乘。

例題 5　計算 $20 \div 24$（以 24 計算直到找到 20）

1	24
\ $\overline{\overline{3}}$	16
$\overline{3}$	8
\ $\overline{6}$	4

（因為比 20 小，所以前面以斜劃標記，但我們還需要加上 4 才能找到 20）

（因為比 4 還要大，所以前面不劃記）

和 20

結論就是，$20 \div 24 = \overline{\overline{3}} + \overline{6} = \left(= \dfrac{2}{3} + \dfrac{1}{6} \right)$。

　　在前面的例子還有習題之中，我們知道除法可以用下列兩個數列的其中一個來表示：

$$\overline{2}, \overline{4}, \overline{8}, \overline{16}, \cdots$$

$$\overline{\overline{3}}, \overline{6}, \overline{6}, \overline{12}, \cdots$$

　　但是，我們知道並不是所有的除法結果，都可以用除以 2 和除以 3 辦到，所以，有時候也得用到其他的方法。

例題 6　計算 $11 \div 15$

$$
\begin{array}{lll}
& 1 & 15 \\
\backslash & \overline{\overline{3}} & 10 \\
\backslash & \overline{15} & 1 \quad \text{和} 11
\end{array}
$$

也就是 $11 \div 15 = \overline{\overline{3}} + \overline{15}$。

在第二算式列中可以猜測：

$$
\begin{array}{ccc}
\overline{3} & 5 & \\
\overline{6} & 2 & \overline{2}
\end{array}
$$

以此類推

不管怎樣，我們總能找到：

$$
\overline{15} \quad 1
$$

顯然地，理由如下：

$$
\begin{array}{ll}
& 1 \quad 15 \\
\\
\backslash & \overline{\overline{3}} \quad 10 \\
\\
\backslash & \overline{15} \quad 1 \quad \text{和} 11
\end{array}
$$

（這已經很接近 11，所以，我們只需要多 1 即可，那是因為 1 是 15 的十五分之一，所以我們持續同樣的步驟。）

例題 7　計算 $9 \div 24$

$$
\begin{array}{cc}
1 & 24 \\
\overline{3} & 16 \\
\backslash \quad \overline{3} & 8 \\
\backslash \quad \overline{24} & 1
\end{array}
$$

請注意我們已經離目標非常接近，我們只需要再加上 1

即

$$9 \div 24 = \overline{3} + \overline{24}$$

從上述的乘法和除法的方法看來，埃及算術本質上是累加的，也就是說，主要的算術操作是加法；減法可簡化成加法；乘法是透過倍增和加法來完成；除法則是通過分半或加倍，然後累加完成。

習題 1-6

1. 試以古埃及人的方法計算下列問題：
   (a) $26 \div 20$　(b) $55 \div 6$　(c) $71 \div 21$　(d) $25 \div 18$　(e) $52 \div 68$
   (f) $13 \div 36$
2. 試以古埃及人的方法計算下列問題：
   (a) $3 \div 4$　(b) $5 \div 8$　(c) $14 \div 24$　(d) $35 \div 32$　(e) $5 \div 6$　(f) $17 \div 12$
   (g) $11 \div 16$　(h) $51 \div 18$
3. 試用西爾維斯特的方法，找出下列數字的表示法（單位分數的連和）
   (a) $\dfrac{13}{36}$　(b) $\dfrac{9}{20}$
   (c) $\dfrac{4}{15}$　(d) $\dfrac{335}{336}$

（提示：先找出比其分數小的最大單位分數，接著算出尚未分解成單位分數的商，取出比商更大的整數當作分母，拿此分母作下一個單位分數。）

4. 試找出 3(a)、3(b)、3(c) 各小題與西爾維斯特不一樣的表示法。
（提示：參考本節例題 1 和例題 2）

5. 在某些特別的情況下，還有不同的方法可以找到單位分數之連和。

(a) 若 m 是奇數，則：

$$\frac{2}{m} = \frac{1}{m \cdot \dfrac{m+1}{2}} + \frac{1}{\dfrac{m+1}{2}}$$

請核證當 $m = 3$、5、7 時，這個等式是正確的。

(b) 試證明 (a) 選項所提到的定理。

(c) 為什麼我們不需要確認當 m 是**偶數**的情況呢？

6. (a) 證明：若 n 是整數，則 $\dfrac{1}{n} = \dfrac{1}{n+1} + \dfrac{1}{n(n+1)}$。

(b) 利用 (a) 寫出 $\dfrac{1}{3}$ 和 $\dfrac{1}{4}$ 的單位分數級數。

(c) 利用 (a) 證明：如果有理數可表示成單位分數之和，則會有無限多種方法可將這個數表示成為單位分數之和。

7. 試證明每一個有理數都可以被表示成為有限多個單位分數之和。
（提示：把西爾維斯特的方法用在第三題的提示之中。）

8. 試證明按西爾維斯特的方法，任意有理數可以唯一表示成單位分數之和。

9. 西爾維斯特的方法跟有理數、無理數的連分數展開式有一些相似。請看本章最後參考書目 8 或 9，並針對習題 3 所給予的數字，討論連分數的意義並找到連分數展開式。

10. 請參閱 8-11 節中關於體的性質，並在本節的例題 4 和例題 5 之中，找出隱藏在古埃及人算法中，所用到的體的性質。

1-7 紅色輔助數

只用數列 $\bar{2}, \bar{4}, \cdots$ 和數列 $\bar{3}, \bar{3}, \bar{6}, \cdots$ 並不足以將所有的分數表示成有限個單位分數之和，這時候，就必須使用一些特別的手法，如下面例子中的解法所示。

例題 1　計算 $5 \div 17$

無疑地，我們由下述步驟開始：

$$
\begin{array}{ccc}
1 & 17 \\
\dfrac{}{2} & 8 & \dfrac{}{2} \\
\diagdown\ \dfrac{}{4} & 4 & \dfrac{}{4}
\end{array}
\quad 想成 \left(8 + \dfrac{1}{2}\right)
$$

我們想要將右行的數加到 5，如果以正常的作法我們會得到：

$$
\dfrac{\bar{8}}{16} \qquad \dfrac{2}{1} \qquad \dfrac{\bar{8}}{16}
$$

以此類推

但我們現在卻發現事與願違，因為右行數字的分母持續變大，幾乎不可能將所有的分數相加剛好得到。然而，此問題畢竟是可以求解的，為了求得 5，我們在第三列中必須進一步改變步驟，從這裡開始：

$$
\begin{array}{ccc}
1 & 17 \\
\dfrac{}{2} & 8 & \dfrac{}{2} \\
\diagdown\ \dfrac{}{4} & 4 & \dfrac{}{4}
\end{array}
$$

古埃及人可能基於下述理由進行調整，首先，我們已經非常接近答案了，我們期望可以在右行得到 5，但還差 $\bar{2} + \bar{4}$ 一點（你會怎麼辦？）

我們要怎麼調整左行，才可以在右行得到 $\bar{2}+\bar{4}$ ？我們將 17 乘上 $\overline{17}$ 得到 1，再一次，同時也是最後一次：

1	17	
$\bar{2}$	8	$\bar{2}$
\\ $\bar{4}$	4	$\bar{4}$
$\overline{17}$	1	
\\ $\overline{34}$	$\bar{2}$	
\\ $\overline{68}$	$\bar{4}$	和 $4+\bar{4}+\bar{2}+\bar{4}=5$

因此，

$$5 \div 17 = \bar{4}+\overline{34}+\overline{68}$$

　　在第三列之中出現的最大問題是，我們如何將 $4+\bar{4}$ 湊成 5？或者說，將 $\bar{4}$ 湊成 1？這個問題的答案，正如同我們在 1-4 時所用的 *skm*（扣除）算法，但是，並不是每一次使用 *skm* 算法都像本問題這麼簡單，那也是為什麼《萊因德紙草書》之中，會花費大量的篇幅來呈現這類問題的原因。有些數字以紅色標記是為了讓人可以馬上注意到。在原文本之中，便是以紅色來標記的這些數字，在本書之中改以粗體，亦即如下列例題所示：

例題 2　$\overline{15}+\bar{3}+\bar{5}$ 加上多少單位分數才會得到 1 呢？

計算如下：

$\overline{15}$	+	$\bar{3}$	+	$\bar{5}$
1		**5**		**3** 　和 9，還需 6

以 15 計算求得 6

$$
\begin{array}{cll}
 & 1 & 15 \\
 & \overline{3} & 10 \\
\diagdown & \overline{3} & 5 \\
\diagdown & \overline{15} & 1 \quad 和 6
\end{array}
$$

顯然地，$(\overline{15} + \overline{3} + \overline{5}) + (\overline{15} + \overline{3}) = 1$，讀者可自行驗證。

第一次看到這樣的算法，似乎會覺得它並不算高明，到底為什要這樣做呢？

讓我們透過現代的算術方法，來處理這樣的問題：

將 $\dfrac{1}{15} + \dfrac{1}{3} + \dfrac{1}{5}$ 補上（一些單位分數）而得到 1

首先，將分數通分：

$$
\frac{1}{15} + \frac{1}{3} + \frac{1}{5} = \frac{1}{15} + \frac{5}{15} + \frac{3}{15} = \frac{9}{15}
$$

我們還需要 $\dfrac{6}{15}$，但因為古埃及人沒有 $\dfrac{6}{15}$ 的符號，所以，他們要先找出一些單位分數，使其和為 $\dfrac{6}{15}$。因此，他們就「用 15 計算來得到 6」，也就是說，他們以 15 來除 6。但紅色輔助數是什麼意思？其實就是把原本的分數通分（公分母為 15）之後，所得到的分子 1, 5, 3：

$$
\frac{1}{15}, \frac{5}{15}, \frac{3}{15}
$$

因此，我們應該把紅色輔助數視作為分子嗎？或許吧，但紅色輔助數有時候可能是分數，不過，分數的分子是分數，保守地說是不方便的。也許我們應該要以如下的方式，來解釋紅色輔助數的意義。

選定 $\dfrac{1}{15}$ 作為一新單位

$$1 \text{ 現在我們當作 } 15$$
$$\overline{15} \text{ 現在我們當作 } 1$$
$$\overline{3} \text{ 現在我們當作 } 5$$
$$\overline{5} \text{ 現在我們當作 } 3$$

那麼，原本的 $\overline{15}+\overline{3}+\overline{5}$ 現在就變成 $1+5+3$，而原本的問題是如何將 $\overline{15}+\overline{3}+\overline{5}$ 加到變成 1，就變成了如何將 $1+5+3$ 加到變成 15。所以，我們還需要新的 6 單位，但是，舊的 $\overline{15}$ 是等於新的 1 單位，所以，6 個新單位就是 $6 \div 15$ 個單位。接著我們以 15 計算找到 6，於是會得到 $\overline{15}+\overline{3}$，即為所求。

　　接下來我們利用 *skm* 法來進行更複雜的除法運算。首先，以 $11 \div 25$ 計算為例：

	1	25	
	$\overline{3}$	16	$\overline{3}$
\	$\overline{3}$	8	$\overline{3}$
	$\overline{6}$	4	$\overline{6}$
\	$\overline{12}$	2	$\overline{12}$

記號後右行的連和是 $10+\overline{3}+\overline{12}$，但我要的是 11，所以，$10+\overline{3}+\overline{12}$ 和 11 之間還差多少？這相當於下述問題：如何將 $\overline{3}+\overline{12}$ 加到 1？古埃及人選了舊的單位 $\dfrac{1}{12}$ 當成新的 1 單位，那麼舊單位 1 就被表示成新單位 12，選這個單位可以很容易找到 $\dfrac{1}{3}$ 和 $\dfrac{1}{12}$，所以古埃及人以如下的方式來解：

$\overline{3}$	$\overline{12}$	
4	**1**	和 5，還需要 7

（古埃及人似乎是想要以這樣的程序：找到 12 的 $\frac{1}{3}$，也就是 4；12 的 $\frac{1}{12}$ 是 1；4 + 1 = 5；12 − 5 = 7。舊單位 1 和 $\overline{3}+\overline{12}$ 的差即是新單位 7，現在繼續以舊單位運算。）

　　以 12 計算求得 7

$$
\begin{array}{ccl}
 & 1 & 12 \\
\backslash\quad & \overline{2} & 6 \\
\backslash\quad & \overline{12} & 1 \qquad 和\ 7
\end{array}
$$

也就是，

$$\frac{7}{12}=\overline{2}+\overline{12}$$

　　但是至此，整個過程還沒結束，在原來的右行的算式裡，我們分別找到 $\overline{2}$ 和 $\overline{12}$ 及他們的和 $\overline{2}+\overline{12}$，然而，左行的算式應該要怎麼表示？或者應該問：25 要乘上什麼數字才會出現 $\overline{2}+\overline{12}$（或者分別得到 $\overline{2}$ 和 $\overline{12}$）？

　　現在，我們將 25 乘上 $\overline{25}$ 得到 1，然後繼續下面的運算：

$$
\begin{array}{ccl}
 & \overline{25} & （由 25） & 1 \\
\backslash\quad & \overline{50} & & \overline{2} \\
\backslash\quad & \overline{300} & & \overline{12}
\end{array}
$$

則整個計算過程如下：

$$
\begin{array}{cccc}
 & 1 & 25 & \\
 & \overline{3} & 16 & \overline{3} \\
\backslash\quad & \overline{3} & 8 & \overline{3}
\end{array}
$$

$$\begin{array}{ccccc} & \overline{6} & & 4 & \overline{6} \\ \backslash & \overline{12} & & 2 & \overline{12} \\ & \overline{25} & & 1 & \\ \backslash & \overline{50} & & \overline{2} & \\ \backslash & \overline{300} & & \overline{12} & \quad \text{和 } 11 \end{array}$$

亦即，$11 \div 25 = \overline{3} + \overline{12} + \overline{50} + \overline{300}$。

習題 1-7

1. 請利用 *skm* 法將以下數字計算得到 1，並驗證你的答案。
   (a) $\overline{12} + \overline{6} + \overline{3}$ (b) $\overline{5} + \overline{4} + \overline{3}$ (c) $\overline{14} + \overline{4} + \overline{7}$ (d) $\overline{3} + \overline{6} + \overline{9}$
   (e) $\overline{3} + \overline{4}$ (f) $\overline{12} + \overline{9} + \overline{18}$ (g) $\overline{4} + \overline{6} + \overline{8}$ (h) $\overline{5} + \overline{12} + \overline{15}$
2. 請以古埃及人的方法完成下面的除法過程，並驗證你的答案。
   (a) $12 \div 23$ (b) $11 \div 13$ (c) $15 \div 19$ (d) $33 \div 7$ (e) $11 \div 65$
   (f) $9 \div 23$
3. 試證明 $\dfrac{5}{17}$ 不能表示成以 2 的乘冪為分母的單位分數之連和。

1-8 $2 \div n$ 表

　　如果讀者以為古埃及人的除法就只有這樣的話，那可就大錯特錯了。他們還發展出當除數與被除數都是分數時的除法，而且為了讓計算更快速，他們更進一步創造了相關的表格。以《萊因德紙草書》為例，我們找到了將 $2 \div n$ 形式的分數化約成單位分數之和（見表1-1），分子都是 2，而分母都是 3 到 101 的奇數。這裡不需要偶數為分母，以 $2 \div 12$ 為例，我們可以以 $1 \div 6$ 代替，或者是 $\overline{6}$，而其為單位分數。

表 1–1 $2 \div n$ 表

$2 \div 3 = \overline{2} + \overline{6}$	$2 \div 53 = \overline{30} + \overline{318} + \overline{795}$
$2 \div 5 = \overline{3} + \overline{15}$	$2 \div 55 = \overline{30} + \overline{330}$
$2 \div 7 = \overline{4} + \overline{28}$	$2 \div 57 = \overline{38} + \overline{114}$
$2 \div 9 = \overline{6} + \overline{18}$	$2 \div 59 = \overline{36} + \overline{236} + \overline{531}$
$2 \div 11 = \overline{6} + \overline{66}$	$2 \div 61 = \overline{40} + \overline{244} + \overline{488} + \overline{610}$
$2 \div 13 = \overline{8} + \overline{52} + \overline{104}$	$2 \div 63 = \overline{42} + \overline{126}$
$2 \div 15 = \overline{10} + \overline{30}$	$2 \div 65 = \overline{39} + \overline{195}$
$2 \div 17 = \overline{12} + \overline{51} + \overline{68}$	$2 \div 67 = \overline{40} + \overline{335} + \overline{536}$
$2 \div 19 = \overline{12} + \overline{76} + \overline{114}$	$2 \div 69 = \overline{46} + \overline{138}$
$2 \div 21 = \overline{14} + \overline{42}$	$2 \div 71 = \overline{40} + \overline{568} + \overline{710}$
$2 \div 23 = \overline{12} + \overline{276}$	$2 \div 73 = \overline{60} + \overline{219} + \overline{292} + \overline{365}$
$2 \div 25 = \overline{15} + \overline{75}$	$2 \div 75 = \overline{50} + \overline{150}$
$2 \div 27 = \overline{18} + \overline{54}$	$2 \div 77 = \overline{44} + \overline{308}$
$2 \div 29 = \overline{24} + \overline{58} + \overline{174} + \overline{232}$	$2 \div 79 = \overline{60} + \overline{237} + \overline{316} + \overline{790}$
$2 \div 31 = \overline{20} + \overline{124} + \overline{155}$	$2 \div 81 = \overline{54} + \overline{162}$
$2 \div 33 = \overline{22} + \overline{66}$	$2 \div 83 = \overline{60} + \overline{332} + \overline{415} + \overline{498}$
$2 \div 35 = \overline{30} + \overline{42}$	$2 \div 85 = \overline{51} + \overline{255}$
$2 \div 37 = \overline{24} + \overline{111} + \overline{296}$	$2 \div 87 = \overline{58} + \overline{174}$
$2 \div 39 = \overline{26} + \overline{78}$	$2 \div 89 = \overline{60} + \overline{356} + \overline{534} + \overline{890}$
$2 \div 41 = \overline{24} + \overline{246} + \overline{328}$	$2 \div 91 = \overline{70} + \overline{130}$
$2 \div 43 = \overline{42} + \overline{86} + \overline{129} + \overline{301}$	$2 \div 93 = \overline{62} + \overline{186}$
$2 \div 45 = \overline{30} + \overline{90}$	$2 \div 95 = \overline{60} + \overline{380} + \overline{570}$
$2 \div 47 = \overline{30} + \overline{141} + \overline{470}$	$2 \div 97 = \overline{56} + \overline{679} + \overline{776}$
$2 \div 49 = \overline{28} + \overline{196}$	$2 \div 99 = \overline{66} + \overline{198}$
$2 \div 51 = \overline{34} + \overline{102}$	$2 \div 101 = \overline{101} + \overline{202} + \overline{303} + \overline{606}$

　　這紙草書裡說明了古埃及人怎麼得到表中的某些數據，其中有些是可以依據我們先前已經解釋過的方法得到。但 $2 \div n$ 表中並不是每一個部分都適用那些方法，所以，數學家們試圖找尋其他的解釋。$2 \div n$ 最簡單的分拆將會是 $\overline{n} + \overline{n}$，但就單位分數之和的表示來看，古埃及人並不重複同一個單位分數。另外一個分拆法，可以得自我們對

下式的觀察：$2 = 1 + \overline{2} + \overline{3} + \overline{6}$，因此，

$$2 \div n = \frac{2}{n} = \frac{1 + \overline{2} + \overline{3} + \overline{6}}{n} = \overline{n} + \overline{2n} + \overline{3n} + \overline{6n}$$

但除了 $2 \div 101$ 之外，我們並沒有在 $2 \div n$ 表中看到與上述雷同的部分，所以，雖然古埃及人的確知道這樣的表示方法，但顯然他們還是製作這個表格，以便得到有用的額外分拆。我們不知道為什麼古埃及人特別選出這些分拆來製成表，但明顯看得出來，古埃及人不想用分母大於 1000 以上的分數，就像表格中對 $2 \div 101$ 的分解法，是唯一可以使所有的分母皆小於 1000 的方法（如果我們不考慮 $\overline{101} + \overline{101}$ 的話）。

　　下面的例子，告訴我們怎麼使用 $2 \div n$ 表來幫助計算。

例題 1　$18 \, \overline{4} \, \overline{28}$ 除以 $1 \, \overline{7}$

計算如下：

1	1	$\overline{7}$	
2	2	$\overline{4}$	$\overline{28}$
4	4	$\overline{2}$	$\overline{14}$
8	9	$\overline{7}$	
\　16	18	$\overline{4}$	$\overline{28}$

（事實上，$2 \times \overline{7} = 2 \div 7$，在 $2 \div n$ 表中可 $2 \div 7 = \overline{4} \, \overline{28}$）

（$2 \div n$ 表再度被使用）

所以，商為 16。

　　從這個例子來看，我們可以知道 $2 \div n$ 表可用在分數的倍增，這是乘法和除法所需的過程。注意，在這個例子之中並不需要用到 *skm* 計算法，但古埃及人可不會這麼溫和對待他們的學徒，當有需要的時候，他們不會逃避使用 *skm* 計算法。像下述這個嚴峻的挑戰題，就出自《萊因德紙草書》第 33 個問題：

$$以\ 1\ \bar{3}\ \bar{2}\ \bar{7}\ 除以\ 37$$

　　有勇氣試著直接計算答案的讀者，會很快地發現越來越遠離正解。當接近 37 時，除了使用 *skm* 計算法之外，沒有什麼可行的方式。這個問題的答案是 16 $\bar{56}$ $\overline{679}$ $\overline{776}$，如果讀者有興趣的話，可以自行驗證答案。

　　上述我們所討論的古埃及算術也顯示，儘管他們使用了讓人惱怒的粗劣記號，但在算術的技術上，卻達到很高的造詣。就算使用了現代的簡單符號，今日的學生在分數的計算上也有很大的問題。那些早在 4000 年前，就已經通曉如何計算求解這些難題的古人們，他們的耐心及聰明才智，著實令我們感到欽佩。

習題 1-8

1. 請以古埃及人的方法計算：
   (a) 4 $\bar{3}$ $\overline{10}$ $\overline{30}$ ÷ 1 $\bar{5}$　(b) 17 $\bar{3}$ $\bar{5}$ $\overline{15}$ ÷ 2 $\bar{5}$
2. 請用 *skm* 法計算 37 ÷ 1 $\bar{3}$ $\bar{2}$ $\bar{7}$

1-9 皮革卷

　　在 1-3 節裡，我們已經認識了古埃及的聖書體，刻劃那些文字是相當花時間的一件事，所以，我們也不必太驚訝，當古埃及人需要寫下更多文字時，必須發明更簡單的文字，像是**僧侶體**（hieratic）。通常聖書體被用於雕刻在石碑上的銘文，而草寫體的**僧侶體**，則用在像我們前述的紙草書和皮革卷上。但皮革卷的文字內容，也確實讓研究者們感到失望，它只不過是描寫一些分數的加法和其計算過程。其中，有些非常容易，例如：$\overline{10} + \overline{10} = \bar{5}$。

　　無論如何，我們在此還是收錄了一部分《皮革卷》的內容（如圖 1-4 所示），因為這部分的內容很清楚而且簡明，也使得它易於解讀。表 1-2 解釋了皮革卷裡有關僧侶體書寫記號的意義。

表 1-2

1	I	10	∧	100	⁊	1000	ʃ
2	II	20	⋀	200	⁊		
3	III	30	⋏	300	⁊		
4	— or IIII	40	⟋	400	⁊⁊		
5	⁊	50	⅂	500	⁊	½	⁊
6	III or ⁊	60	⊔	600	⁊⁊	⅓	⁊
7	⁊	70	⅌	700	⁊	¼	✕
8	=	80	⊔⊔	800	⁊⁊	⅔	⁊
9	⁊	90	⊔⊔	900	⁊		

　　記號圖示上加上點代表分數，因此，**＝∧** 是 18 而 **＝∧̇** 則是 $\overline{18}$ 的意思，點是置於最大單位的符號之上，而且，《皮革卷》的文字必須以從右至左的順序來閱讀。

　　在圖 1-4 的左行，我們看到 **ʃ⊔⊔** 這樣的符號，這是指示代名詞，在這個脈絡中，我們必須將它讀作「也就是」。

圖 1-4　皮革卷（BM 10250）[2]

---

[2]　譯按：原圖出自 B. L. van der Waerden, *Science Awakening* (1954)，荷蘭 Wolters - Noordhoff 出版。

因此，在《皮革卷》左上方我們看到：

$$\int \underset{\text{III}}{} \quad || \overset{\wedge}{} \quad ||| \overset{\times}{\wedge} \quad = \overset{\times}{\wedge}$$

其意即為：

$$「也就是」\ \overline{12}\ \ \overline{36}\ \ \overline{18}$$

但這必須從右至左閱讀，所以，我們應該寫成：

$$\frac{1}{18} + \frac{1}{36} = \frac{1}{12}$$

如此，讀者應該不難繼續閱讀皮革卷的內容了。

習題 1-9

1. 請以古埃及僧侶體寫法寫下：
   (a) 1275　(b) 901　(c) 91　(d) 910
2. 請翻譯並且檢驗圖 1-4 裡左行中第二列所述之問題。
3. 請翻譯並且檢驗圖 1-4 裡第五、六行中第二列所述之問題。
4. 在圖 1-4 中，出現的最大數字是多少呢？
5. 在圖 1-4 中，出現的最小數字又是多少？

1-10 代數問題

　　雖然古埃及的數學大部分是算術，還有應用在幾何圖形上的測量，但還是可以看到先驅者們已經發展出一些相當於現今中學代數單元的數學知識。「啊哈」問題正是此類。啊哈的意思是「堆積」或「量」。在《萊因德紙草》之中，第一次出現**啊哈問題**（*aha problem*）是第 24 題，我們將這整個問題翻譯成下列數個步驟（我們

將這個問題標示成幾個步驟，方便我們待會的討論）。

1. 一個數，和它的七分之一加起來等於 19，那麼這個數是多少？

2. 假設是 7。

$$
\begin{array}{ccc}
\backslash & 1 & 7 \\
\backslash & \bar{7} & 1 \\
& \text{總和} & 8
\end{array}
$$

當 8 乘上某個數的時候應該會等於 19，那麼，7 乘上那個數就會得到我們所要的。（請注意，我們在 1-6 節裡就已經執行過這樣的運算。）

3.

$$
\begin{array}{ccccc}
& 1 & 8 & & \\
\backslash & 2 & 16 & & \\
& \bar{2} & 4 & & \\
\backslash & \bar{4} & 2 & & \\
\backslash & \bar{8} & 1 & & \\
& \text{總和} & 2 & \bar{4} & \bar{8}
\end{array}
$$

（也就是，$19 \div 8 = 2 + \bar{4} + \bar{8}$）

4.

$$
\begin{array}{ccccc}
\backslash & 1 & 2 & \bar{4} & \bar{8} \\
\backslash & 2 & 4 & \bar{2} & \bar{4} \\
\backslash & 4 & 9 & \bar{2} &
\end{array}
$$

5. 接著實際算出這個數為：

16　$\bar{2}$　$\bar{8}$　也就是，$7 \times (2 + \bar{4} + \bar{8}) = 16 + \bar{2} + \bar{8}$，為此正解

2　$\bar{4}$　$\bar{8}$　將此加到 16 $\bar{2}$ $\bar{8}$

總和 19　正解為 $16 + \bar{2} + \bar{8}$ 請檢查。

以現代符號表示，將使整個過程變得更淺顯易懂：

1'. $x + \frac{1}{7}x = 19$

2'. 假設 $x = 7$，則 $7 + \frac{1}{7}\cdot 7 = 8$（$8 \neq 19$ 所以繼續下一步）

3'. $19 \div 8 = 2 + \frac{1}{4} + \frac{1}{8} = 2\frac{3}{8}$

4'. $7 \cdot \left(2\frac{3}{8}\right) = 16 + \frac{1}{2} + \frac{1}{8} = 16\frac{5}{8}$

5'. $16\frac{5}{8} + \frac{1}{7}\cdot\left(16\frac{5}{8}\right) = 16\frac{5}{8} + 2\frac{3}{8} = 19$

　　詳解第 2 步（還有 2'）之中的 7，被用來代表未知量，它並不一定恰是正確的值，甚至可說它是為了逼近正確的值所選的。另一方面，在這個例子中，不管是啊哈或是 x 或是用其他的數字代替，古埃及人選擇了一個比 8 或 9 更好的數字「7」。在這裡，用 7 是很方便的，因為 $\frac{1}{7}\times 7 = 1$，用 7 可以避免在第 2 個步驟裡使用分數。

　　一開始先用任意的數字（像這個啊哈問題中是用 7）來代替正解的這個方法，後來被西歐的數學家們使用了好幾世紀。他們稱這個作法叫作「**單設法**」（method of single false position）。同時，處理類似但更複雜的問題的做法為「**雙設法**」（method of double false position）。[3]19 世紀後半葉的美國學生都要學這種方法（參考習題 1-10 第 3 題）。或許，知道這種方法的人，都想像不到幾世紀以前，古埃及人也使用同樣的方法。

　　《柏林紙草書》的第一個問題，是我們已知唯一個埃及人使用單設法來解決的非線性問題。這個問題如下：兩個正方形的面積和是 100，且 3 倍的正方形邊長等於另一正方形邊長的 4 倍。

　　若用現代的記號表示，這個問題可以寫成兩個未知數的聯立方程式：

3　譯按：在中國古算書如漢簡《筭數書》（公元前 186 年）、《九章算術》（約公元後 100 年）中都有雙設法，被稱為「盈不足術」或「盈朒術」。

$$x^2 + y^2 = 100$$
$$3x = 4y$$

古埃及人這麼解（以現代的符號表示）：

1. 取 $x = 4$，且 $y = 3$
2. 那麼 $4^2 + 3^2 = 25$（但 $25 \neq 100$，所以，繼續進行第三步）
3. $\sqrt{25} = 5$，$\sqrt{100} = 10$
4. $10 \div 5 = 2$
5. 所以，邊長為 $2 \times 3 = 6$，還有 $2 \times 4 = 8$。

　　上述的方法可以通用來解決這類型的問題，也就是，當兩個未知數在同一方程式裡且有同樣的次數的情況。

習題 1-10

1. 以單設法解決下列問題，並檢驗其答案：

   (a)《萊因德紙草書》問題 25：一個數加上其 $\frac{1}{2}$ 等於 16，這個數是多少？

   (b)《萊因德紙草書》問題 28：一個數加上其 $\frac{2}{3}$，再減去和的 $\frac{1}{3}$ 剩下 10，這個數是多少？

2. 《萊因德紙草書》包含等差數列（arithmetic progression）的想法，類似於現在關於「合夥關係」或是「遺產」的問題：「100 個麵包分給 5 個人，5 個人的所得以等差數列作分配，並且所得最多的 3 個人的麵包總和的 $\frac{1}{7}$，恰等於所得最少那 2 個人的麵包總數。則公差是多少？」古埃及人也用單設法解決像這樣的問題。

   (a) 請利用現代的方法，找出麵包分配的方法。

   (b) 利用單設法找出麵包分配的方法。

3. 圖 1-5(a) 到 1-5(e) 是《達伯爾的校長手冊》（*Daboll's Schoolmaster's assistant*），此書於 1800 年第一次在美國出版，

直到 1850 年為止，一直都是最暢銷的算術課本。這是一本由 Richard Daboll 所著的英國課本，再由 David Daboll 改編。此書裡面所教的方法就是現今學校中的教學方法。首先，讓學生們知道規則，然後教學範例，再要求學生們自己練習其他的例子，內容很少解釋或是沒有解釋其原因。

(a) 請參考圖 1-5(b) 和圖 1-5(c) 研究試位法（position）和單設法的意義，再練習例題 2 和例題 3。

(b) 請參考圖 1-5(d) 和圖 1-5(e) 研究雙設法的意義再練習例題 2 和例題 3。

(c) 請完成圖 1-5(c)、1-5(d)、1-5(e) 之中剩下的其他題目。

(d) 請用現代的代數方法練習 (a) 和 (b) 中的問題。

4. 另外一本早期有名的算術教科書：《美國教師手冊》（*The American Tutor's Assistant*），裡面包含了雙設法的問題：

當我第一次繫上我和我妻子婚禮的結

我的年齡是我妻子的三倍

過了 15 年以後

剛好是兩倍，就像 8 和 16 的關係

所以，我們結婚的時候是幾歲呢？

答：他結婚時是 45 歲，他的妻子是 15 歲

請驗證答案，且由雙設法和一般代數解出答案。

(a)

DABOLL'S
SCHOOLMASTER'S ASSISTANT.
IMPROVED AND ENLARGED.
BEING A
PLAIN PRACTICAL SYSTEM
OF
ARITHMETICK.
ADAPTED TO
THE UNITED STATES.
BY NATHAN DABOLL.
WITH THE ADDITION OF THE
FARMERS' AND MECHANICKS' BEST
METHOD OF BOOK-KEEPING.
DESIGNED AS A
COMPANION TO DABOLL'S ARITHMETICK.
BY SAMUEL GREEN.
ITHACA, N. Y.:
PRINTED AND PUBLISHED BY MACK, ANDRUS AND WOODRUFF.
1837.

(b)

198　　POSITION.

5. A Goldsmith sold 1 lb. of gold, at 2 cts. for the first ounce, 8 cents for the second, 32 cents for the third, &c. in a quintuple proportion geometrically: what did the whole come to?　Ans. $111848, 10 cts.

6. What debt can be discharged in a year, by paying 1 farthing the first month, 10 farthings, or (2½d) the second and so on, each month in a tenfold proportion?
Ans. £1157407740 14s. 9d. 3 gr.

7. A thresher worked 20 days work four barley-corns, for the first days work four barley-corns, for the second 12 barley corns, for the third 36 barley corns, and so on, in triple proportion geometrically. I demand what the 20 day's labour came to supposing a pint of barley to contain 7680 corns, and the whole quantity to be sold at 2s. 6d. per bushel?　Ans. £1772 7s. 6d. rejecting remainders.

8. A man bought a horse, and by agreement, was to give a farthing for the first nail, two for the second, four for the third, &c. There were four shoes, and eight nails in each shoe; what did the horse come to at that rate?
Ans. £4473924 5s. 3¼d.

9. Suppose a certain body, put in motion, should move the length of 1 barley-corn the first second of time, one inch the second, and three inches the third second of time, and so continue to increase in motion in triple proportion geometrically; how many yards would the said body move in the term of half a minute?
Ans. 953108995625 yds. 1 ft. 1 in. 1b. which is no less than five hundred and forty-one millions of miles.

POSITION.

POSITION is a rule which, by false or supposed numbers, taken at pleasure, discovers the true ones required.— It is divided into two parts, Single or Double.

SINGLE POSITION

13 when one number is required, the properties of which are given in the question.

(c)

SINGLE　　199

RULE.—1. Take any number and perform the same operation with it, as is described to be performed in the question.
2. Then say: as the sum of the result of the operation : to the given sum in the question :: so is the supposed number : to the true one required.
The method of proof is by substituting the answer in the question.

EXAMPLE.

1. A schoolmaster being asked how many scholars he had, said; If I had as many more as I now have, half as many, one-third, and one fourth as many, I should then have 148; How many scholars had he?

Suppose he had 12
½ as many = 6
⅓ as many = 4
¼ as many = 3

Result, 37　As 37 : 148 :: 12 : 48 Ans.

Proof, 148:
48
24
16
12

2. What number is that which being increased by ½, ⅓, and ¼ of itself, the sum will be 125?　Ans. 60.

3. Divide 60 dollars between A, B and C, so that B's share may be half as much as A's, and C's where three times as much as B's.
Ans. A's share $21, B's $105, and C's $40.

4. A, B and C joined their stock and gained 360 dolls. of which A took up a certain sum, B took 3½ times as much as A, and C took up as much as A and B both; what share of the gain had each?　Ans. A $40, B $180, and C $180.

5. Delivered to a banker a certain sum of money, to receive interest for the same at 6£ per cent. per annum, simple interest, and at the end of twelve years received 731£, principal and interest together; what was the sum delivered to find out first?　Ans. £425.

6. A, B and C can do a work, A, B and C in 1 hour, B in 2 hours, and C in 4 hours; in what time will they all fill it together?　Ans. 34 min. 17½ sec.

(d)

(e)

圖 1-5 《達伯爾的校長手冊》的扉頁及單設與雙設法。本書是 1850 年代之前，美國最普及的算術書籍。這本英國教科書最早於 1800 年在美國康州新倫敦出版，後來再經由 David A. Daboll 修訂適用於美國人。

1-11 幾何

　　我們可以簡短地將古埃及的幾何知識歸納為：線與面的傾斜角如何決定，以及幾何圖形的面積與體積等相關計算問題。而這些問題的解答，都是來自於算術的操作，有些是正確的，但有些卻是錯誤的。其中，三角形和梯形面積的計算都是對的，而不規則四邊形的面積計算公式，是先各別算出兩對應邊和的一半，再將結果相乘，當然，這是不對的算法。[4] 在相關的紀錄裡，並沒有發現一般的定理敘述或證明，古埃及人首要關注的，應該只是想獲得實用的結果。

　　《萊因德紙草書》問題 50 敘述了如何求得直徑為 9 的圓面積方法：

　　一個直徑為 9 的圓形田地，面積是多少？捨去 $\frac{1}{9}$ 的直徑「1」，剩下 8，然後再將 8 乘以 8 得到 64，因此相當於 64 小塊田地的集合。

　　我們來看一下剛剛所用的計算方法：

$$A = \left(d - \frac{1}{9}d \right)^2 , d = 9$$

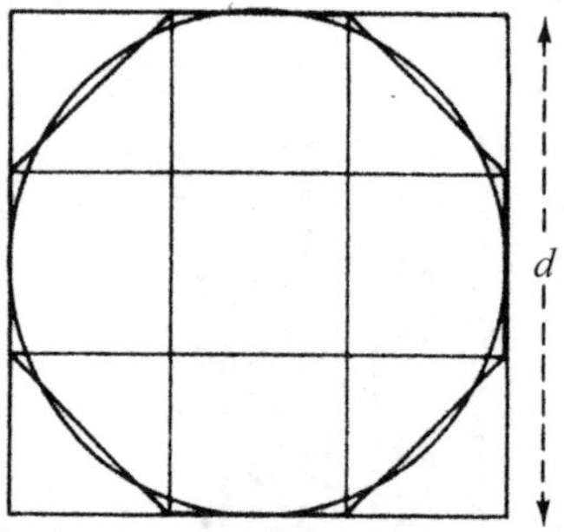

圖 1-6

4　譯按：這個公式與古中國《五曹算經》「四不等田」的「術曰」是等價的，
　　當然都不正確！

　　相對應的圖形，如圖 1-6 所示，設正方形的長為 d，則正方形的面積為 d^2，這個大正方形可分割成如圖 1-6 所示之九個小正方形，每個小正方形的面積皆為 $\frac{1}{9}d^2$，接著，我們取近似這個圓形面積的圖形，其面積剛好等於七個小正方形，也就是 $7 \cdot \frac{1}{9}d^2$ 相當於 $\frac{63}{81}d^2$，如果我們取 $\frac{64}{81}d^2$ 代替 $\frac{63}{81}d^2$，則和原來的值差別不會太大，且實質上它具有可配成完全平方數 $\left(\frac{8}{9}d\right)^2$ 的好處，重寫之後便是 $\left(d - \frac{1}{9}d\right)^2$ 也就是原本的結果。

　　如果用現代的記號表示圓面積是 πr^2，其中 r 是圓的半徑，在圖 1-6 之中，$r = \frac{1}{2}d$ 亦即，

$$\text{圓面積} = \pi \left(\frac{1}{2}d\right)^2 = \frac{1}{4}\pi d^2 \text{。}$$

若 $\frac{1}{4}\pi d^2 = \frac{64}{81}d^2$，則 $\frac{1}{4}\pi = \frac{64}{81}$

因此，古埃及人的算法等價於下列逼近：

$$\pi = \frac{256}{81} = 3.16\cdots$$

　　這算是不錯的估計值，因為離正確的 3.14... 並沒有很遠。但是，讀者應當要知道的是，古埃及的算法之中並沒有 π 的概念。

　　金字塔常常被認為是古埃及人精通數學的一種視覺式證明。不過，在此與其假設所有讀者都熟練立體幾何學，不如我們就實際描述出一個埃及金字塔。假設在圖 1-7 中，四邊形 ABCD 是在水平面上的（也就是在地面上）正方形，且 $\overline{TT'}$ 是垂直於平面的線段，且通過正方形的對角線交點 T' 點，將 T 點連接 A、B、C 和 D 點。所以，立體圖是一個（正方錐形）金字塔，ABCD 為**底**（base）；正方形的四個

邊以及 $\overline{TA}$、$\overline{TB}$、$\overline{TC}$、$\overline{TD}$ 都稱為**稜邊**（edges）；TAB、TBC、TCD、TDA 是側面（lateral faces）；而 $\overline{TT'}$ 則是金字塔的**高**（altitude）。

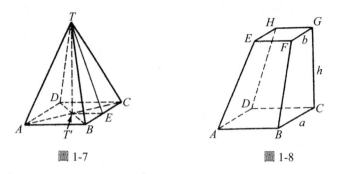

圖 1-7　　　　　　　　　　圖 1-8

古埃及人知道金字塔的體積是 $\frac{1}{3}B \times a$，其中 B 是金字塔的底面積，而 a 是金字塔的高度，因此，只要他們知道金字塔的底面積和高，他們就可以算出金字塔的體積。除此之外，他們還計算二分之一底邊和高的比例 $T'E \, / \, TT'$，並稱之為 *skd*（讀作 *sayked*）。今日，我們稱之為傾斜角 TET' 的餘切。

在《莫斯科紙草書》中，我們還發現了等價於圖 1-8 之立體圖形體積公式。其中的四邊形 $ABCD$ 和 $EFGH$ 都是正方形，$\overline{CG}$ 垂直於 $ABCD$ 和 $EFGH$，而 $ABCD$ 和 $EFGH$ 互相平行。直線 $\overrightarrow{AE}$、$\overrightarrow{BF}$、$\overrightarrow{CG}$、$\overrightarrow{DH}$ 過一點。這樣的立體，我們稱作截頂方錐（truncated pyramid），此處給出的體積公式為：

$$\frac{1}{3}h(a^2 + b^2 + ab)$$

其中 a、b、h 分別表示線段 BC、FG、CG 的長度。[5] 這個公式完

---

[5] 這個公式也出現在古中國《九章算術》第五章，此一截頂方錐被稱之為「方臺」或「方亭」，其「術曰」：「上、下方相乘，又各自乘，并之，以高乘之，三而一。」

全是正確的，但沒有附上任何的證明。實在難以令人相信，這樣的公式不是出自於推論的結果，不過，由後來發現的古埃及計算方法或相關資料，都只能說明他們是透過猜測的方式而得到該公式。如圖 1-9 所示，即為上述之問題。

　　古埃及的數學，通常是基於實用上的需求並根據經驗而發展。無論如何，他們在幾何上獲得了許多值得注意的成果。在算術上，啊哈問題的解答過程，可以進一步發展出一般化的運算方法。即便是這樣，這些數學內容並不存在具體的說明或證明。更進一步地，我們也發現《萊因德紙草書》中許多問題，譬如 1-10 的習題 2，顯示他們也發展出具有理論與娛樂性質的探討興趣。此外，《萊因德紙草書》之中的問題 79，是第二個類似上述問題的例子，同時，也是唯一關於等比數列的問題。該問題如下：等比數列中，如果第一項是 7，公比是 7，那麼，前五項的和是多少？在紙草書中，有如下兩種解法：

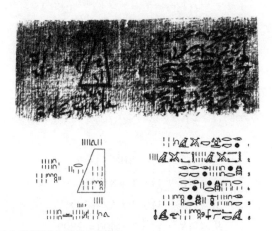

圖 1-9　截頂方錐體積之計算（出自 W. W. Struve, "Mathematischer Papyrus des Staatlichen Museums der Schönen Künste in Moskau", *Quellen und Studien zur Geschichte der Mathematik*, Part A, *Quellen*, 1(1930)）。[6]

6　譯按：原文說明移置於此。「圖 1-9 上半部複製自《莫斯科紙草書》，是用僧侶體寫法書寫。下半部是翻譯過後的聖書體，其中，左半邊的翻譯我們可以按照步驟算出體積。圖上寫著 $a = 4$，$b = 2$，$h = 6$。根據公式，體積為

1. 乘倍求解算法　　　　　　　　2. 相加求解算法

7	×	2,801	房子	7
\	1	2,801	貓	49
\	2	5,602	老鼠	343
\	4	11,204	麥穗	2,401
			麥粒	16,807
總和		19,607	總和	19,607

　　第一個方法，佐證了古埃及人有著相當於遞迴的概念，並被應用在求解等比級數之中。如果 r 是第一項也是公比，且 S_n 是等比數列（geometric progression）前 n 項的和，則我們可以得到：

$$
\begin{aligned}
S_n &= r + r^2 + r^3 + \cdots + r^{n-1} + r^n \\
&= r(1 + r + r^2 + \cdots + r^{n-2} + r^{n-1}) \\
&= r(1 + (r + r^2 + \cdots + r^{n-1})) \\
&= r(1 + S_{n-1}) \\
&= r(S_{n-1} + 1)
\end{aligned}
$$

如果我們分別將 1、2、…、5 代入 n，我們可以得到：

$$
\begin{aligned}
S_1 &= 7(S_0 + 1) = 7(0 + 1) = 7 \\
S_2 &= 7(S_1 + 1) = 7 \cdot 8 = 56 \\
S_3 &= 7(S_2 + 1) = 7 \cdot 57 = 399 \\
S_4 &= 7(S_3 + 1) = 7 \cdot 400 = 2800
\end{aligned}
$$

$\frac{1}{3} \cdot 6 \cdot (4^2 + 2^2 + 4 \cdot 2) = 56$。在文中（需從右讀至左）我們可以知道：$2^2 = 4$，$\frac{1}{3} \cdot 6 = 2$，$4^2 = 16$。這個 16 再加上 8 和 4 得 28（左下方以聖書體書寫，在紙草書的旁邊）。在左上方這個 28 再乘上 2，則產生最後的解答 56。」

$$S_5 = 7(S_4 + 1) = 7 \cdot 2801 = 19,607$$

　　紙草書中的第一欄指出：作者用了類似的方法，並且，只給出最後一步的計算過程，而最後一步的計算是 7×2801。第二欄也只不過是直接列出所有的項，並且全部相加。在「房子」、「貓」等字之後，也沒有給出完整的解釋。另有一種說法指出，它們不過是 7 的乘冪之名稱。另一個說法則認為，這個問題是個猜謎遊戲，就像是那些眾所皆知的兒歌及童謠等等。也許，這個問題所指的只是：如果有七個房子，每個房子裡有七隻貓，每隻貓捉了七隻老鼠，且每隻老鼠都已經吃了七把麥穗，每把穗上有七顆麥粒，那麼，本來應該有多少麥粒？類似的問題出現在斐波那契（Leonardo of Pisa）的《計算書》（*Liber Abaci*, 1202）的一首詩中。或許有些人聽過這首詩：

> 當我走到聖伊維斯時，
> 我遇到一個有著七個老婆（妻子）的男人
> 每個妻子都有七個麻袋，
> 每個麻袋裡裝著七隻母貓，
> 每隻母貓有七隻小貓，
> 請問共有多少小貓、母貓、麻袋、妻子和他一起前往伊維斯街？[7]

習題 1-11

1. 請利用下述方法，找出首項和公比都是6的等比級數其前五項和：
   (a) 遞迴的方法。（第 48 頁）
   (b) 相加的方法。（第 48 頁）

---

[7] 譯按：英文版如下："As I was going to St. Ives, I met a man with seven wives, Every wife had seven sacks, Every sack had seven cats, Every cat had seven kits, Kits, cats, sacks, and wives, How many were there going to St. Ives?"

2. 請分別將第一題之中，首項和公比的 6 以 1/2 代替，並重複該題的計算。

3. 請證明古埃及人計算四邊形面積的方法中，如果此四邊形是長方形，可得到正確的解答，如果圖形是非矩形的平行四邊形或梯形，則會得到一個數值過大的答案。針對不是長方形的不規則四邊形，這樣的算法有可能是對的嗎？

4. (a) 請利用古埃及人的方法算出直徑為 12 的圓面積。

   (b) 假設 $\pi = 3.14$ 則 (a) 小題之中的圓面積是多少？

   (c) 假設 (b) 小題所計算出的結果是正確的，請找出 (a) 小題的誤差值。

5. 數學史家吉林斯（R. J. Gillings）在參考書目 [2] 第 139-146 頁中，進一步比較了一些古埃及人計算圓面積的方法與解釋。他相信《萊因德紙草書》問題 48 應該隱含了證明的概念。請參閱 Gillings 的著作，且利用類似於古埃及人的圖表和推理方式，證明第四題的圓面積公式。

6. 檢驗圖 1-9 下面的聖書體翻譯，並且計算出左下方的部分。

參考書目

[1]　Chace, A. B., and others, *The Rihind Mathematical Papyrus*. Oberlin, Ohio: Mathematical Association of America, 1927-1929, 2 vols. 其中包括《萊因德紙草書》的一個校勘版的翻譯。

[2]　Gillings, Richard J., *Mathematics in the Time of the Pharaohs*. Cambridge, Mass.: The MIT Press, 1972.

[3]　Midonick, Henrietta D., *The Theory of Mathematics*. New York: Philosophical Library, Inc., 1965; Baltimore: Penguin Books, Inc., 1968, 2 vols. (paperback). 其中包括《莫斯科紙草》及《萊因德紙草書》的實質摘錄。

[4]　Neugebauer, Otto, The Exact Sciences in Antiquity, 2nd ed. Providence, R. I.: Brown University Press, 1957; New York: Springer-Verlag New York, 1969.

[5]　Neugebauer, Otto, *Geschichte der antiken mathematischen Wissenschaften*. Erster Band, *Vorgrechische Mathematik*. New York: Springer-Verlag New York, 1969.

[6]   Newman, James R., "The Rhind Papyrus," The World of Mathematics, New York: Smon and Schuster, 1956, 4 vols.: Vol. I, pp. 170-178. 其中包括《萊因德紙草書》幾個問題的討論。

[7]   Van der Waerden, B. L., *Science Awakening*, tr. by Arnold Dresden. Groningen, The Netherlands: Wolters-Noorhoff, 1954; New York: John Wiley & Sons, Inc., 1963 (paperback).

         有關連分數的進一步資訊，請參考如下：

[8]   Moore, Charles G., *An Introduction to Continued Fractions*. Washington, D. C.: National Council of Teachers of Mathematics, 1964.

[9]   Olds, C. D., *Continued Fractions*. New York: Random House, Inc., 1963 (Volume 9 of The New Mathematical Library).

         有關史前時期數學以及自然界中可觀察得到的數學概念，可以在 Volume 1 of *The World of Mathematics*（參考書目 6）以及下列參考書目 10 到 14 中找到。前者還包括一些有關計算及運用鳥來「計算」的文章。

[10]   Seidenburg, A., *The Diffusion of Counting Practices*. Berkerley, Calif.: University of California Press, 1960.

[11]   Seidenburg, A., "The Ritual Origin of Geometry," *Archive for History of Exact Sciences*, Vol. I (1960-1962), pp. 488-527.

[12]   Seidenburg, A., "The Ritual Origin of Counting," *Archive for History of Exact Sciences*, Vol. 2 (1962-1966), pp. 1-40.

[13]   Struik, D. J. *A Concise History of Mathematics*. New York: Dover Publications, Inc., 1948, 2 vols.

[14]   Vogel, Kurt, *Vorgriechische Mathematik*, Teil I. Hannover, West Germany: Hermann Schroedel Verlag KG, 1958.

         有關單位分數的更多資訊，參考：

[15]   Dickson, Leonard E., *History of the Theory of Numbers*. New York: G. E. Stechert, 1934, 3 vols.

CHAPTER 2
巴比倫的數學

2-1 一些史實

埃及文明在尼羅河流域萌芽茁壯並非僅是偶然。這條河流提供了運輸與河水，以及豐饒土地的生產力。底格里斯河與幼發拉底河這兩條河流，則孕育出巴比倫文明（Babylonian civilization）。觀察地圖，我們便可以了解歷史學家們為什麼把早期希伯來人（Hebrew）、腓尼基人（Phoenician）的居住地，以及巴比倫的文明發源地，稱為「肥沃月灣」（the fertile crescent）。

在公元前兩千到三千年前，文化發展已達高水準的蘇美人（Sumerians），統治著美索不達米亞（Mesopotamia）的南部，他們屬於那些具備書寫能力的早期民族之一。蘇美人使用楔形尖筆（wedge-shaped stylus）在壓平的軟泥板表面書寫符號，然後，將這些書寫了符號的泥板拿去烘烤。這些泥板在十九世紀陸續出土，而上頭的楔形符號（cuneiform）也被用以表徵數碼（numeral）。

最古老的文本中所記載的，是公元前 3000 年左右的資料，當時是烏爾（Ur.）的第一個王朝。在那個年代，有一支住在更北邊的民族－阿卡德人（Akkadians）－移居到南方，他們最後統治了蘇美人，並接收了許多源自蘇美人的高等文化，包括他們的記數系統（numeration system）。

大約在公元前 1800 年，巴別城（Babel）國王漢摩拉比（Hammurabi）統治了整個蘇美（Sumer）和阿卡德（Akkad）帝國，並建立了第一個巴比倫王朝。漢摩拉比國王去世後，他的帝國隨之瓦解，但其文化仍持續發展了許多年。

我們所知最古老的巴比倫數學文本，其年代落在公元前 1900 到 1600 年這段期間。

2-2 巴比倫的記數符號

想要洞悉巴比倫的算術，就必須了解「位值記數系統」（positional numeration systems）。為達成此目的，我們再次回到古埃

及的記數符號。假如我們寫下

$$\text{II} \wp\wp\wp \cap\cap\cap\cap \text{ 來代替 } \wp\wp\wp \cap\cap\cap\cap \text{ 時，}$$

其所表徵的數目（number）仍然是 372，但若換成現代的記號，則會變成以 237 代替了原本的 372。由此可見，我們在數目的書寫上與埃及人有著相當大的差異。

從這個例子可以發現，在我們的記數系統裡，一個數碼（numeral）中的每一個**數位**（*digit*）（即符號 0，1，2，3，4，5，6，7，8，9 之一）所表徵的數目，是由這個數位在數碼中的**位置**（*place* 或是 *position*）所決定。譬如，在 237 中，「3」表示的是 3 乘以 10，但 372 中的「3」，則表示 3 乘以 10^2。

使用埃及人的記號時，若要表徵超過 10 或超過 100 的數字，則符號 $\cap$ 或 $\wp$ 會重複出現，也就是說，埃及人使用了**重複法則**（*repetitive principle*）。同時，在這個系統中，重複的符號每十個為一組，並改由另一個代表更大單位的符號來取代。因此，10 成為埃及記數系統中的基底（*base*）。在辨識埃及數碼時，我們只是單純地將這些符號所表徵的數目加起來。換句話說，埃及人也使用了**加法法則**（*additive principle*）。

依據我們的記數系統，若要辨認一個數碼，譬如 243，我們會以下列式子來表示：

$$243 = 2 \cdot 10^2 + 4 \cdot 10 + 3$$

可見，我們的記數系統並未採用埃及人的重複法則，而是將 10 乘以位於右邊數過來第二位的數位 4，而非將其重複書寫四遍。同理，用 10^2 乘以 2，以取代將其重複書寫兩遍。因此，我們的系統採用了一種**乘法法則**（*multiplicative principle*）。在此例中，我們也可以觀察到，用以乘上每個數位的基底（在此為 10），僅取決於此數位在

數碼中的位置。因此,我們的記數系統是一種**位值系統**(*positional system*)。

我們與埃及的記數系統都是以 10 為基底,但我們的系統對於 0 到 9 的每一個數目,皆給予了不同的代表符號。假若數碼 243 是以 *a* 為基底,我們會用下列式子表示:

$$243_a = 2 \cdot a^2 + 4 \cdot a + 3$$

在十進位制中,我們需要用到 10 個小於 10 的數位,假若改為以 7 為基底,則只需用到 0,1,2,3,4,5 和 6 這些數位。7 和較大的數目皆可以用這些數位的組合來表徵(或表示):

7 = 1・7 + 0;因此,在七進位制中,7 寫成 10_7(讀作「一零以七為基底」)

8 = 1・7 + 1;因此,在七進位制中,8 寫成 11_7(讀作「一一以七為基底」)

9 = 1・7 + 2;因此,在七進位制中,9 寫成 12_7(讀作「一二以七為基底」)

我們將在第 8 章中,繼續探討其他的基底、它們的歷史淵源,以及現代用法。

在上述簡介之後,我們開始進一步了解巴比倫的記數系統。巴比倫人使用的是不完全的**六十進位系統**(*sexagesimal positional system*)。Sexagesimal 指的是「以 60 為基底」。一個完全的六十進位制,需要給「零」與其他 59 個數位各一個符號。然而,巴比倫人並沒有代表「零」的符號,而且其他 59 個數位,也都僅是利用兩種不同的符碼組合而成:

楔形符碼：**Y** 用來表示「1」。

角形符碼：**〈** 用來表示「10」。

　　有了這兩種符碼，他們可以寫出小於 60 的所有數目，如下所示：

1	2	3	4	5	6	7	8	9

10	11	12	20	30	40	50	59

　　在六十進位制裡，這 59 個符號被當成「數位」（digit）來使用，到了 60 以上時，這 59 個符號會再度被用來表示幾個「六十」。因此，

1 個「六十」，用一個楔形符碼 **Y** 來表徵。

2 個「六十」，用兩個楔形符碼 **YY** 來表徵。

10 個「六十」，用一個角形符碼 **〈** 來表徵，

59 個「六十」，用五個角形符碼與九個楔形符碼 來表徵。

　　我們發現，在書寫前 59 個數目時，巴比倫人與埃及人使用了同一種表示方法，其差別只在於：巴比倫人使用楔形符碼代表「1」、角形符碼代表「10」。無論表示「1」的位置或表示「60」的位置，皆是以 10 為基底。

　　同樣的表示法也適用於代表「60^2」的位值、代表「60^3」的位值等等。因此，

表示 $11 \cdot 60^2 + 23 \cdot 60 + 32$（$= 41{,}012$）

　　巴比倫記數系統中，寫在最右邊位置代表的是「1」的個數；寫在其左邊位置，代表的是「60」的個數；再左邊一位代表「60²」的個數，依此類推。現代的學者採用印度—阿拉伯數碼，所以，當他們想要表示巴比倫數碼中的整數時，便使用「逗號」來作區隔；而想要表示分數時，便使用「分號」來作區隔。我們稱這樣的表示法為「六十進位制數碼」（sexagesimal numeral）。看看表 2-1 中的例子：

表 2-1

十進位制	六十進位制	巴比倫制
63	1, 3	𒁹 𒐗
132	2, 12	𒁹 𒌋𒐖
1547	25, 47	𒌋𒌋 𒐛 𒌍 𒐛
$2\frac{1}{2} = 2\frac{30}{60}$	2; 30	𒁹 𒌍
$\frac{3}{4} = \frac{45}{60}$	0; 45	𒌍 𒐛

　　關於巴比倫記數系統，有三種容易誤判之處。其中之一，是因為他們並沒有「六十進位點（sexagesimal point）」，換句話說，他們在書寫六十進位制的分數和帶分數時，並沒有任何可與現代使用的分號相對應之記號。因此，我們無法確定「𒁹𒁹」代表的是 2？或是 $1+\frac{1}{60}$？或是 $\frac{2}{60}$？又或是其他數目？至於另外兩種容易誤判的類型，請參見表 2-2 中的例子：

表 2-2

十進位制	六十進位制	巴比倫制
12	12	𒌋𒐖
602	10, 2	𒌋𒐖
1	1	𒁹
60	1, 0	𒁹
7236	2, 0, 36	𒐖 𒌍 𒌍𒐖
156	2, 36	𒐖 𒌍 𒌍𒐖

　　在表 2-2 中，第一列與第二列中的數目若用巴比倫制來表示是相同的。這是因為從數位 1 到數位 59（除了 1 和 10 之外）的代表符號，都是由楔形符碼和角形符碼所合成的符號。光就「𒌋𒐖」來看，我們無法確定它指的是什麼：到底是指 10 + 2 = 12？或是 10 · 60 + 2 = 602？或是 11 · 60 + 1 = 661？又或者為其他數目？

　　第三列與第四列中的數目，用巴比倫的記數方法表示後，仍無差異。這是因為，巴比倫數碼中並沒有表示「零」的符號。同樣容易誤判之處，亦出現在表中第五列與第六列使用巴比倫制表示的數目。在巴比倫後期（西元前的最後幾個世紀），開始用符號「𒍦」表示出現在兩數位之間的「零」，但卻一直沒有符號來表示出現在末位的「零」。因此，在此情況下，我們需透過計算後的結果或問題的上下文來推敲，才能得知該數碼所表示的數目。

　　其他有關分數的例子，請見表 2-3。

表 2-3

十進位制	六十進位制	巴比倫制
$\dfrac{1}{5} = \dfrac{12}{60}$	0; 12	
$\dfrac{2}{27} = \dfrac{4}{60} + \dfrac{26}{60^2} + \dfrac{40}{60^3}$	0; 4, 26, 40	
$1\dfrac{3}{8} = 1 + \dfrac{22}{60} + \dfrac{30}{60^2}$	1; 22, 30	

　　《聖經》中經常提到巴比倫人的觀點，但或許我們並未真正了解其意義所在。下列為《聖經》中提及的，有關巴比倫人在重量與貨幣之間的單位轉換公式：

　　1 他連得（talent）= 60 彌那（mina）
　　1 彌那（mina）= 60 舍克勒（shekel）[1]

這裡使用的是六十進位制脈絡下的慣用語。

　　「分」（minute）和「秒」（second）這兩個字，間接地源自巴比倫人。故事簡略說明如下：巴比倫人對於觀察星象很感興趣，且用觀測的結果協助他們制訂曆法，來獲知每年種植作物與收成的週期。希臘天文學家所使用的巴比倫資料，乃得自於交易或征戰的戰利品。這些資料都是以六十進位制呈現。希臘人採用這個系統，書寫天文觀測時所記錄的分數，將「六十分之一」稱為「第一小部分」，「六十分之一的六十分之一」稱作「第二小部分」，以此類推。當希臘天文學著作被翻譯成阿拉伯文，且 12 世紀的西歐學者又將這些阿拉伯文手稿翻譯成拉丁文時，這個術語仍然被保留下來。此時，拉丁文的「六十分之一」與「六十分之一的六十分之一」分別寫成 *pars minuta*

---

[1] 譯按：talent、mina、shekel 皆為古希臘、古埃及等之重量及貨幣單位。

prima 與 *pars minuta secunda*。最後，當它們翻譯成英文時，就被縮寫為 *minutes* 與 *seconds*，作為測量角和時間的單位。

　　圖 2-1 翻拍自一張著名的楔形文字板，文字板上所呈現的數字清晰可辨。

圖 2-1　含有數目表格的巴比倫楔形文字板
（哥倫比亞大學收藏，普林頓編碼 322）。[2]

　　對於巴比倫記數系統，我們作出下面的總結：

1. 採用六十進位的位值系統來書寫數目。

---

[2] 譯按：原圖說明移置於此：圖片取自美國東方學會 1946 年出版品：諾伊格鮑爾（Otto Neugebauer）和薩爾斯（A. Sachs）的《數學楔形文本》（*Mathematical Cuneiform Texts*）。

2. 從數位 1 到數位 59，都是以 10 為基底，並透過增加符碼「 ⊺ 」
與「 ⟨ 」所建立出來的。

3. 沒有「六十進位點」（sexagesimal point）與「零」的表示符號。

習題 2-2

1. 請針對下列各小題，找出三個可以用該符號表示的數。

   (a) ⊺⊺　　(b) ⟨⊺⊺

2. 假設符號「 ⊺ ⟨⟨⊺⊺ ⟨⟨⟨ 」表示「1; 22, 30」，

   (a) 請採用十進位制來表示此數。

   (b) 給出上面這個巴比倫符號所表示的其他數字（至少一個）。

3. (a) 將六十進位制數字「1; 20, 30」乘以 60。

   (b) 請敘述如何將一個六十進位制的數字乘以 60 的一般化過程。

4. 試將下列各數用楔形符號寫出：

   (a) 29　(b) 43　(c)78　(d)100　(e)577　(f)4405

5. 試將下列各數用楔形符號寫出：

   (a) $\dfrac{1}{2}$　(b) $\dfrac{3}{4}$　(c) $\dfrac{5}{6}$　(d) $\dfrac{1}{8}$　(e) $1\dfrac{4}{9}$　(f) $86\dfrac{1}{90}$

   （提示：請參見第 8-9 節）

2-3 基本運算

　　運用巴比倫數碼進行加減運算並不困難。其進行計算的方式，
就如同我們常用的十進位制，但巴比倫人在借位或進位時則是以數
字 60，取代十進位制之中的「借位得 10」或「滿 10 進位」。他們
的乘法運算方式與我們現代的運算系統雷同，但巴比倫人在執行乘
法的過程中，需要借助 1×2，2×2，…，59×2，1×3，2×3，…，
59×3，…，1×59，2×59，…，59×59 等乘法表來進行。在一些
已出土的泥板上，我們發現了許多這類的乘法表（實際上，那些乘
法表格更顯精簡。因此，「2 的乘法表」僅包含 1×2，2×2，…，

19×2，20×2，30×2，40×2，50×2。舉例來說，想要求 26×2 之值，只需在此表中找出 20×2 與 6×2，然後將得到的值相加即可。）

進行除法時，只要將被除數乘以除數的乘法反元素（或倒數），[3]即完成除法運算。舉例來說，要計算 47 除以 3，巴比倫人的算法會先計算 1 除以 3，然後，再將算出的結果乘以 47。

為了簡化這些計算過程，巴比倫人建構了倒數表。其中一個我們所知十分古老的倒數表中，包含了許多 60 的因數之乘積的倒數（最多到 81 的倒數）。而這些倒數均可寫成有限多位數的六十進位制分數。在表格的開頭記載著下面這些分數：

$$1 \div 2 = 0; 30 \qquad 1 \div 6 = 0; 10$$
$$1 \div 3 = 0; 20 \qquad 1 \div 8 = 0; 7, 30$$
$$1 \div 4 = 0; 15 \qquad 1 \div 9 = 0; 6, 40$$
$$1 \div 5 = 0; 12 \qquad 1 \div 10 = 0; 6$$

然而，巴比倫人是如何寫出 1÷7，1÷11 這類倒數呢？照例他們會儘量避免使用這些分數，但偶爾有需要時仍會求出這些分數的近似值（如同我們使用現代的符號求 1÷7 的近似值為 0.14 一樣）。

除了倒數表之外，倒數的倍數也有相關表格。如下面例子所示：

0; 6, 40 的乘法表（＝1÷9）：
$$1 \times 0; 6, 40 = 0; 6, 40 \qquad 8 \times 0; 6, 40 = 0; 53, 20$$
$$2 \times 0; 6, 40 = 0; 13, 20 \qquad \vdots$$
$$3 \times 0; 6, 40 = 0; 20 \qquad 19 \times 0; 6, 40 = 2; 6, 40$$

---

[3] 譯按：一個分數的倒數是指將其分子分母對調後產生的新分數。在實數系中，一數的乘法反元素是指與其相乘為 1 的數，所以一個有理數的乘法反元素就是它的倒數。巴比倫人的記數系統並未使用分數，故例如 3 的倒數 1/3 在巴比倫記數系統中表示成 0;20，以此類推。巴比倫人將各數的倒數或倒數近似值列表，製作出倒數表，並利用此表來處理除法運算。

$$4 \times 0; 6, 40 = 0; 26, 40 \qquad 20 \times 0; 6, 40 = 2; 13, 20$$

$$5 \times 0; 6, 40 = 0; 33, 20 \qquad 30 \times 0; 6, 40 = 3; 20$$

$$6 \times 0; 6, 40 = 0; 40 \qquad 40 \times 0; 6, 40 = 4; 26, 40$$

$$7 \times 0; 6, 40 = 0; 46, 40 \qquad 50 \times 0; 6, 40 = 5; 33, 20$$

例題 1　$5 \div 9 = 5 \times (1 \div 9) = 5 \times 0; 6, 40 = 0; 33, 20$。

習題 2-3

1. 試完成 1 到 60 的倒數表（只需列出可以表示成有限的六十進位制分數之倒數即可）。

2. 試完成「0; 6, 40」分別乘以 9 到 18 的表格，並計算出下列各題之值：

    (a) $7 \div 9$　　(b) $13 \div 9$　　(c) $25 \div 9$　　(d) $47 \div 9$

3. 試用巴比倫人的方法來計算出下列各題之值：

    (a) $18 \div 5$　　(b) $23 \div 12$　　(c) $17 \div 10$　　(d) $9 \div 8$　　(e) $5 \div 16$　　(f) $7 \div 24$

2-4 開方法

　　為了求出某一數的平方根，巴比倫人使用一種估計法。他們的思路或可藉由幾個例題來描述。

例題 1　$\sqrt{17}$ 比 4 大一些，因此，以 4 作為 $\sqrt{17}$ 的近似值太小，又 $\sqrt{17} \cdot \sqrt{17} = 17$，且 $4 \cdot \dfrac{17}{4} = 17$。由最後的式子可知：由於第一個數 4 小於 $\sqrt{17}$，且第二個數 $\dfrac{17}{4}$ 大於 $\sqrt{17}$。欲估計出 $\sqrt{17}$ 之值，巴比倫人選擇將 4 和 $\dfrac{17}{4}$ 兩數平均。因此，他們得到 $\sqrt{17} \approx \dfrac{1}{2}\left(4 + 4\dfrac{1}{4}\right) = 4\dfrac{1}{8}$。

例題 2 在巴比倫的文本中，我們知道 $\sqrt{2} = 1\frac{5}{12}$，作法如同例題 1。

在估計 $\sqrt{2}$ 之值時，我們先選擇一個平方後最接近 2 的數（此數即為 1），來作為第一近似值。又 $2 \div 1 = 2$。故將 1 和 2 平均，得 $1\frac{1}{2}$，作為第二近似值。

因為 $(1\frac{1}{2})^2 = 2\frac{1}{4}$ 大於 2，所以，以 $1\frac{1}{2}$ 作為近似值太大，此外，$\dfrac{2}{1\frac{1}{2}}$ 的值為 $1\frac{1}{3}$ 又太小。所以，他們選擇將 $1\frac{1}{2}$ 和 $1\frac{1}{3}$ 平均，得

$$\sqrt{2} \approx \frac{1}{2}(1\frac{1}{2} + 1\frac{1}{3}) = 1\frac{5}{12} \text{。}$$

習題 2-4

1. 請仿照例題 2 的作法，找出下列各數的第一、第二、第三近似值：
   (a) $\sqrt{10}$ (b) $\sqrt{7}$ (c) $\sqrt{15}$ (d) $\sqrt{27}$

2. 下面的結果出現在巴比倫文本中：

   $$\sqrt{40^2 + 10^2} = 40 + \frac{100}{2 \cdot 40}$$

   請試著寫出如何得到這個結果的過程（提示：請注意，$\sqrt{40^2 + 10^2}$ 比 40 稍微大一些）。

2-5 巴比倫的代數

巴比倫人在求解含有兩個或更多未知數的**線性方程組**（*system of linear equations*）時，作法與現在我們使用的方法相同。

例題 1 含有長 l，寬 w 兩個未知數的長方形，若給定 $\begin{cases} l + \dfrac{1}{4}w = 7 \\ l + w = 10 \end{cases}$，試計算長、寬分別為多少？

解答：

巴比倫作法	現代作法

$$7 \times 4 = 28$$

$$28 - 10 = 18$$

$$18 \times \frac{1}{3} = 6 \text{（長）}$$

$$10 - 6 = 4 \text{（寬）}$$

$$\begin{cases} 4l + w = 28 \\ l + w = 10 \end{cases}$$

$$3l = 18$$

$$l = 6$$

$$w = 10 - 6 = 4$$

　　由這個例子可知，巴比倫人解方程式時和我們的步驟相同，只是他們並未使用文字符號來代表數而已。我們也無法單就他們所呈現的計算結果，得知他們的推論過程。

　　巴比倫人也能求解下述類型的問題：給定「兩數之和（或差）」與「兩數之積」，求出兩數之值。

例題 2　已知兩數之和為 14，兩數之積為 45，求兩數各為多少？

　　底下我們利用現代的符號來呈現他們的解法。將和為 14 的兩數分別表示為 $7 - a$ 與 $7 + a$，所以，我們可得：

$$(7 - a)(7 + a) = 45$$

$$49 - a^2 = 45$$

$$a^2 = 4$$

$$a = 2$$

因此，可得兩數為 9 與 5。

　　利用剛剛討論的解題方法，巴比倫人亦能求解二次方程式。

例題 3　解 $x^2 + 6x = 16$

解答　將巴比倫人的解法以現代的符號表示後，可得到下列的方程
式：

$$x(x + 6) = 16$$

令　　　　　　　　　　　　$x + 6 = y$

我們必須找出 x 和 y，使其滿足

$$y - x = 6 \text{ 與 } xy = 16 \text{ 。}$$

茲令　　　　　　$y = a + 3$ 和 $x = a - 3$

則　　　　　　　　$(a + 3)(a - 3) = 16$

$$a^2 - 9 = 16$$

得　　　　　　　　　　　　$a = 5$

因此，　　　　　　　　　　$x = 2$

　　在例題 3 的二次方程式之中，x^2 項的係數等於 1，但巴比倫人也
能解出 x^2 項係數不是 1 的二次方程式。

例題 4　解 $7x^2 + 6x = 1$　(1)

　　我們可透過將方程式 (1) 的等號左右兩邊同除以 7，將式子改成

前述的形式。如此可得：

$$x^2 + \frac{6}{7}x = \frac{1}{7}$$

但巴比倫人不採用這種作法，他們會避免產生像 $\frac{6}{7}$、$\frac{1}{7}$ 這種無法表示成有限六十進位制分數的數字。基於這個原因，他們會將 (1) 式等號左右兩邊同乘以 7，得：

$$(7x)^2 + 6(7x) = 7$$

然後，將 $7x$ 視為未知數，當 $7x$ 以 z 來取代時，則方程式可改寫為：

$$z^2 + 6z = 7$$

此時，他們發現 $z = 1$，所以，原方程式的解為 $x = \frac{1}{7}$。

　　下面的例題展示了巴比倫人如何構造出一個代數問題，並求解之。

例題 5　已知正方形的面積減去正方形的邊長後，其值為 14, 30。

解答　本例的題意相當於求解下列方程式：$x^2 - x = 14, 30$。
我們將巴比倫人的作法與對應的現代作法分欄呈現如下：

巴比倫作法	現代作法
取 x 項的係數 1	令 $x - 1 = y$，則 $x - y = 1$
	且 $xy = 14, 30$
	（因為 $x^2 - x = x(x - 1)$）

將 1 平分成兩部分　　　　　　　令 $x = a + 0; 30$

$0; 30 \times 0; 30 = 0; 15$ 加上 $14, 30$　　　則 $y = a - 0; 30$

　　　　　　　　　　　　　$(a + 0; 30)(a - 0; 30) = 14, 30$

　　　　　　　　　　　　　$a^2 = 14, 30 + 0; 15 = 14, 30; 15$

又 $14, 30; 15$ 的一平方根為 $29; 30$　　$a = \sqrt{14, 30; 15} = 29; 30$

將 $0; 30$ 加上 $29; 30$　　　　　　$x = 29; 30 + 0; 30$

30 即為正方形的邊長　　　　　　$x = 30$

習題 2-5

1. 請用巴比倫人的作法，找出和為 30，積為 104 的兩數。

2. 請用巴比倫人的作法，找出差為 3，積為 40 的兩數。

   （提示：將兩數表示為 $a + \dfrac{3}{2}$ 與 $a - \dfrac{3}{2}$）

3. 請參考例題 3。

   (a) 找出這個二次方程式的另一根。

   (b) 為什麼巴比倫人只找到其中一根？

   (c) 例題 4 和例題 5 中所給的二次方程式，其另一根（additional roots）分別為多少？

4. 透過巴比倫人的作法求解下列方程式，並驗證你的答案是否正確，接著利用現代的作法重新求解這些方程式。

   (a) $x^2 + 4x = 21$

   (b) $x^2 - 2x = 4$

   (c) $x^2 + x = 7$

5. 試利用例題 4 的作法求解 $3x^2 + 4x = 4$。

2-6 巴比倫文本

　　為了更加熟悉巴比倫代數的特徵，我們將重新檢視圖 2-2 巴比倫泥板上所呈現的問題，並參照圖 2-3 中更清晰可辨的圖表。我們在文

本內容的左側所加的行數，可與圖2-3中泥板左側的數字作對照，至於中括號裡的內容，則是解讀泥板者所增添的。

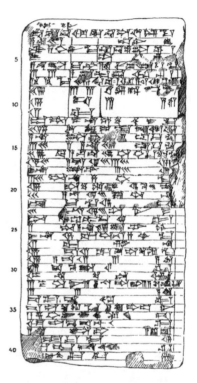

圖2-2　翻拍自泥板（AO8862）。泥板上面的文本內容將在第69-71頁進行討論。（取自 *Revue d'Assyriologie* 29（1932）。）

圖2-3　複製自圖2-2照片中的泥板（AO8862）。[4]

---

[4]　譯按：原文圖片取自 Otto Neugebauer, *Mathematische Keilschrift-texte*, Julius Springer, 1935-37。

　　　　　　　　　　長、寬。

　　　　　　　　　　將長和寬相乘後，得到面積。

　　　　　　　　　　然後，將面積加上長與寬的差得 3, 3。

　　　　　　　　　　更進一步，將長加上寬，得 27。

　　　　　　　　　　欲求：長度、寬度、面積。

第 9 行　　　　　　〔已知〕：面積加上長、寬的差為 3, 3 以及長、寬的和為 27。

第 10-11 行　　　　〔所得的結果〕：長 15、寬 12、面積 3;0。

　　　　　　　　　　透過下列方式求解：

第 13-15 行　　　　27 + 3, 3 = 3, 30

第 15-16 行　　　　2 + 27 = 29

第 16 行　　　　　 取 29 的一半（即 14; 30）

第 17 行　　　　　 14; 30 × 14; 30 = 3, 30; 15

第 18-20 行　　　　3, 30; 15 – 3, 30 = 0; 15

第 20-21 行　　　　0; 15 的一個平方根為 0; 30

第 21-22 行　　　　14; 30 + 0; 30 = 15（原長）

第 23-24 行　　　　14; 30 – 0; 30 = 14（新寬）

第 25-26 行　　　　將 14 減去在第 15 - 16 行與 27 相加的 2，得原寬。

第 27 行　　　　　 原寬為 12。

第 28 行　　　　　 長 15、寬 12，將兩數相乘。

第 29 行　　　　　 15 × 12 = 3, 0（面積）

第 30-32 行　　　　15 – 12 = 3

第 32-33 行　　　　3, 0 + 3 = 3, 3

　　我們可以透過現代的符號，逐句地解讀這個文本。

　　　　　　　　巴比倫作法　　　　　　　　現在作法

　　長、寬　　　　　　　　　　令長為 x，寬為 y

　　將長和寬相乘後，得到　　　則面積為 xy
　　面積。

	然後，將面積加上長與寬的差得 3, 3。	$x - y + xy = 3, 3$·········(1)
	更進一步，將長加上寬，得 27。	$x + y = 27$·············(2)
	透過下列方式求解：	
第 13-15 行	$27 + 3, 3 = 3, 30$	(1) + (2) 得：
		$x + y + x - y + xy = 3, 30$
		$x(2 + y) = 3, 30$·········(3)
第 15-16 行	$2 + 27 = 29$	$2 + x + y = 29$·········(4)
		這時需要引入另一個未知數
		$y' = y + 2$
		（這是根據文本中的第 25-27 行得知）
		此時，我們將 (3)、(4) 式子寫為 $xy' = 3, 30$
		$x + y' = 29$
第 16 行	取 29 的一半（即 14; 30）	令 $x = 14; 30 + a$ 與
		$y' = 14; 30 - a$
		$(14; 30)^2 - a^2 = 3, 30$
第 17 行	$14; 30 \times 14; 30 = 3, 30; 15$	$3, 30; 15 - a^2 = 3, 30$
第 18-20 行	$3, 30; 15 - 3, 30 = 0; 15$	$a^2 = 3, 30; 15 - 3, 30 = 0; 15$
第 20-21 行	0; 15 的一個平方根為 0; 30	$a = \sqrt{0; 15} = 0; 30$
第 21-22 行	$14; 30 + 0; 30 = 15$（原長）	因此，$x = 14; 30 + 0; 30 = 15$
第 23-24 行	$14; 30 - 0; 30 = 14$（新寬）	$y' = 14; 30 - 0; 30 = 14$
第 25-26 行	將 14 減去在第 15-16 行與 27 相加的 2，得原寬。	$y' = y + 2$ $y = y' - 2 = 14 - 2$

第 27 行	原寬為 12。	所以 $y = 12$
第 28-29 行	長 15、寬 12，將兩數相乘	$x = 15$，$y = 12$
		所以 $xy = 3, 0$
	$15 \times 12 = 3, 0$（面積）	
		然後，帶回下面式子驗算：
第 30-32 行	$15 - 12 = 3$	$x - y = 3$
第 32-33 行	$3, 0 + 3 = 3, 3$	$xy + x - y = 3, 3$

　　從前述的文本中，我們可以窺見巴比倫的代數特色。巴比倫人與我們有相似的思考脈絡，卻沒有發展出任何一種與現代相近的符號，因此，他們只能利用數值的例題來表達解法的各個步驟。這也是為什麼我們在他們的文本中，發現非常多問題都使用相同的作法來求解的原因。這些解法幾乎都以「同上述步驟」作為結尾，這似乎說明了他們打算在這些例子之中，示範一般性的求解方法。

　　巴比倫人不像現代人這樣習慣使用抽象的數，因此，他們談論的是「量」，我們有時稱之為「名數」（*denominate number*），亦即「帶有測量單位的數」（例如：長度、寬度、面積）。從文本中的例子來看，他們似乎尚未構造出與實際生活有關的幾何問題，否則，他們也就不會將長度與面積相加。所以，像「長度」這類的詞，不過是為了提供給未知數一個名字罷了，這種作法如同我們在算術問題中常會採取的方式一樣。

　　前面的例子說明了，巴比倫人已經察覺到存在於幾何與代數之間的關聯。幾何術語賦予求解代數問題時的一種具體形式。然而，在「用面積減去長度」的步驟中，充分顯示出他們並不反對混用「維度或因次」（dimension）。

　　過了幾個世紀之後，人們在混用「維度或因次」時相當猶豫，亦即，不去合併表示面積的數與表示長度或體積的數。從希臘時期到16 世紀義大利代數學家的作法中，甚至到了笛卡兒（Descartes, 1596 - 1650）的時代，處處可見這一類的猶豫不決。笛卡兒在發展他的解析

幾何與相關的方程式理論時，寫下並處理了形如 $3x^4 - 4x^3 + 5x^2 - 6x$ = 7 這種形式的式子。在這個表示式之中，即使平方項和立方項在幾何學上的對應物，分屬於不同測量單位的「正方形」和「立方體」，卻都能以加減的方式來合併。雖然，使用幾何圖形與概念，常有助於方程式理論的發展，但相對地，也因為與幾何關係過於緊密，而妨礙了它的發展。舉例來說，代數方程式中，四次或更高次項在幾何學上，並沒有簡單的參照物，因此，當遇到求解高次方程式的問題時，早期的代數學家不是避免處理這樣的參照物，就是憑藉著那些不必要又難操作的名詞與步驟來解決問題。

2-7 巴比倫的幾何

就我們對巴比倫人的認識，他們並沒有形式化的幾何理論與證明。他們的問題侷限在算出線段的長度與計算面積。不過，這些計算的過程中也顯示，巴比倫人已經知道不少定理，例如：**畢氏定理**（*The Pythagorean Theorem*）。

例題 1　（請參見圖 2-4）「一個長為 30 的『帕圖』（patu）（可能是船的橫梁），垂直地靠在牆上，若頂端下移 6 時，則底端後移多少？」

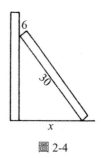

圖 2-4

這整個問題相當於給定斜邊長 30，且斜邊長與另一股長的差為 6 的直角三角形，去計算直角三角形其中一股長。我們可以從計算過程中發現，他們使用了畢氏定理。其計算過程如下：

$$30 - 6 = 24$$

所以，「帕圖」頂端下移後離地的高度為 24（即直角三角形一股長 24）

$$30^2 = 900$$
$$24^2 = 576$$
$$30^2 - 24^2 = 324$$

因此，
$$x = \sqrt{324} = 18$$

例題 2　在嚴重損毀的泥板上，發現了如圖 2-5 的圖形。將它完整畫出後如圖 2-6。

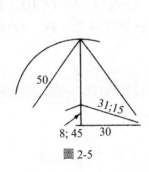

圖 2-5

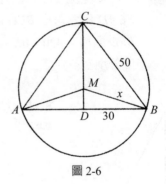

圖 2-6

顯然，題目所欲求的是等腰三角形 *ABC* 的外接圓半徑。

已知 *AB* = 60，*AC* = *BC* = 50。首先，△ *CBD* 中的 *CD* 可透過畢氏定理求出。透過畢氏定理，得 *CD* = 40。

假設 *MB* = *x*，則 *MD* = 40 − *x*。由畢氏定理可知△ *MBD* 中，

$$x^2 = (40 - x)^2 + 30^2$$
$$80x = 2500$$
$$x = 31\frac{1}{4}$$

$$MD = 40 - 31\frac{1}{4} = 8\frac{3}{4}$$

將結果以六十進位法制表示後，可寫成：

$$MB = 31;\ 15 \text{，} MD = 8;\ 45$$

　　透過下面的例子我們可以了解，巴比倫人在求解方程式上有著卓越的成就。這個問題也引領他們求解具有三個未知數的方程式，且三個方程式之中只有一個是線性方程式。

例題 3　（請參見圖 2-7）已知直角三角形 *ABC* 被 *ED* 分成梯形 *ECAD* 與三角形 *BED* 兩部分，若 *AC* = 30，*ECAD* 面積 – *BED* 面積 = 420，*BE* – *EC* = 20，則線段 *BE*、*EC*、*ED* 的長度分別為多少？

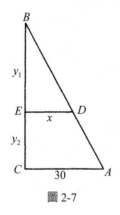

圖 2-7

根據這些資料，我們將其簡化成下面兩個方程式：

$$\frac{1}{2}y_2(x+30) - \frac{1}{2}y_1 x = 420$$

$$y_1 - y_2 = 20$$

想要求出三個未知數 x、y_1、y_2，需要有第三個方程式才行。

透過△ *BED* 與△ *BCA* 相似，我們立即得到第三個方程式為：$\dfrac{y_1}{y_1 + y_2} = \dfrac{x}{30}$。

　　巴比倫人透過求解三個聯立方程式即可得出問題的答案，請你也試著解解看！你肯定就會讚賞巴比倫人在代數上的高成就！

這些例子也顯示出巴比倫人已知悉下列幾個概念：(1) 畢氏定理。(2) 在等腰三角形中，頂點與底邊中點的連線會垂直底邊。(3) 如何計算出三角形、正方形、梯形的面積。(4) 相似三角形的對應邊成比例。至於巴比倫人對這些概念究竟理解到何種程度，我們就不得而知了。

2-8 π 的近似值

下面是一個關於計算圓面積的問題。此處僅節錄部分的內文。

例題 1　「我將一個城市的邊界畫出來（參見圖 2-8 之中位於內部的圓），但不知道這個邊界的長度是多少。從第一個圓的中心點向外，往任何一個方向走 5，然後將最後走到的所有點連接起來畫出第二個圓，此圓代表新城市的邊界。已知兩圓之間的區域面積為 6, 15。」。請求出新城市與舊城市的直徑分別為多少？

解法如下：

「將 3 乘以 5（往外所走的距離），可得到 15。」

「取 15 的乘法反元素，然後將其乘以兩圓之間的封閉區域面積 6, 15，可得 25。」

「將 25 寫兩遍。」

「將剛剛寫下的 25 分別加上與減去所走的路程 5；

即可得出新城市的直徑為 30，舊城市的直徑為 20。」

關於巴比倫的解法我們說明如下：令新城市、舊城市的半徑分別為 R、r，則封閉區域的面積為：

$$A = \pi R^2 - \pi r^2 = \pi(R-r)(R+r) ,$$

這裡的 $A = 6, 15$ 且 $R - r = 5$。在這個問題中，巴比倫人以 3 作為 π 的近似值，因此，

$$6, 15 = 3 \cdot 5(R + r) \, \text{。}$$

我們將 6, 15 乘上 15 的乘法反元素，亦即
乘上「0; 4」，可得 $R + r$，所以，

$$R + r = 0; 4 \times 6, 15 = 25 \, \text{。}$$

再將 $R + r$ 與 $R - r$ 相加，得

$$2R = 25 + 5 = 30 \, （\text{新城市的直徑}）$$

用 $R + r$ 減去 $R - r$，得

$$2r = 25 - 5 = 20 \, （\text{舊城市的直徑}） \, \text{。}$$

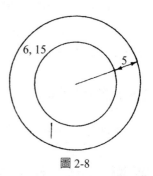

圖 2-8

　　但值得注意的是，在這個問題之中是以 3 來代表 π 的近似值。這個值同時也被用來說明所羅門（Solomon）（I Kings 7）建立的神殿中，祭司所使用的浴池尺寸。「他製造大量的金屬鑄模，這些鑄模的形狀是圓形，該圓形的直徑長為 10 腕尺（cubits）[5]，直立時的高為 5 腕尺，需用長度 30 腕尺的線才能環繞它。」

　　在其他問題裡，巴比倫人求得圓面積的步驟中也使用了下面的公式：$A = \dfrac{1}{12}C^2$，此處的 A 是指圓面積，而 C 是指圓周長。當 π 的近似值取 3 時，我們可以很容易地由下面的推導過程，得知這關係式是正確的。首先，我們知道 $C = 2\pi r$，$A = \pi r^2$，可得出 $A = \pi \left(\dfrac{C}{2\pi} \right)^2 = \dfrac{C^2}{4\pi}$，接著，假如 $\pi = 3$，這公式就會變成 $A = \dfrac{C^2}{12}$。[6]

　　除了用 3 來代表 π 值之外，有時，巴比倫人會用更好的近似值 $3\dfrac{1}{8}$ 來代表 π 值。

---

[5]　譯按：腕尺是古時候的一種量度，自肘到中指端的距離，長約 18～22 英吋。
[6]　譯按：這個圓面積公式在古中國《九章算術》也出現過，其敘述如下：「周自相乘，十二而一。」

2-9 另一個問題和揮別巴比倫

　　前述所探討的那些例子，清楚地說明巴比倫數學並非完全聚焦於應用的目的。如同第 2-7 節的例題 2 所示，求解等腰三角形外接圓半徑這個問題，並不會出現在日常生活裡。尤其，如果我們了解巴比倫的城市形狀是方形而非圓形時，就會發現第 2-8 節中的例題 1，也不是源自於日常生活所遭遇的情境。

　　當我們比較巴比倫數學與埃及數學時，我們觀察到埃及數學更著重在實用，反之，巴比倫人則已開始顯現出他們對於數學問題的理論感興趣。

　　巴比倫的代數學已經有良好的進展，即使是面對複雜的方程組他們也能求解。代數發展過程所出現的唯一阻礙，是缺少了便利的文字符號。因為這個緣故，所以，他們只能透過數值例子（帶有數值的題目）來說明。

　　在巴比倫的幾何學中，並未明確地敘述任一個定理，當然也就沒有證明任何一個定理，他們的幾何問題只涉及數值計算。然而，證據也顯示出他們對於理論的發展感興趣，並且使用了幾何與代數之間的相互關係。另一方面，這樣的關聯性似乎讓代數類型的問題，具備了幾何性質的基礎。更進一步地，我們也可以從圖 2-1 的泥板中，發覺他們對於數學理論感興趣的種種跡象，最後，我們就藉由討論這個案例來總結本章。

　　「畢氏三元數」是滿足 $a^2 + b^2 = c^2$ 這個關係式的三個正整數數對，例如（3，4，5）、（5，12，13）（一般表示式為 $(a，b，c)$）等。畢氏學派的追隨者，最終也找出如何去求出所有三元數（有無限多組）的方法。雖然 $a^2 + b^2 = c^2$ 這個公式總是讓人聯想到關於直角三角形中的畢氏定理，但畢氏三元數的問題本質上卻是一個代數問題。不過，稱作「普林頓 322」（Plimpton 322）的巴比倫泥板（約西元前 1900-1600 年期間），說明了巴比倫人很早就開始研究這類問題。雖然泥板上只列出一系列的畢氏三元數，但他們列出的次序，讓我們相

信巴比倫人對於尋找畢氏三元數的問題，已經具備一般化與系統化的解法了。[7]

習題 2-9

1. 試證明若 $u = 5$，則下面式子 $a = u^2 - 1$，$b = 2u$，$c = u^2 + 1$ 之中的三個未知數 a、b、c，滿足畢氏定理：$a^2 + b^2 = c^2$。

2. 在普林頓 322（Plimpton 322）表格上頭，中間兩行的 b、c 兩數皆滿足 $a^2 + b^2 = c^2$。

   第一列給出六十進位制的 1, 59 及 2, 49。試找出 a 的替代值，使得 $a^2 + b^2 = c^2$ 中的 $b = 1, 59$ 與 $c = 2, 49$。

3. 請利用下列取自普林頓 322（Plimpton 322）楔形泥板表格中的值，再一次解出習題第 2 題所求的數：

   (a) 第 5 行：$b = 1, 5$ 與 $c = 1, 37$。

   (b) 第 11 行：$b = 45$ 與 $c = 1, 15$。

4. 請分別利用下列的 π 值，計算直徑為 10 的圓，其圓周長分別為多少？

   (a) $\pi = 3$

   (b) $\pi = 3\frac{1}{8}$

   (c) $\pi = 3.1416$

   假設 (c) 的答案是正確的，請計算 (a) 所獲得的答案與正確答案之間的誤差。又此誤差占正確答案的百分比為多少？

5. 試重複習題 4 的作法，將圓的直徑改為 20，重新再做一遍。

6. 試重複習題 4 的作法，將「試求出圓周長」改成「試求出圓面積」。

---

[7] 這個問題所引出的爭議目前尚未塵埃落定。也就是說，這塊泥板是否就是有關畢氏三元數的研究，仍未有定論。參考 Eleanor Robson, "Words and Pictures: New Light on Plimpton 322", Monthly of the Mathematical Association of America February 2002: 105-120.

7. 試重複習題 4 的作法，將圓的直徑改為 20，並將「試求出圓周長」改成「試求出圓面積」。

8. 在巴比倫的表格之中，解決了下列問題：

給定一個圓的圓周長為 60，且矢 $\overline{AB}$ 長度為 2，請計算出弦 $\overline{CD}$ 的長。（參見圖 2-9）並使用 $\pi = 3$ 來求解此問題。

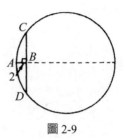

圖 2-9

9. 試求解第 2-7 節中，例題 3 的方程式。

參考書目

關於巴比倫數學的更深入資料，請見第一章的參考書目 [3]，[4]，[5]，[6]，[7]。

[16] Aaboe, Asger, *Episodes from the Early History of Mathematics*. New York: Random House Inc., 1964（Volume 13 of The New Mathematical Library）.

[17] Vogel, Kurt, *Vorgriechische Mathematik,* Teil II. Hannover, West Germany: Hermann Schroedel Verlag KG, 1959.

CHAPTER 3
希臘數學的開端

3-1 最早的記載

　　現知最早的數學家是希臘的泰利斯（Thales），他大約誕生於西元前 600 年。從泰利斯到歐幾里得（Euclid，西元前 300 年）的這段期間裡，數學領域的重要人物有**畢達哥拉斯**（Pythagoras，西元前 540 年）以及**希波克拉堤斯**（Hippocrates，西元前 460 年）。雖然**柏拉圖**（Plato，西元前 360 年）與**亞里斯多德**（Aristotle，西元前 340 年）最初被視為哲學家，但是，他們對數學都有著濃厚的興趣，並且為數學的發展帶來了很大的影響。與他們同時期的數學家，還包括了**阿基塔斯**（Archytas）、**西奧多勒斯**（Theodorus）、**泰阿泰德斯**（Theaetetus）、**歐德孟斯**（Eudemus），特別地還有歐多克索斯（Eudoxus，西元前 360 年）與**梅內克繆斯**（Menaechmus，西元前 350 年）。

　　關於這些數學家跟哲學家的生平記載，仍然有諸多不確定的部分。我們就只能透過學者們的研究與考察結果，了解他們當時的數學知識活動。儘管，這些數學家最原始的手寫稿全部都已經遺失，但柏拉圖和亞里斯多德的手稿以及歐幾里得的《幾何原本》（*Elements*），仍藉由後人不斷地重複抄寫與複印的過程，被保留下來。目前所知最早的抄本，是西元後第一個世紀的版本，也就是比他們活躍的年代大約晚了五百年。在這些重複傳抄的過程中，存在很多錯誤，並且也保留了許多後人添補的成果。直至上個世紀，這些謬誤才被移除。

　　也許僅有為數非常少的抄本，是源自於最早期的著作。至於他們是如何傳播的，我們就不得而知了。不過，仍舊可以從抄寫者們之間的互相影響與抗衡中，發現一些事實。實際上，書本的買賣交易行為，似乎在西元前第五世紀下半葉已開始出現。在柏拉圖的《自辯》（*apology*）中，提及了蘇格拉底談到哲學家阿那克薩哥拉（Anaxagoras，大約西元前 460 年）的著作，其中，蘇格拉底也曾經提到，在市場裡可以用一個銀幣（drachma）購買到這本書。而這個

故事的時空背景，大約被設定在西元前 399 年。

　　我們從柏拉圖和亞里斯多德的著作當中，可以了解他們曾經研究過許多前輩們的學習成果，因為在書中的許多地方，都提及了那些較資深的作者。在早期的年代裡，亞里斯多德對科學的進展特別感興趣，他也說服了很多學生撰寫有關科學史的內容。舉例來說，歐德孟斯（Eudemus，西元前 350 年）就撰寫了有關數學史的著作，可惜，該書早已散失。不過，在之後的普羅克拉斯（*Proclus*，大約西元 450 年）與辛布利秋斯（Simplicius，大約西元 525 年）的著作中，的確提及並引用了該書的內容。現今我們所知最古老且完整的數學書籍，即是歐幾里得的《幾何原本》。普羅克拉斯為《幾何原本》第 I 冊寫了一篇評論。（今日，我們把歐幾里得的「卷」（Books）叫作「章」（Chapters）或「冊」（Parts））。這篇評論也提到了一些在歐幾里得的時代之前的幾何知識。

3-2 希臘計數系統

　　埃及與巴比倫帝國的晚期分別以托勒密王朝（Ptolemaic）與塞琉西王朝（Seleucid）著稱。它們始於西元前 323 年，也就是馬其頓（Macedonia）的國王亞歷山大大帝（Alexander the Great）死亡的年代開始。亞歷山大大帝所征服的疆域，一路從希臘延伸到印度，同時也包括埃及跟巴比倫。他留下將軍托勒密（Ptolemy）和塞流古（Seleucus），分別負責統治這兩個地方。在亞歷山大大帝死亡之後，他們自立為王。希臘統治和文明發展的時期，從西元前 600 年延伸到西元後 500 年，並與埃及－巴比倫時期（西元前 3000 年到 300 年）有所重疊。因此，希臘文化和其他更古老的文明之間，產生很多密切接觸與聯繫的機會。

　　無論在哪一個國家裡，語言和書寫的符號往往隨著時間而有所改變。對我們來說，喬叟（Chaucer）和《貝奧武夫》（*Beowulf*）的舊式英文，看起來幾乎就是一種外國語言。類似地，埃及的書寫形式從

象形文字（hieroglyphic）進展至僧侶體（hieratic），而計數系統也如同語言一樣在轉變與發展，同時也顯現出不同文化互動影響的結果。

希臘人使用兩種計數系統。早期，他們發展出**赫洛德尼亞系統**（*Herodianic system*）。在之後的時期，他們則是使用**愛奧尼亞系統**（*Ionic system*）來書寫他們的數碼。

赫洛德尼亞系統使用下列的符號來書寫數碼（numerals）：

$$| = 1, \ \Gamma = 5, \ \Delta = 10, \ \mathsf{H} = 100, \ \mathsf{X} = 1000, \ \mathsf{M} = 10,000 \ \text{。}$$

這些符號之中的最後五個，所代表的是希臘數目字（number words）的起始字母。現代語言中很多數（目）字，都反映出這個系統的特色。Γ 這個符號是大寫字母 pi 的一種古代形式。它相當於我們的英文字母「p」，而且「五邊形」（pentagon）、「五音步之詩」（pentameter）、「五項運動」（pentathlon）都起源於希臘字的五：*pente*。類似地，Δ（delta），代表 *deka* (10)，也導出「十邊形」（decagon）和「十公尺」（decameter，也稱 10 meters）。像是「十分位數」（decile）、「小數」（decimal）、「每十人殺一人」（decimate）以及「十分之一米」（decimeter，也稱 one tenth of a meter）。這些字也是從拉丁文的 *decem* 演化成英文，也顯示它們的希臘起源。H（Eta），代表 *hekaton* (100)，而且引出「公頃」（hectare）；X（chi），代表 *kilioi* (1000)，而且引出「公里」（kilometer）與「公斤」（kilogram）；還有 M（mu），代表 *myrioi*，引伸出「大量」（myriad）的意思。

其他數目（number）的數碼（numeral）表示，是將上述的符號透過重複書寫，進行加法運算而得到的，比方說：

$$\Delta\Delta\Delta\Delta = 40 \ \text{，}$$

將上述的符號重新擺放，進行乘法運算，如

$$P^\triangle = 5 \cdot 10 = 50,$$

或者

$$P^{\pi} = 5 \cdot 1000 = 5000,$$

以及更複雜的結合，像是：

$$XXP^{\pi}H\triangle\triangle\Gamma I = 2626。$$

　　在愛奧尼亞系統中，字母被用來代表不同的數位（digits）。這些字母所代表的數位如下所示：

1	2	3	4	5	6	7	8	9
α	β	γ	δ	ε	ς	ζ	η	θ
10	20	30	40	50	60	70	80	90
ι	κ	λ	μ	ν	ξ	o	π	ς
100	200	300	400	500	600	700	800	900
ρ	σ	τ	υ	φ	χ	ψ	ω	$\pi\pi$
1000	2000	3000	4000	5000	6000	7000	8000	9000
$,\alpha$	$,\beta$	$,\gamma$	$,\delta$	$,\varepsilon$	$,\varsigma$	$,\zeta$	$,\eta$	$,\theta$

　　本書在序言之後，表列了這些希臘字母。因為傳統的希臘字母系統只包含 24 個字母，另外加入了三個較古老的字母，以得到所需要的 27 個符號，這三個字母分別是：

ς (vau) = 6； ς (koppa) = 90； $\pi\pi$ (sampi) = 900。

　　這個系統衍生出兩個問題：如何區辨數碼與文字的不同，以及如

何用符號來寫出比 999 更大的數目。要解決第一個問題,我們可以在數碼上方畫線或是在該數碼結尾處加上一撇。第二個問題可以透過幾種運用乘法概念的方式解決。在數碼前加上一撇,代表這個被表徵的數目乘以 1000 倍;因此,$,\alpha = 1000$,$,\beta = 2000$,以此類推。另外,對於更大的數而言,例如,較早期赫洛德尼亞系統的 M,會伴隨著一個愛奧尼亞符號加於其上方,表示乘數,或者可在數碼的上方加上一個愛奧尼亞符號,來代表乘上某個倍數。因此,

$$\overset{\beta}{\mathsf{M}} = 2 \cdot 10,000 = 20,000 \text{ 。}$$

例題

$$\iota\gamma (= \overline{\iota\gamma} = \iota\gamma') = 13 \text{ , } \xi\varepsilon = 65 \text{ , } \sigma\lambda\zeta = 237 \text{ , } \tau\alpha = 301 \text{ , }$$

$$,\gamma\psi\lambda\eta = 3738 \text{ , } ,\varepsilon\eta = 5008 \text{ , } \overset{\lambda\eta}{\mathsf{M}},\alpha\varphi o\delta = 381,574 \text{ 。}$$

在埃及人的影響之下,希臘人起初也將分數寫成單位分數之和。經過一段時間之後,他們開始將分數寫成成對的數碼。這可以有很多呈現的方式。有時候,他們用單一的重音符號來代表分子,而分母則是重複寫兩次並且加上一個雙重重音符號,來加以註記。舉例來說:

$$\frac{2}{3} = \beta'\gamma''\gamma'' \text{ 。}$$

換一種表徵方式,希臘人將分母寫在分子之上,但是,它們中間沒有一條橫線區隔。因此,

$$\frac{2}{3} = \frac{\gamma}{\beta} \text{ 。}$$

習題 3-2

1. 請利用愛奧尼亞符號寫出下列各小題所代表的數目：

    (a) 23 　　　　(b) 107 　　　　(c) 227

    (d) 8256 　　　(e) 769,305 　　(f) $\dfrac{3}{5}$

    (g) $\dfrac{19}{21}$ 　　　(h) $\dfrac{328}{507}$

2. 請用現代符號寫出下列各小題所代表的數目：

    (a) $\lambda \varepsilon$ 　　　(b) $\kappa \alpha$ 　　　(c) $\varphi \zeta \varsigma$

    (d) $,\varepsilon \chi o \eta$ 　(e) $\overset{\pi\varepsilon}{\text{M}} ,\varsigma \pi \gamma$ 　(f) $\overset{\tau\kappa\theta}{\text{M}} ,\delta \eta$

    (g) $\lambda' \mu \varepsilon'' \mu \varepsilon''$ 　(h) $\delta' \theta'' \theta''$ 　(i) $\overset{\mu\alpha}{\lambda\varepsilon}$

    (j) $\overset{\omega\pi\gamma}{\lambda\zeta}$

3. 請相加：

    (a) $\begin{matrix} \kappa\alpha \\ \upsilon\xi\alpha \\ \hline o\varepsilon \end{matrix}$ 　　　(b) $\underline{\overset{\varepsilon}{\text{M}}} \, {}^{,\alpha\chi\xi\theta}_{,\varepsilon\varphi\lambda\beta}$

4. 將 $\varphi \mu \eta$ 乘以 $\iota \eta$。

5. 請利用赫洛德尼亞系統的記號寫出習題 1(a) 到 1(d) 的所有數目。

3-3 泰利斯和他的重要數學成就

　　希臘文明最早的中心，實際上是在小亞細亞的西海岸上的殖民地〔包括米利都（Miletus），艾菲索斯（Ephesus）〕，這些地方都比希臘母國的發展來得更快。荷馬史詩《伊利亞德》（*Iliad*）和《奧德賽》（*Odyssey*）也起源於此。大約在西元前 600 年左右，這些希臘的殖民地是非常繁榮而興盛的。貿易以及航海業是當時人們賴以維生的重要事業。這些殖民地的領域與巴比倫相鄰，並且與埃及隔著海相鄰。航海科學和天文學的研究都非常重要。當時由於建造船隻的需求，工業於是開始發展。

　　透過航行的互通，這些希臘殖民者漸漸開始了解他們過去所不知道的學科。值得注意的是，希臘人打從一開始，就對這些學科表現出一種新的關懷與興趣。他們很關心那些有關「如何」以及「為什麼」的問題，而實務應用對於他們來說，並不是一開始最感興趣的部分。首先跨出第一步，邁向我們現代科學的人是泰利斯（Thales of Miletus, 642-547 B.C.），他也是有名的希臘七賢（seven wise men）之一。

　　泰利斯是一位商人，並且據說他曾經花了很長的一段時間，在埃及和巴比倫旅行。當他遊歷至埃及時，曾讓國王阿馬西斯（King Amasis）嘆服，因為他利用測量金字塔影長的方式，求得金字塔的高度。根據其中一個故事版本提及，他將一個棒子垂直地放在地上，直到棒子的長度跟影長相等，金字塔的高度就等於其影子的長度，這樣就可以測得金字塔的高度。也傳說他曾預言日蝕的發生，而這奠基於他從巴比倫人身上所獲得的知識。從亞述的宮廷占星家（Assyrian court astrologer）的信件裡，吾人可以發現早在西元前 700 年，日月蝕的預測，就已經成為巴比倫人所熱衷的事。雖然這些關於泰利斯的故事很可能僅是傳說，不過，這仍能顯示出他的名氣，以及在他的時代人們對於數理科學的興趣。

　　泰利斯對數學的重要性，主要是在於**他致力於尋求幾何定理的邏輯基礎**。他並沒有創造出我們今日所熟知，一套有關定理與證明的完整系統，不過，他是第一位勇於朝這個方向進行嘗試的人。他所思考的定理都相當簡單，根據後來的作者所提到的，大致認為共有以下五個定理：

1. 等腰三角形的兩底角相等。
2. 如果兩條直線相交，對頂角相等。
3. 兩個三角形若有二內角及此兩角所夾之一邊分別對應相等時，則兩三角形全等。
4. 圓被任一直徑平分。
5. 內接在半圓的角是直角。

　　我們得知泰利斯使用定理 3，而發現了船離岸邊的距離。但我們

無法明確地知道這個方法究竟是什麼，不過，圖 3-1 提示其中一種可能。假設船的位置是在點 S，然後，岸邊的觀望者是站在點 W，所求的距離為 $\overline{SW}$。當觀望者沿著與 $\overline{SW}$ 垂直的岸邊，走了一段適當的距離 $\overline{WM}$ 之後，在 M 點的沙灘上插立一根棒子。他依循著相同的方向，繼續走一段相等於 $\overline{SW}$ 的距離 $\overline{MP}$。這時，他站在點 P。最後，他開始往內陸走，而且方向必須要與 $\overline{WP}$ 垂直，直到他看到位於點 S 的船隻與位於點 M 的棒子落在同一條線上的時候。這時候，他站在點 Q，而且 $\overline{PQ}$ 即為所求的距離。

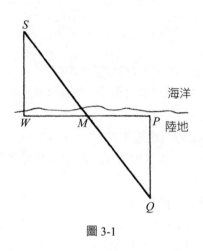

圖 3-1

　　根據普羅克拉斯的說法，泰利斯從埃及將幾何學引入希臘，而且，自行證明出上述定理 4。另一方面，據說泰利斯發現了定理 2，卻沒有進一步加以證明。

　　他是如何給出這些證明呢？很難想像開闢新路徑的泰利斯馬上能像我們一樣，以基本概念與公理作為證明的出發點。如果他沒有一套公理作為證明的起始點，他的論證勢必只具有直觀的特色，而不具證明的現代意義。舉例來說，他可能藉由沿著一條直徑將圓對摺，來證明定理 4。

　　泰利斯的幾何與埃及人、巴比倫人的幾何之間，存在很多重要的

差異。**泰利斯是第一位將圖形的性質形構成為一般性敘述的數學家。**在埃及與巴比倫,人們並未明確地提到這些性質。泰利斯顯然對幾何圖形本身非常感興趣。也許他感覺到即使是表面上再顯然不過的性質,仍有奠基於邏輯論證的必要性。此外,他所感興趣的這些性質,與巴比倫和埃及人所關注的性質之間,具有不同的特色;後者的問題總是關於計算某件事物(即使對巴比倫人來說,那些計算的內容也不總是實用的)。另一方面,泰利斯的興趣則是指向這些圖形的幾何性質。

習題 3-3

1. 參看圖 3-1,泰利斯如何證明 $PQ = SW$?
2. 定理 1 到定理 5,哪一個被應用在習題 1 的證明當中呢?
3. 請用現代的方法證明定理 1。
4. 請用現代的方法證明定理 2。
5. 試考慮泰利斯測定金字塔高度的方法。這裡需假設從太陽發射的光線都是平行的。
   (a) 畫出這個問題的相關圖形。
   (b) 它會形成什麼樣的三角形呢?
   (c) 為了證明泰利斯的方法是有效的,需要用到哪些定理?
   (d) 他是如何在一天當中的任意時間都能使用影子法呢?
6. 許多的傳說之中皆提到,泰利斯是一位商人、哲學家以及政治家。請參閱百科全書或本章後面所附的參考文獻。

3-4 畢達哥拉斯與畢氏學派

畢達哥拉斯大約生於西元前 570 年至 500 年左右。他很可能遊歷於埃及與小亞細亞之間,也因此特別關注埃及人與巴比倫人的文明。之後,他定居於義大利半島的南部。他在那裡創立了一所學校,並傳遞著自己的思想,而他的對象,主要是當時的上流社會族群。從參加

他的講課的人們當中，他挑選出那些展現了濃厚興趣與特殊天賦的人。而這些人被傳授畢達哥拉斯教團（Pythagorean Order）中較為深層的祕密，他們使用一個五芒星形（五角星形）作為它的神祕符號。事實上，畢氏學派的宗旨，很多都是充滿神祕色彩的；而且也包括許多道德信念，不過，它們都以數學作為基礎。畢氏學派的學說有很多部分，是我們無法了解的，因為這個學派中的成員，都被約束不得透露出任何的教學內容。我們目前確定知道的是，畢氏學派的阿爾希塔斯（Archytas）將數學分成四個部分：**音樂**、**數論**、[1] **天文**與**幾何**。這些四門學科又被稱為「**雅典四藝**」（*quadrivium*），往後也被柏拉圖和亞里斯多德所採納，然後，成為往後幾個世紀裡的學校必修課程，事實上，還延續到文藝復興時期為止。接著，我們將充分地呈現畢氏學派的概念，如何與四藝的每個部分息息相關，進而展現數目對這些學科而言，是如何地根本。

下列傳說是關於畢達哥拉斯如何在音樂上發現數目之性質，它將幫助我們進一步了解數學是如何與神祕主義（mysticism）相互結合的。

3-5 畢氏學派及其音樂

羅馬人波伊修斯（Boethius，西元六世紀）曾述說過以下的故事。有一次，當畢達哥拉斯經過一間鐵匠鋪時，他發現敲打在鐵砧上的不同鐵槌，居然能形成完全不同的音階，為此他感到非常震驚，於是，進入那間鐵匠鋪一探究竟。這樣的現象起因於人們施力大小不同嗎？他請鐵匠交換鐵鎚試試看。仍然呈現出相同的音階效果。所以，他確定這是因為鐵槌所造成的影響，與敲打者沒有關係。他請鐵匠讓他測量那些鐵槌的重量。測得重量的比例為 12，9，8 以及 6。由於第五根鐵槌的重量與其他任何鐵鎚之間，並不呈現出簡單的比。於是，將這第五根鐵鎚排除在外，所發出的音樂和諧性似乎增加了。畢達哥拉

1　譯按：原文為 arithmetic，今譯為「數論」而非一般譯的「算術」，詳本章第 3-6 節說明。

斯聽到的音程若由最重的鐵鎚所敲出的音符開始算，它們分別被稱作第四度、第五度以及第八度。

　　我們無從得知這個傳說的哪一部分，具有歷史的真實性。當然最壞的情況下，也許整個故事就只有包含一丁點的事實，甚至故事中所假定的結果，也不符合鐵鎚重量和聲音的音高之間的真實關係。但無論如何，這個傳說中的故事，也典型地代表著畢達哥拉斯對於數字概念的濃厚興趣。

　　波伊修斯更進一步告訴我們，畢達哥拉斯持續著他的實驗，並且著手研究一條震動弦線的長度與所發出的音高之間的關聯性。如果一條弦的長度縮短成為原本長度的 $\frac{3}{4}$，那麼，我們就可以聽到比原本音調高四度的音。如果縮短為 $\frac{2}{3}$，則會聽到高五度的音；如果縮短為 $\frac{1}{2}$，就能聽到高八度的音。例如，如果弦線的原本長度等於 12，那麼，當弦線長度縮短為 9 的時候，我們就會聽到高四度的音；當弦線長度縮短為 8 的時候，就能夠聽到高五度的音；然後，當弦線長度縮短為 6 的時候，就能夠聽到高八度的音。這則故事的內容大致與真實情況非常接近。

　　洞察到弦長與音調高低之間的關係，是人類史上憑著經驗發現自然法則的最古老例子。在當時的時空背景下，發現了不同高低的音調竟與整數的比相互關聯的這件事，想必非常令人吃驚。我們完全可以理解畢氏學派所提出的問題：原因是什麼？結果又為何？最後，他們假定原因可以從數字比求得。因此，對他們而言，調和（harmony）成為數的一種特性；由於整數 6，8，9 以及 12 都是調和數（harmonic number），和諧的音樂因而產生。

　　對畢達哥拉斯來說，發現了這個關係便進一步佐證了**數在我們日常生活所接觸的事物中扮演著重要的角色**。在歷史的進程之中總是一再地發生，人們對於這些有特殊性質的原創性觀點，感到震驚且難以忘懷，並相信他們可以在各處應用這個新概念。這樣的說法同樣適用

於畢氏學派。**數被當作是所有自然科學的基礎**。他們認為所有知識都可以化約為數目之間的關係。在一方面，這導致了各種有關數目的思辨，另一方面，也讓其他人開始對數學大感興趣。

6，8，9 以及 12 這些數目，似乎不單只是展現出聽覺上的和諧特色，同時也具有算數特質。對 9 來說，剛好就是 6 和 12 的算術平均數，而 8 則是 6 和 12 的調和平均數。也就是說：

$$9 = \frac{1}{2}(6+12) \; ; \; \frac{1}{8} = \frac{1}{2}\left(\frac{1}{6} + \frac{1}{12}\right) \circ$$

再者，6 相對於 8，就如同 9 相對於 12，而且 6 之於 9 就相當於 8 之於 12，或者我們可用數學表示：

$$\frac{6}{8} = \frac{9}{12} \; ; \; \frac{6}{9} = \frac{8}{12} \circ$$

在音樂上，這正意味著長度 12 與 9 的弦線，以及長度 8 與 6 的弦線都能產生一個音以及另一個高四度的音，而長度 9 與 6 的弦線則能產生一個音以及高五度的另一個音。

畢氏學派將兩個數的**算術平均數**（arithmetic mean）定義為：算術平均數大於第一個數的量，與第二個數大於算術平均數的量會相等。因為 9 − 6 = 12 − 9，因此，9 是 6 與 12 的算術平均數。換句話說，兩數的算術平均數可以定義為此兩數總和的一半。因此，6 與 12 的算術平均數是：

$$\frac{6+12}{2}$$

兩個數的**幾何平均數**（geometric mean）定義為滿足如下條件：讓第一個數與幾何平均數的差除以第二個數與幾何平均數的差所得的值，會相等於第一個數除以幾何平均數的所得的值。因此，6 是 2 與

18 的幾何平均數，原因如下：

$$\frac{6-2}{18-6}=\frac{2}{6}$$

　　一個與上述幾何平均數等價的現代定義是：兩個數的幾何平均數就是他們乘積的正平方根。因此：

$$6=\sqrt{2\cdot18}。$$

　　兩個數的**調和平均數**（harmonic mean）定義為滿足如下條件：讓調和平均數與第一個數的差除以第二個數與調和平均數的差所得的值，會相等於第一個數除以第二個數所得的值。因此，8 是 6 與 12 的調和平均數，這是因為：

$$\frac{8-6}{12-8}=\frac{6}{12}$$

　　兩個數 a 與 b 的調和平均數，簡稱 H，一個與上述調和平均數等價的現代定義是：

$$\frac{1}{H}=\frac{\frac{1}{a}+\frac{1}{b}}{2}$$

　　6，8 以及 12 這些數也顯示出幾何，以及算術、音樂方面的特性。一個立方體有 6 個面，8 個頂點，以及 12 個邊。所以，根據畢氏學派的說法，這個立方體是一個**調和體**（harmonic body）。這裡的理由十分奇怪：在自然界當中，音樂的調和性早已經被發現；它似乎與數目 6，8 以及 12 有關。因此，這個調和的特色已經被視為這些數目的特性之一。所以，當這些數字出現在其他地方時（這裡是指上述立方體的例子），這些數字所獨具的調和性，勢必也會存在並被發

現。因此，立方體是一個調和體。

於是乎，數不只提供音樂的一個理論，同時也為音樂與幾何之間搭起橋梁。另外更多其他數與幾何之間的相關連結，將會在第 3-6 節之中進一步討論。

習題 3-5

1. 請找出下列各選項中，每一組數字的算術平均數以及調和平均數。

    (a) 7, 11   (b) 23, 72   (c) –3, –3   (d) 4.5, 6.8

2. 關於 –3, +3 這一組數字，

    (a) 算術平均數存在嗎？

    (b) 調和平均數存在嗎？

3. 在統計學上，很多觀察資料的算術平均數，被定義為這些數字的總和除以這些觀察資料的個數。請找出下列各組數字的算術平均數。

    (a) 7, 9, 16, 25, 32, 50

    (b) –2, 12, 72, 108

4. 一組數的調和平均數，定義為先將這些數的倒數之平均值，再將此結果取倒數而得。因此，3，6，12，以及 24 的調和平均數 (H)，即為：

$$H = \frac{1}{\dfrac{\dfrac{1}{3}+\dfrac{1}{6}+\dfrac{1}{12}+\dfrac{1}{24}}{4}} = \frac{4}{\dfrac{8+4+2+1}{24}} = \frac{4 \cdot 24}{15} = \frac{32}{5} = \frac{4 \cdot 24}{15} = \frac{32}{5}。$$

請找出下列各組數字的調和平均數。

    (a) 3, 6, 12

    (b) 6, 12, 24

    (c) 5, 6, 7, 9

5. 請證明在本文中所提的，兩個關於 a 與 b 兩數之算術平均數（M）

的定義是等價的。也就是，請證明：

$$a - M = M - b \text{ 若且為若 } M = \frac{a+b}{2} \text{。}$$

6. 請證明在本文之中所提到的，兩個關於 a 與 b 兩數之調和平均數 (H) 的定義是等價的。也就是，請證明：

$$\frac{H-a}{b-H} = \frac{a}{b} \text{ 若且為若 } \frac{1}{H} = \frac{\frac{1}{a} + \frac{1}{b}}{2} \text{。}$$

7. 請證明 a 與 b 的調和平均數可由下式公式計算：

$$H = \frac{2ab}{a+b} \text{。}$$

8. 請證明在本文之中所提到的，兩個關於 a 與 b 兩數之幾何平均數 (G) 的定義是等價的。也就是，請證明：

$$\frac{G-a}{b-G} = \frac{a}{G} \text{ 若且為若 } G = \sqrt{a \cdot b} \text{。}$$

（請注意：希臘人沒有使用負數的概念。）

3-6 畢達哥拉斯學派[2] 的算術

在美國，「算術」（arithmetic）這個字通常指的是計算出某個實數的過程，或是演算法。事實上，算術常常被視作求解涉及比、比例問題、小數問題與百分比等問題的一門學問。數學的這個計算面向被古希臘人稱為 *logistica*（跟我們的「算術運算」（logistics）有關）。對他們而言，*arithmetica* 是一門研究數目之抽象數學性質的學問，以自然數，也就是指正整數，或是計數數為主要研究對象。*arithmetica* 是哲學家與悠閒的紳士們所關注；*logistica* 則是由商人與奴隸所掌握。在美國，古希臘人的 *arithmetica* 被稱為「**數論**」（number

---

[2] 之後簡稱，畢氏學派。

theory）。**圖形數**（figurate numbers）理論是在這個領域當中，最早研究且延伸發展最廣泛的學問之一。它也顯示出**數論**（*arithmetica*）與幾何之間的相互聯繫。

畢氏學派看起來很自然地聯想到用 1 代表 1 個點；用 3 表示 3 個點，或是一個三角形，以此類推。這也產生下列一連串的圖形與數目：

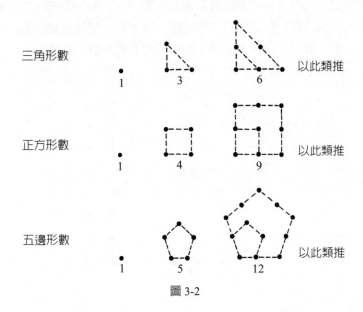

圖 3-2

每一個圖形數的後繼圖形（在第二個圖之後）皆是依下列所建構的：

1. 給定一個圖形數。
2. 在多邊形點圖的邊界上連起接續的點。
3. 選擇該多邊形的一個頂點，然後延伸出交於這個頂點的兩條邊。
4. 在這兩條邊的延伸線上各加入一個點。
5. 在這兩條延伸線上，畫一個正多邊形。
6. 在這個新多邊形的每一邊上，去放置一些數量的點，該數量要等

於在步驟 4 中所延伸的邊上點的數量。那麼，這個圖形數就是所有點的總和。

圖 3-3 中描述了在給定第三個三角形數之後，如何建構出第四個三角形數的程序。

此外，尚有另一種方式可以幫助我們建構數目與幾何圖形之間的關聯性。我們已經提過一個**點**與數目 1 的連結。一條**直線**可以被兩個點來決定。所以，一條直線可以連結到數目 2。用這樣的方式繼續做下去，一個**平面**可以跟**數目** 3 作連結，接著最後**空間**連結到數目 4。如此一來，數目 1，2，3 以及 4 變成幾何上的四個基本數目。

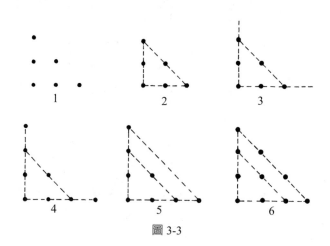

圖 3-3

平方數和畢氏三元數（就如第二章所提及普林頓編碼 322 泥板之中，巴比倫人所製作的表格）存在著一種有趣的相互關係。畢氏學派熟悉如下公式：

$$\left(\frac{m^2+1}{2}\right)^2 = \left(\frac{m^2-1}{2}\right)^2 + m^2 \qquad (1)$$

其中這裡的 m 是一個奇數。我們很快地就能確認這個等式的正確性。茲運用此一公式如下。令 m 為一個奇數，比如說 11。那麼：

$$\frac{m^2+1}{2} = 61, \frac{m^2-1}{2} = 60$$

然後，因為 $61^2 = 60^2 + 11^2$，所以，(60, 11, 61) 是一個畢氏三元數。

　　考量畢氏學派對圖形數的興趣，下列關於公式 (1) 的推導過程是容易理解的。平方數圖形的建構過程中，我們在第一個圖形（單點，代表 1）加上 1 + 1 + 1 個點，可以建構出第二個圖形（代表 4）。加上 2 + 2 + 1 個點到表徵數目 4 的圖形中，我們可以得到表徵數目 9 的圖形，也就是第三個平方數。圖 3-4 也同時告訴我們，為了要從第 n 個平方數得到第 n + 1 個平方數，我們必須在底層加入一列 n 個點，在右邊加入一行 n 個點，而且「在角落」放置一個單一的點。因此，第 n + 1 個平方數會比第 n 個平方數多了 $2n$ + 1 個點；也就是說：

$$(n + 1)^2 = n^2 + (2n + 1)。 \tag{2}$$

（讀者可以把這個公式想成二項式 n + 1 的平方。）

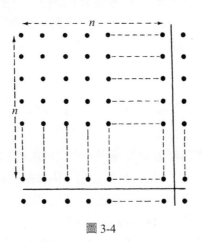

圖 3-4

　　我們從公式 (2) 可以觀察到，如果 $2n$ + 1 是一個平方數，那麼，

如何形成一組畢式三元數的條件就呼之欲出了。因此，如果 $2n + 1 = m^2$，那麼，

$$n = \frac{m^2 - 1}{2} \text{ , } n + 1 = \frac{m^2 + 1}{2} \text{ , }$$

然後這個公式

$$(n + 1)^2 = n^2 + (2n + 1)$$

就變成：

$$\left(\frac{m^2 + 1}{2}\right)^2 = \left(\frac{m^2 - 1}{2}\right)^2 + m^2 \text{ 。}$$

也就是公式 (1)。

　　當然，公式 (1) 對每一個自然數 m 都是正確的。不過，m 只有在奇數的時候會產生畢氏數（在 $m = 11$ 的例子中，我們可以得到的畢氏三元數為 (60, 11, 61)）。如果 m 是偶數，則會形成分數，而數論（*arithmetica*）則是限制在整數的範疇之中。從公式 (1) 直接可以得到另一個公式：

$$(m^2 + 1)^2 = (m^2 - 1)^2 + (2m)^2 \text{ 。} \tag{3}$$

這個公式對於任意自然數 m 皆適用，但也可以產生與公式 (1) 之中一樣的所有畢氏三元數。公式 (3) 的發現，則要歸因於柏拉圖的貢獻。如果我們把 $m = 2$，3 以及 4 代入確認，會發現由公式 (3) 可以得到 (3, 4, 5)，(6, 8, 10) 以及 (8, 15, 17) 這三組畢氏三元數。事實上，由這個公式可以產生無限多組的畢氏三元數，當我們以不同的自然數 m 代入時，會產生不同的畢氏三元數組。讀者也許會好奇，是否可能存在著不是由這組公式所產生的畢氏三元數？我們注意到 $7^2 + 24^2 = 25^2$，

而且，進一步地觀察到 24 和 25 只相差 1，然而 $m^2 - 1$ 與 $m^2 + 1$ 這兩個數字必定會相差 2。因此，(7, 24, 25) 這組畢氏數並無法從公式 (3) 來推得。

在《幾何原本》裡，歐幾里得提供了一個完整且具一般性的系統解法，幫助我們建構畢氏三元數。這個解法的過程如下所示。如果 u 和 v 是整數，而且如果

$$x = u^2 - v^2 \text{，} y = 2uv \text{，} z = u^2 + v^2 \text{，}$$

那麼，x，y 與 z 是整數，並可以使得：

$$x^2 + y^2 = z^2 \text{。}$$

舉例來說，如果 $u = 3$ 且 $v = 2$，這些公式可以得到 (5, 12, 13) 這個畢氏三元數；又如果 $u = 4$ 且 $v = 3$，那就會得到 (7, 24, 25)。這也看出所有可能的畢氏三元數，都可以由這些公式導出。

當如何造出畢氏三元數的問題被解決之後，數學家們便開始著手研究其他相關的問題。法國數學家，皮埃爾德 · 費馬（Pierre de Fermat, 1601-1665）便是其中之一，他考慮到畢氏三元數的一般化。他聲稱不存在任何一組自然數 x，y，z 與 n，可以滿足：

$$x^n + y^n = z^n \quad \text{如果 } n > 2 \text{。}$$

舉例來說，我們找不到自然數 x，y，z 能滿足

$$x^3 + y^3 = z^3 \text{。}$$

他將他的想法，註記在丟番圖的拉丁文譯版《數論》（*Arithmetica*）一書中的頁邊空白處，並指出由於空白處太小，以致

於無法容納其證明。從那之後，就沒有人能夠找出費馬定理的相關證明或是發現任何的反例。1908 年，更有人提供了 100,000 馬克的獎金，懸賞能提供完整證明者。最終，並沒有人能得到這筆獎金，而當年的這筆巨額獎金，到了現代已經變得一文不值。然而，值得慶幸的是，為了證明這個定理，引發了更多數學上的新發展。[3]

現在讓我們來看畢氏學派研究數論的另一個面向。畢氏學派花相當多的注意力在研究個別數目或各類數目的性質。奇數、偶數、質數以及合成數都被研究過，而且，它們的性質也以很多方式廣泛地使用。畢氏學派也探索過所謂的**完全數**（perfect numbers），也就是指，那些數會等於自己的所有因數（需小於自己）的總和。舉例來說，6 就是一個完全數，因為 6 = 3 + 2 + 1，而且 3，2，與 1 都是不同於 6 的所有因數。其他完全數是 28 以及 496。另外，畢氏學派也在找尋**友好數**（friendly numbers），那是指，滿足下列性質的數對：每一個數都等於另一個數的所有（小於其本身）因數之總和（舉例來說，284 與 220 即是友好數）。

數論這門學問發展最成熟的部分，就是**偶數與奇數的理論**（theory of even and odd）。尤其是，接下來的定理最為一般人熟知：

1. 兩個偶數的總和必為偶數。
2. 兩個奇數的乘積仍為奇數。
3. 當一個奇數能夠整除一個偶數，那麼，它就可以整除該偶數的一半。

我們很快就會看到（在第 3-10 節之中）這個定理與畢氏定理有關，並且引導著畢氏學派探索無理數的存在性。

找尋完全數的工作一直持續進行到現代，並且引發很多數學上的新發展，也留下許多至今仍未被解決的問題。歐幾里得《幾何原本》

---

[3] 此一猜想已經在 1995 年由英國數學家安德魯・懷爾斯（Andrew Wiles）成功地證明為一個定理。因此，費馬最後定理已經成為貨真價實的定理了。

的第 IX 冊之中，最後一個定理等價於以下的敘述：

如果

$$2^n - 1 \qquad\qquad (4)$$

是一個質數，那麼，

$$2^{n-1}(2^n - 1) \qquad\qquad (5)$$

就是一個完全數。舉例來說，當 $n = 2$ 時，

$$2^2 - 1 = 3，$$

是一個質數，並且可得：

$$2^{2-1}(2^2 - 1)$$

就是一個完全數。事實上，它就是 6，也是之前所提到的例子。另一方面，在公式 (5) 之中，若將 n 以 4 代入並無法得到一個完全數，那是因為：

$$2^4 - 1 = 15$$

（由公式 (4)）不是一個質數。

這個定理的逆敘述是一個非常有名、但未被證實的猜測：**每一個完全數都具有以下的形式：**

$$2^{n-1}(2^n - 1)，$$

其中，2^{n-1} 必須是一個質數。瑞士數學家萊昂哈德 · 歐拉（Leonhard Euler, 1707-1783）證明出：所有的偶完全數都必定滿足這個形式。至今仍未有人發現任一個奇完全數，也沒有人能夠證明奇完全數是不存在的。

習題 3-6

1. 請畫出第五個三角形數、第五個平方數以及第四個五邊形數的圖形，然後證明它們分別代表 15，25 以及 22。

2. 如果 S_n 表示第 n 個平方數的公式，那麼，$S_n = n^2$。請找出第 n 個三角形數 T_n 的公式。

3. 請找出第 n 個五邊形數 P_n 的公式。（提示：我們可以證明第 n 個五邊形數等於 n 加第 $n-1$ 個三角形數的 3 倍。）

4. 長方形數可以由點所排成的矩形來表示，其中長度要比寬度多一個點。前兩個長方形數分別是 $2 = 2 \times 1$ 以及 $6 = 3 \times 2$。
   (a) 請畫出這兩個與下兩個長方形數的圖形。
   (b) 請用其中一個圖形說明第 n 個長方形數是第 n 個三角形數的兩倍。
   (c) 請以代數的方法證明第 n 個長方形數是第 n 個三角形數的兩倍。（提示：可以利用習題 2 中所找出的公式 T_n。）

5. 請分別利用以下方式證明公式 $S_n = T_{n-1} + T_n$：
   (a) 使用繪製圖形的方式。
   (b) 代數的方式。

6. 普羅克拉斯認為，畢達哥拉斯自己發現了以下尋找畢氏三元數的程序：選擇一個自然數 n，然後令 $x = 2n + 1$，$y = 2n^2 + 2n$，以及 $z = 2n^2 + 2n + 1$。
   (a) 請呈現出當 $n = 1$，$n = 2$ 以及 $n = 3$ 時，每一個得到畢氏數的過程。
   (b) 證明這個程序必定可以產生一組畢氏三元數。

(c) 試說明這個程序無法產生所有的畢氏三元數。

7. (a) 請確認如果 $n \leq 10$ 時，前 n 個奇數和是一個完全平方數，也就是 n^2。

(b) 請證明對於每一個自然數 n 來說，前 n 個奇數和會等於 n^2。

8. 查閱歐幾里得的完全數公式（也就是公式 (5)）。請證明當 $n = 3$ 時，會得到一個完全數，而 $n = 6$ 的時候卻不會。

9. 請參考公式 (5) 並估計出對應於以下 n 值的完全數當中，其數字的位數為何。

(a) $n = 7$

(b) $n = 17$

(c) $n = 127$

（提示：使用對數會有幫助。）

10. (a) 請證明第 104 頁所提的關於奇數與偶數的定理。

(b) 請試著自己猜想出四個額外的定理，並且證明之或舉出反例。

3-7 畢氏學派的命數論

我們回顧畢氏學派傾向於將非數學的特質賦予數目，像友好數及完全數，就是很好的例子。我們必須壓抑住把這些傾向貼上天真標籤的舉動。相反地，畢氏學派有關數（目）的玄思，不僅帶有知識的本質，而且也瀰漫著神祕的意涵。畢達哥拉斯認為**數乃萬物本源**（Number is the essence of things）。正因如此，它本身也具有神奇的力量。畢達哥拉斯很有可能是在小亞細亞旅行的時候，接觸到巴比倫文化而受其影響。一位後期的畢氏學派的成員，菲羅勞斯（Philolaus, 大約西元前 450 年），也曾寫到：「能理解的萬物都有數；如果沒有數，我們要理智地知道或了解任何事物是不可能的事。數一（the One）是萬物的基礎。」

試回想之前已討論過的內容裡，提到關於立方體的調和特性（第 96 頁），菲羅勞斯的論點再一次顯示，將數賦予立體圖形具有深刻的

意義。這些數被視為不可或缺的元素。在某種意義上,立體圖形可以被視為這些元素的表現形式。

數所被賦予的這股神祕力量,在菲羅勞斯所寫有關 10 的論述之中,更是清楚地被顯現出來。希臘人使用了十進位系統,這對於給予 10 這個數字一個特殊的重要地位而言,就是個很好的原因。它是那個「包含」一樣多的非合數與合數的最小數(合數是指 4,6,8,9,及 10;非合數是指 1,以及質數 2,3,5 及 7)。並且,它是幾何學基礎之中,重要的四個數 1,2,3,4 的總和。因此,這個值得注意的數必定具有某種非常特殊的性質,在數學之外亦同。這也就是為什麼菲羅勞斯會如下書寫:

人們必須根據存在於 10 這個概念之中的力量,來研究這個數的活動和本質,因為它是偉大的、完善的、全能的,而且是根本的,是神聖的、天堂生命和人類生活的指引……。

如果缺少了這個(力量),萬物將是沒有界限的、模糊的和難以辨別的。

以數的本質來說,在每一件易被質疑或是未知的事物當中,它對於任何人而言是都見聞廣博的、起引導作用的以及有教育意義的。

如果數與其本質都不存在的話,那麼,沒有事情能夠被任何人理解,包括事物本身,就連事物與其他事物之間的關係亦同……。

吾人不僅無法從神與半神的行為,觀察到數的本質與其運作的力量,也無法在任何地方觀察得到,包括在所有人們的行為與言談、在所有手工藝的分支以及音樂上面。

數的本質,就像調和,並不允許被誤解,因為這對它來說是奇怪的。欺騙與忌妒蘊藏於無界(the unbounded)、不可知以及非理性(unreasonable)之中……然而,真理為數的本質所固有,而且孕育其中。

從這個引文,發現畢氏學派將數視為自然與倫理等很多領域當

中的基本元素，我們並不會太驚訝。舉例來說，奇數是陽性的
（masculine），而偶數則是陰性的（feminine）。第一個奇數與第一
個偶數的總和，也就是 5（= 2 + 3；這裡的 1 代表所有數最原始的基
礎，而不作為一個數看待），是代表婚姻的符號。至於平方數則象徵
著公正（justice）。也有較無法令人理解的聯想：6 是靈魂（soul）之
數。7 代表理解與健康，而 8 則是愛與友誼。

3-8 畢氏學派的天文學

　　數目的玄思甚至被用來當作科學理論的基礎，這發生在天文學的
研究當中。根據畢氏學派的說法，宇宙是由一系列的同心球體所構
成。從最外層的球體開始，它們分別是：恆星的球體、五大行星的每
一個球體，以及太陽、月亮與地球的球體。這些恆星的球體被視為一
個天體。當時總共有九個天體。它們都圍繞一個共同的中心旋轉，稱
為中心之火，這也是宇宙的領導人宙斯所居住的地方。不過，最令人
無法置信的是，最重要的數字為 10，但天體的數量卻是 9，因此，人
們更加確信必定存在著第 10 個天體。畢氏學派確實假想過第 10 號天
體的存在，並把它叫作「反地球」（counterearth）。然而，他們必須
要加以解釋的是，為什麼看不到這個天體的原因。所以，他們進一步
假設地球是利用下述的方式在移動，即人類居住的地區永遠背對著中
央之火，而且反地球位於與地球相對的另一側或是在地球與中央之火
之間的地方。根據以上種種理由，人們永遠無法看見反地球。

　　天體到中央之火的距離也遵守了數的法則。能產生和諧音階的數
字比，必定也能為整個宇宙帶來和諧的結構，所以，距離的比勢必也
是和諧的。畢氏學派想得更遠，因為他們假定宇宙維度的比，會帶
來相對應的音調。畢氏學派為了使前述假設更像是真的，便指出：地
面上一個快速衝過的物體會產生聲響，同理，天體的移動亦會發出聲
響。然而，這天神的音樂，亦即天球的和諧，是持續不間斷的，因
此，將不會引起人們的注意。唯有中斷時，人們才能進一步觀察發

現。

　　所以，我們可以發現，觀測經驗（例如，利用振動的弦線）支持著數目的神祕主義（number mysticism）。在畢達哥拉斯所觀察到，數目與音程之間的連結當中，亦可以發現一套論點，用以支持他提出的命數論觀點。另一方面，始於數目神祕主義的這一進路，畢氏學派最終獲得自然法則，也就是說，數目神祕主義引領出對於大自然（本質）的研究，其中有關數目的玄思就被視為自然法則的基礎。

3-9 畢氏學派幾何學

　　我們稍早注意到鑲嵌在圖形數的研究當中，數論與幾何之間的連結。數目 1，2，3 與 4，以及幾何概念點、線、平面與空間的關聯性，都已經在前文中提過。然而，至此我們仍未談到有關幾何學的發展。

　　或許我們無法確切地知道，早期希臘幾何的發現，是否應該歸功於畢達哥拉斯本人或是他的門徒。然而，我們確實已經知道，畢氏學派除了討論幾何與數目之間的關聯性之外，也研究幾何。在西元前第五世紀，平面幾何開始發展成為我們現在所認識的形式。幾何學不再只是由個別而無關的性質組成，這些性質的真實性，很明顯地僅基於觀察的結果。系統性的理論已經在發展當中，每一個定理都可以藉由前面已知的定理加以證明。雖然我們目前知道的細節不多，但可以確定的是，當時，畢氏定理已經屬於那些被證明為真的定理之一。

　　畢氏學派似乎研究過平行線，同時，也證明了一個三角形的內角之和會等於兩個直角，並且，他們發展出巧妙的面積貼合法（application of areas），這導致歐幾里得的著作中可以看得到幾何代數（geometric algebra）。他們可能已經熟悉五個正多面體，這些正多面體後來被稱為柏拉圖立體（Platonic solids）。然而，或許他們最重要的成就，是從幾何脈絡中發現了無理數。

3-10 不可公度量線段與無理數

　　試回想一下有理數與無理數之間的差異。有理數（rational numbers）是指分數與整數（希臘人還沒有負數的相關知識）。一個分數是指可以被表示成 $\frac{a}{b}$ 形式的商數，這裡的 a 與 b 都是整數，且 $b \neq 0$。整數 a 也能夠被表示成比 $\frac{a}{1}$ 的形式。因此，每個有理數都可以被表示成兩個整數的商（數）。下列即是一些被表示成這種形式的有理數：

$$\frac{2}{3}, \frac{9}{5}, \frac{4}{14}, \frac{5}{1}, \frac{0}{2} \circ$$

至於無理數，就是指無法表示成兩個整數的比（或商數）的那些實數。無理數的例子如下：

$$\sqrt{2} , \sqrt[3]{5} , \log_{10}3 , \pi \circ$$

　　為了證明 $\sqrt{2}$ 是無理數，我們將利用畢氏定理：在一個直角三角形中，斜邊上的正方形面積和等於兩股上正方形的面積。如果我們將這個定理應用到等腰直角三角形之中，就像圖 3-5 所示，會發現斜邊上的正方形面積，恰等於一個直角邊上的正方形面積的兩倍。這是因為：

$$AB^2 = AC^2 + BC^2$$

且　　　　$BC = AC$，
我們得到：$AB^2 = 2AC^2$。
AB 與 AC 的比又是多少呢？畢氏學派嘗試提出兩個自然數，來表示 AB 與

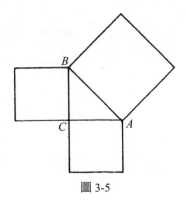

圖 3-5

AC 的比值。假設 p 和 q 是兩個滿足這種關係的數,而且,它們沒有共同的因數,那麼,我們得到:

$$\frac{AB}{AC} = \frac{p}{q}$$

這裡的 p 和 q 不能同時是偶數。這是因為:

$$AB^2 = 2AC^2 ,$$

我們得到:

$$\frac{AB^2}{AC^2} = 2$$

而且可得:

$$\frac{p^2}{q^2} = 2$$

或是,

$$p^2 = 2q^2 。$$

所以,p^2 會是一個偶數。那麼 p 也會是偶數(因為「奇數乘奇數是奇數」)。則 p 可以改寫成 $2r$(其中,再一次地,r 是一個自然數。)那麼:

$$4r^2 = 2q^2$$

接著,吾人可以得到:

$$2r^2 = q^2 \text{ 。}$$

從這裡可以得到 q^2 是偶數，因此，q 亦是偶數。由於 p 和 q 不能同時為偶數，而且我們已經發現 p 為偶數，q 就必須是個奇數。不過，一個數不能同時為偶數又為奇數；所以，這與我們的假設（AB 和 AC 可以為兩個自然數的比值）之間產生矛盾。因此，不可能存在一個等腰直角三角形，它的斜邊與其中一邊的比為兩個自然數之比。

我們來看一個特殊的情況，如果 AC 等於 1，我們會得到：

$$AB = \frac{AB}{1} = \frac{AB}{AC} \text{ ，}$$

這無法寫成兩個整數之商。因此，AB 無法寫成兩個整數之商，這也代表 AB 是一個無理數。

另一方面，從畢氏定理可以得到：

$$AB^2 = 2 \text{ ，}$$

因此 $AB = \sqrt{2}$。所以 $\sqrt{2}$ 是一個無理數。

然而，畢氏學派並不承認這樣的一個數，也不接受滿足這個長度的線段會存在。畢氏學派的證明使用了算術的方法，但是，這個情境卻用幾何的語言來描述，亦即，一個等腰直角三角形的斜邊與任一股之比，是**不可公度量的**（incommensurable）。

根據畢氏學派的理念，萬物本質都可以化約為自然數，因此，無理量的發現對於畢達哥拉斯哲學而言，的確是一場災難。有許多關於發現這件事的傳說，難免眾說紛紜。有一些提到了整個發現的過程，其他的則是提到洩漏祕密的男人，而這個人名為希波索斯（Hippasus）。洩漏了畢氏學派的發現，觸犯了這個兄弟會之中，所有成員都必須遵守的那些不成文機密。根據其中一個傳說，神的憤怒

導致這個洩漏機密的人在海上死亡。另一則故事，則提到這個發現者為了紀念此發現，而犧牲了一頭牛當作祭品。

在一開始，畢氏學派僅僅發現 $\sqrt{2}$ 的無理性。我們可以立刻延拓這個定理：如果一個自然數本身並不是另一個自然數的平方，則其正平方根為無理數。然而，在當時《數論》有很大部分還是以奇、偶數的理論為主，並且使用額外工具來證明這些延拓定理。後來（大約西元前 400 年），西奧多勒斯（Theodorus）證明了 $\sqrt{3}$，$\sqrt{5}$，$\sqrt{6}$，……，$\sqrt{15}$，$\sqrt{17}$ 也都是無理數。或者，按古希臘的建構方式，他證明當兩個正方形（的面積）的比是 1：3、1：5，或者是 1：6 等等時，那麼，這些正方形的邊都是不可公度量的。至於西奧多勒斯是如何證明的，我們就不得而知了。然而，從這個沒有再繼續推廣到 $\sqrt{17}$ 以上的有限結果，我們或許可以推斷他們仍未發現一般性的方法，同時，對於每個不同的數而言，我們都必須給予一個證明其無理性的證明方式。至於此一般性的方法，則很可能是由泰阿泰德斯（Theatetus）所發現（大約西元前 400 年）。

時至今天，很多證明的方法都已經被數學家們所熟知。

習題 3-10

1. 試證明：

   (a) 如果一個平方數是偶數，那麼，它可以寫成一個偶數的平方。

   (b) 如果一個平方數是奇數，那麼，它可以寫成一個奇數的平方。

2. 試證明：

   (a) 兩個有理數的和是一個有理數。

   (b) 兩個有理數的乘積是一個有理數。

3. 試證明：如果 $\sqrt{2}$ 是無理數，那麼 $5 + \sqrt{2}$，$5\sqrt{2}$，以及 $\sqrt{2}\,/\,5$ 皆是無理數。

4. 試證明：

   (a) 一個有理數與一個無理數的和是一個無理數。

(b) 一個有理數與一個無理數的乘積是一個無理數。

5. 試證明 $\sqrt{3}$ 是無理數。

6. 試證明 $\sqrt{5}$ 是無理數。

7. 請閱讀本章末的文獻 25 所引用的文章。許多關於 $\sqrt{2}$ 是無理數的證明都詳述於其中。

參考書目

針對希臘數學的延伸討論，參見書目 4，7（第 1 章），16（第 2 章），以及

[18] Dantzig, Tobias, *The Bequest of the Greeks*. New York: Charles Scribner's Sons, 1955.

[19] Heath, T. L., *A Manual of Greek Mathematics*. New York: Oxford University Press, 1931; New York: Dover Publications, Inc., 1963 (paperback).

[20] Heath, T. L., *A History of Greek Mathematics*. New York: Oxford University Press, 1921, 2 vols.

[21] Heath, T. L., *The Thirteen Books of Euclid's Elements*, 2nd ed. New York: Cambridge University Press, 1926, 3 vols.; New York: Dover Publications, Inc., (1956) (paperback)。本書包括了《幾何原本》之英譯以及深入校勘與評註。
一般的數學史書籍，其章節包括有希臘數學的，有如下列：

[22] Boyer, Carl. B., *A History of Mathematics*. New York: John Wiley & Sons, Inc., 1968.

[23] Eves, Howard, *An Introduction to the History of Mathematics*, 3rd ed. New York: Holt, Rinehart and Winston, Inc., 1969.

[24] Kline, Morris, *Mathematical Thought from Ancient to Modern Times*. New York: Oxford University Press, 1972.

[25] Harris, V. C., "On Proofs of the irrationality of $\sqrt{2}$", *The Mathematics Teacher*, Vol. 64 (1971), pp. 19-21.

[26] Loomis, Elisha S., *The Pythagorean Proposition*. Washington, D. C.: National Council of Teachers of Mathematics, 1968.

CHAPTER 4
古希臘的著名問題

4-1 導言

　　「化圓為方」、「三等分任意角」及「倍立方」是古希臘時代的三個著名作圖問題——僅能使用無刻度的直尺及圓規來完成作圖。其中化圓（或另一個平面圖形）為方，意指找到一個正方形和給定圓（或其他圖形）的面積相同。在某種意義上，古希臘人已經解決了這些問題，而他們的解決方式需要使用直線和圓之外的曲線（或直尺和圓規以外的機械工具）。不過，希臘哲學家中，特別是柏拉圖（Plato），將直線和圓視為基本且完美的曲線，並認為藉這兩種曲線便足以完成其他的作圖問題。雖然希臘人對於使用其他曲線求解並不滿意，但也因此獲得了許多的數學新知。這三個問題最終的「解答」是數學家所證明的：前述三個作圖問題只憑哲學家限定的工具是不可能完成的。這些證明使用了十九世紀才發展出來的代數知識，而當時的希臘人對此一無所知。

4-2 希波克拉堤斯和新月形求積法

　　希波克拉堤斯（Hippocrates of Chios，約西元前 460-380 年）因鮮為人知，以致於時常被誤認為哥士地區的名醫希波克拉堤斯（Hippocrates of Cos）。希波克拉堤斯年輕時，很可能像泰利斯（Thales）一樣也是個商人。亞里斯多德曾提到希波克拉堤斯因生性太過單純，而遭拜占庭帝國的海關官員詐騙。但也有人流傳在他的船被海盜占領後，前往雅典法庭，試圖追回自己的財產。對於他的控告結果，歷史並無相關記載，但由此可知，他應該曾經在雅典待過一段相當長的時間，並且在此研讀過幾何學，並因為三項重大的數學貢獻而聞名於世：

1. 化新月形為正方形，即作一正方形，使其與給定的新月形有相同的面積。
2. 在解決倍立方問題上取得相當程度的進展。
3. 編寫第一本幾何教科書。

　　新月形是指由兩個不同的圓之圓弧所圍成的平面圖形（如圖 4-1 中的區域 I 和區域 II，亦即希波克拉堤斯第一個新月形），希波克拉堤斯認為將新月形化為正方形，能進一步引導出化圓為方的解決方法。

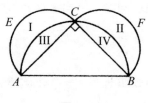

圖 4-1

　　在希波克拉堤斯的時代，幾何學家可以作出一正方形，使其面積恰等於兩給定的正方形面積總和；也可以作出一正方形，其面積等於一給定的直角三角形面積；亦可作一直角三角形，使其面積等於一給定的三角形。既然每一個多邊形都可以切割成多個三角形，那麼，也就可以結合上述已知的作圖方法，作出一正方形面積，恰等於一給定多邊形的面積。（見習題 4-2 第 2 題）

　　如圖 4-1，等腰直角△ ABC 內接於半圓 ACB，且弧 AEC 和弧 BFC 亦為半圓。據說希波克拉堤斯試圖藉由證明圖 4-1 中的新月形 I 和 II，可以化為正方形，來展開他的研究。首先，他想要證明的事情如下：

新月形 I 面積 + 新月形 II 面積 = △ ABC 面積

所以，他以如下的方式進行推論：

$$\frac{\text{半圓 } AEC \text{ 面積}}{\text{半圓 } ACB \text{ 面積}} = \frac{\pi(\frac{AC}{2})^2}{\pi(\frac{AB}{2})^2} = \frac{AC^2}{AB^2} = \frac{AC^2}{AC^2 + BC^2}$$

由此可知，因為 $AC = BC$，所以：

$$\frac{\text{半圓 } AEC \text{ 面積}}{\text{半圓 } ACB \text{ 面積}} = \frac{AC^2}{2AC^2} = \frac{1}{2}$$

因此，　　　　半圓 AEC 面積 $= \frac{1}{2}$ 半圓 ACB 面積

同理可得，

$$\text{半圓 } CFB \text{ 面積} = \frac{1}{2} \text{ 半圓 } ACB \text{ 面積}$$

所以　　半圓 AEC 面積 ＋ 半圓 CFB 面積 ＝ 半圓 ACB 面積

最後，利用等量減法同減去區域Ⅲ面積＋區域Ⅳ面積，即：

半圓 AEC 面積＋半圓 CFB 面積＝半圓 ACB 面積

－)　　區域Ⅲ面積＋ 區域Ⅳ面積　　＝區域Ⅲ面積＋區域Ⅳ面積

新月形Ⅰ面積＋新月形Ⅱ面積　＝△ ABC 面積

因為新月形Ⅰ和新月形Ⅱ面積相等，所以，

$$\text{新月形Ⅰ面積} = \text{新月形Ⅱ面積} = \frac{1}{2} \triangle ABC \text{ 面積。}$$

又已知任一個三角形皆可化為正方形，因此，圖 4-1 中的新月形亦可化為正方形。

習題 4-2

1. 請針對上述推論過程中的每一個步驟，給出支持的理由，以驗證希波克拉堤斯的結論。
2. 試利用直尺和圓規完成下列作圖：
   (a) 作一個直角三角形，使它與給定的非直角三角形有相同的面

積。（提示：同底等高的三角形面積相同）

(b) 作一個長方形，使它與給定的直角三角形有相同的面積。

(c) 作一個長方形，使它與給定的三角形有相同的面積。

(d) 作一個正方形，使它與給定的長方形有相同的面積。

（提示：假如正方形的邊長為 s 且長方形的長和寬分別為 l 和 w，則 $s^2=lw$，因此 $\dfrac{l}{s}=\dfrac{s}{w}$。如圖 4-2，$ABCD$ 為給定的長方形，$CEFG$ 為邊長 s 的正方形且 DH 為半圓的直徑。試證明正方形面積和長方形面積相等。）

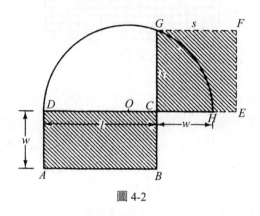

圖 4-2

(e) 作一個正方形，使它的面積恰等於給定的兩個正方形面積總和（提示：利用畢達哥拉斯定理）。

(f) 作一個正方形，使它與給定的梯形有相同的面積。

(g) 作一個正方形，使它與給定的五邊形有相同的面積。

(h) 作一個正方形，使它的面積恰等於給定的兩個正方形面積之差。

(i) 作一個正方形，使它為給定正方形面積的三倍。（提示：請參考圖 4-9）

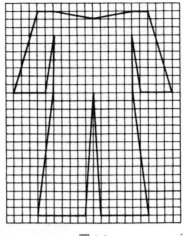

圖 4-3

3. 在中世紀歐洲，學生會被指派如下之作業：作一正方形（或給定寬的長方形）與給定圖案有相同面積的幾何作圖問題，其中給定的圖案可能是一件長袍或一件斗篷。畫一個圖 4-3 的放大圖，並作一個寬為 36 單位的長方形使其面積與之相等。然後作一個正方形，使其面積恰等於這個長方形。

4. 幾世紀之後，鐵路和公路的工程師需要更加便利的方法，用來計算挖掘渠道或在山側開鑿隧道時，所需移動的泥土體積。假如渠道或隧道的截面幾乎處處相同，那麼，泥土的體積就可藉由截面的面積乘以隧道的長度來求得。如圖 4-4，測量員可以根據坐標紙上所畫的圖，並使用下列公式，很快地計算出截面面積：

$$A = \frac{1}{2} \mid \begin{matrix} x_1 \\ y_1 \end{matrix} \times \begin{matrix} x_2 \\ y_2 \end{matrix} \times \begin{matrix} x_3 \\ y_3 \end{matrix} \times \begin{matrix} \cdots \\ \cdots \end{matrix} \times \begin{matrix} x_n \\ y_n \end{matrix} \times \begin{matrix} x_1 \\ y_1 \end{matrix} \mid$$

其中，x 和 y 表示此多邊形截面的頂點坐標，並採取逆時針順序排列。依公式中的交叉實線得到計算結果，

$A = \frac{1}{2}\left(x_1 y_2 - x_2 y_1 + x_2 y_3 - x_3 y_2 + \cdots + x_n y_1 - x_1 y_n\right)$。

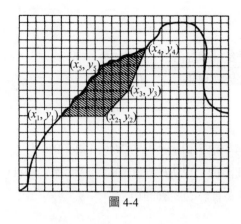

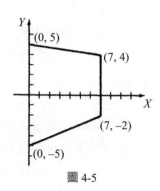

圖 4-4　　　　　　　　　　　　　圖 4-5

(a) 試應用上述方法，計算出圖 4-5 的梯形面積。並利用梯形面積公式檢驗你所算出來的結果。

(b) 如圖 4-3，選定一對坐標軸，將所有頂點標上坐標，並算出此多邊形的面積。

(c) 參照(b)，請利用相同的方法計算圖 4-4 之中陰影部分的面積。

4-3 其他新月形

希波克拉堤斯下一步將考慮內接於半圓的梯形 $ABCD$（如圖 4-6），其中 $AD = DC = CB$，另外，他也作了另一個獨立的半圓（如圖 4-7），使其直徑 EF 等於圖 4-6 的 AD。

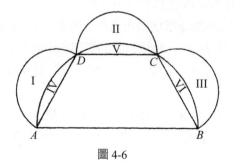

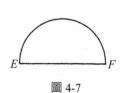

圖 4-6　　　　　　　　　　　　　圖 4-7

因為 $AD = \dfrac{1}{2} AB$（為什麼？），所以：

$$\frac{\text{以 } AD \text{ 為直徑的半圓面積}}{\text{以 } AB \text{ 為直徑的半圓面積}} = \frac{AD^2}{AB^2} = \frac{1}{4}$$

由此可知：

以 AD 為直徑的半圓面積 + 以 DC 為直徑的半圓面積
+ 以 CB 為直徑的半圓面積 + 以 EF 為直徑的半圓面積　　　(1)
= 以 AB 為直徑的半圓面積

因為 $AD = DC = CB$，所以弓形 IV，V，VI 是全等的。根據等量減法公理，若對方程式 (1) 兩邊同時減掉 IV，V，VI 三個弓形面積，那麼，剩下的部分仍會相等。因此，

新月形 I 面積 + 新月形 II 面積 + 新月形 III 面積
+ 以 EF 為直徑的半圓面積 = 梯形 $ABCD$ 面積　　　(2)

又因為新月形 I 面積 = 新月形 II 面積 = 新月形 III 面積，所以，

以 EF 為直徑的半圓面積 = 梯形 $ABCD$ 面積 $- 3 \cdot$ 新月形 I 面積　　　(3)

　　若是當時希波克拉堤斯能將方程式 (3) 中的新月形 I 化為正方形，那麼，他就能將直徑為 EF 的半圓化為正方形，因此，以 EF 為直徑的圓亦可化為正方形，這樣一來，化圓為方的問題就能解決了。從給定直徑為 EF 的圓開始，接著作出圖 4-6，再依下列步驟求解化圓為方的問題：

1. 新月形 I。（作一正方形 P，使得 P 面積 = 新月形 I 面積）
2. 一個面積為 3 倍新月形 I 面積的圖形。（即此圖形面積等於 $3 \cdot P$ 面積）

3. 梯形 *ABCD*。（作一正方形 *Q* 使得 *Q* 面積 = *ABCD* 面積）

4. 直徑為 *EF* 的圓。（其面積等於 2（*Q* 面積 – 3·*P* 面積））

　　在 4-2 節中，我們已經發現某些新月形可以化為正方形。並從前一段的內容得知，若圖 4-6 所述之新月形 I 可以化為正方形的話，就可解決化圓為方的問題。但不幸的是，這個新月形不同於 4-2 節中出現的新月形，因此，希波克拉堤斯並未真正解決化圓為方的問題。然而，很可能基於這些因素，使得希波克拉堤斯仍持續研究如何化新月形為正方形。

　　希波克拉堤斯也試圖將其他的新月形化為正方形，並使用了一些關於弓形的性質。弓形是指由圓中之弦及其所對的弧所圍成的圖形，對於同一個圓或不同圓上的兩個弓形，若其弦所對的圓心角相同，則兩個弓形是相似的。希波克拉堤斯已知兩個相似的弓形面積之比，等於其弦的平方之比

　　到目前為止，我們所考慮的新月形，其外周長皆為半圓，然而，希波克拉堤斯也進一步考慮了外周長大於半圓的新月形。為此，他畫了一個特殊的等腰梯形（如圖 4-8），其中 *AD* = *DC* = *CB* 且 *AB²* = 3*AD²* 。

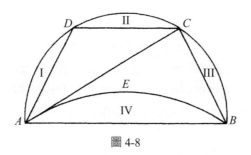

圖 4-8

然後，他做了兩個弧，其中一個為△ *ABC* 外接圓上的弧，依序通過 *A*、*D*、*C*、*B* 四點，另一個弧 *AEB*，使得弓形 IV 相似於弓形 I。因為圖 4-8 是對稱的，且 *DC* < *AB*，故 ∠*A* 與 ∠*B* 為相等的銳角，且 ∠*C*

與 ∠D 為相等的鈍角。此圖形的實際作圖過程,將留在習題 4-4 的第 2 題中作扼要的敘述。

接下來,希波克拉堤斯證明了由弧 AEB 及弧 ADB 所圍成的新月形面積和梯形 ABCD 的面積是相等的(請參照習題 4-4 的第 3 題)。因此,這個新月形也可以化為正方形。

然則,希波克拉堤斯是如何得知新月形 ADCB 的外周長大於半圓形弧長呢?他不只是從圖 4-8 臆測這個現象,還給出了以下證明:

在△ ACD 中,因為 ∠D 為鈍角,所以:

$$AD^2 + DC^2 < AC^2 \tag{4}$$

又,

$$AB^2 = 3AD^2 = AD^2 + DC^2 + CB^2 \tag{5}$$

由 (4)、(5) 可知,

$$AB^2 < AC^2 + CB^2$$

所以,在△ ABC 中,∠ACB 為銳角,得證弧 ACB 大於半圓弧。讀者們可於習題 4-4 的第 1 題中,[1] 對此證明的各個步驟做更詳細的驗證。

最後,希波克拉堤斯也將一個外周長小於半圓周長的新月形化為正方形,但這個作圖方法將不在此討論。

4-4 希波克拉堤斯的幾何

如前所述,希波克拉堤斯已經知悉數個幾何定理,雖然我們不

---

[1] 譯按:此處原文所指為習題 4-3 第一題,但 4-3 節並沒有習題,應為習題 4-4 的第一題。

了解他是如何證明的，但從後來的著述都將他視為**第一本幾何參考書的編輯者**，希臘人稱此著作為《幾何學的原理》（Elements of Geometry），可以看出希波克拉堤斯曾經試圖證明這些定理。雖然沒有關於希波克拉堤斯這本著作的詳細資料，但可以知道的是，這本書包含了許多歐幾里得《幾何原本》（Euclid's *Elements*）前四冊的內容。[2]

假如拿希波克拉堤斯的幾何研究和泰利斯的幾何研究作比較，可看出在這 150 年中，幾何學有了相當程度的進展。泰利斯的研究為幾何學的開端：僅給予一些定理直觀性的「證明」。而希波克拉堤斯則呈現了許多關於平面幾何面積的知識：如全等、相似、面積、面積的比、畢氏定理以及其他相關定理、圓上的角和各式各樣的作圖。他對於比與相似這兩個概念的理解似乎是模糊不清的，所以他的證明不可能完美無瑕，但是，從直觀進展到演繹的這條路上，希波克拉堤斯的確具有相當大的貢獻。

除此之外，從希波克拉堤斯的諸多重要研究成果，我們可以說，他絕對夠格被列為此時期最偉大的幾何學家之一。

習題 4-4

1. 參考圖 4-8，試核證希波克拉堤斯證明弧 *ACB* 大於半圓的各個步驟。

2. 參考圖 4-8，以弧 *ACB* 和弧 *AEB* 為界的新月形可利用下述的方式作圖。

   (a) 如圖 4-9，已知：$AD = DC = CB$ 及 $\angle D = \angle ACB = 90°$，試證明：$AB^2 = 3AD^2$。

2　譯按：目前中文世界所謂歐幾里得的《幾何原本》（*The Elements*）之書名，是由利瑪竇、徐光啟合譯丁先生的版本前六冊時，所敲定的。由於前六冊未涉及數論（VII、VIII、IX 三冊內容），因此，書名強調幾何並無不當。

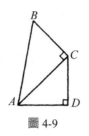

圖 4-9

(b) 假設 AD 為已知，試作 AB 使其滿足 $AB^2 = 3AD^2$。

(c) 利用 (b) 所得的結果，作一梯形 $ABCD$，使得 $AD = DC = CB$ 且 $AB^2 = 3AD^2$。

(d) 作弧 ACB 並證明 D 點位在此弧上。

(e) 作弧 AEB 使得弓形IV相似於弓形 I （請參考第 125 頁關於相似弓形的定義）。

3. 如圖 4-8 所示，我們將證明第 2 題所得的新月形可化為正方形。

(a) 證明弓形IV的面積等於弓形 I ，II ，III的面積總和。

(b) 證明新月形面積和梯形面積相等。

(c) 作一正方形，使其面積與新月形面積相等。

4. 如圖 4-8 所示，證明對角線 AC 與弧 AEB 相切。

4-5 倍立方體

傳說中，米諾斯（Minos）國王為他的兒子葛勞庫斯（Glaucus）建造了一個立方體形狀的墓碑，但是，當他聽說建好的墓碑每邊只有 100 呎時，他認為這墓碑實在太小了，於是希望墓碑的體積必須是原本體積的兩倍，因此，他命令建築師立即將每邊邊長變成原來的兩倍。但數學家很快發現這麼做是錯的，因為這樣一來，新基碑的體積會變成舊墓碑的八倍。於是，數學家們著手研究解決之道，結果卻發現要做到倍立方並非易事。

另一個傳說，則是與德羅島（Island of Delos）相關的一個問題，

故倍立方問題亦稱為**德羅島問題**（Delian problem）。傳言阿波羅（Apollo）藉由神諭，命令德羅島的居民，將他們所建造之立方祭壇的體積變成原來的兩倍，且形狀仍維持立方體。當時居民未能達成阿波羅的要求，遂拿這個問題去請教柏拉圖，柏拉圖告訴他們阿波羅所給的這道命令，並非真的想要建造兩倍大的祭壇，而是希望藉由這個任務，來強調數學的重要性。

值得注意的是，作一正方形使其面積為已知正方形面積的兩倍，並非難事。舉例來說，已知邊長為 a 的正方形，欲作一正方形面積為其兩倍，若此正方形邊長為 x，則需滿足：

$$x^2 = 2a^2$$

這個方程式等價於比例式：

$$\frac{a}{x} = \frac{x}{2a}$$

因此，所需正方形的邊長可由線段長度為 a 和 $2a$ 的比例中項得知。我們也可將 $x^2 = 2a^2$ 寫成 $x^2 = a^2 + a^2$，由此形式可知，x 為給定邊長為 a 的正方形之對角線長。

同樣地，已知邊長為 a 的立方體，若想要作另一個立方體體積為其兩倍，我們必須作出邊長為 x，且滿足 $x^3 = 2a^3$ 的立方體。希波克拉堤斯將這個問題簡化為找出長度為 a、$2a$ 的兩線段之**連比例中項**（continued mean proportion），亦即作出滿足 $\frac{a}{x} = \frac{x}{y} = \frac{y}{2a}$ 的兩線段長 x 和 y，其中 x 即為所求立方體之邊長（如習題 4-5 的第 2 題）。

沒有人知道究竟是什麼樣的想法，引導希波克拉堤斯將倍立方的問題簡化為找出長度為 a、$2a$ 的兩線段之連比例中項。但無論如何，他可能的推論過程如下所示：

1. 將兩個邊長皆為 a 的立方體並列，形成體積為 $2a^3$，長、寬、高

分別為 $2a$、a、a 的長方體（如圖 4-10）。

2. 想像這個長方體變成另一個具有同體積且同高度 a 的長方體，並使得底面的其中一邊為所求的長度 x（如圖 4-11）。

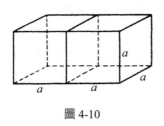
圖 4-10

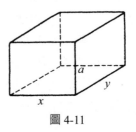
圖 4-11

因為形變後的體積仍是相同的，所以，底面的另一邊也必須有所改變。若令新的底面寬度為 y，由於新長方體的體積和高度沒有改變，其底面積也會維持相等。因此，

$$xy = 2a^2$$

或 $$\frac{a}{x} = \frac{y}{2a} \tag{1}$$

3. 現在，假設圖 4-11 的長方體又變成第三種具有相同體積，但邊長皆為 x 的立方體（如圖 4-12）。這意指由邊長 a 和 y 組成的面變成邊長為 x 的正方形，並保持面積不變。因此，

$$x^2 = ay$$

或 $$\frac{a}{x} = \frac{x}{y} \tag{2}$$

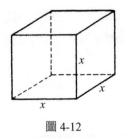

圖 4-12

4. 由 (1)、(2) 式得：

$$\frac{a}{x} = \frac{x}{y} = \frac{y}{2a}$$

　　然而，希波克拉堤斯的發現並沒有解決倍立方問題。他的發現只是將原來的問題轉換成另一形式的問題：即作出長度為 a 和 $2a$ 間的兩個比例中項。但是，現在我們已經知道，只使用直線和圓規不可能完成這個作圖問題。事實上，古希臘人曾經嘗試使用其他的曲線或尺規以外的工具，來解決這個問題。當時，他們發現了幾種不同的答案，我們將在下面呈現其中的兩種結果。

1. **梅內克謬斯（Menaechmus）的解法**。據了解，梅內克謬斯（約西元前 350 年）是亞歷山大大帝的私人教師，梅內克謬斯為了回應他的皇室學生學幾何的捷徑要求，遂回答說：「喔，吾王陛下！當你走遍全國時，你會發現有民間小徑，也有皇家大道。然而，對任何人來說，學好幾何學就只有一條道路。」
梅內克謬斯被認為是拋物線以及等軸雙曲線的發現者，之後並使用這兩種曲線求解倍立方問題。希臘幾何學家率先利用平面來截圓錐，得到三種圓錐曲線，後來，希臘人將這些圓錐曲線直接作圖於平面上，並命名為橢圓、拋物線和雙曲線。今日，這些圓錐曲線都被視為二次方程式的圖形。當時的梅內克謬斯並不知道何為方程式，但是，他的解法相當於證明希波克拉堤斯尋求比例中項的問題，可以藉由找到兩條拋物線或一條拋物線和一條雙曲線

（參考習題 4-5 的第 4 題）的交點來完成。

從希波克拉堤斯的連比例中項，我們可以將之改寫為兩個方程式：

$$\frac{a}{x} = \frac{x}{y} \tag{3}$$

$$和 \frac{x}{y} = \frac{y}{2a} \tag{4}$$

由方程式 (3) 可知：

$$x^2 = ay$$

因此，

$$y = \frac{1}{a} x^2 \tag{5}$$

由方程式 (4) 可知：

$$y^2 = 2ax$$

所以，

$$x = \frac{1}{2a} y^2 \tag{6}$$

方程式 (5) 的圖形是一條以原點為頂點，y 軸為對稱軸，並且通過點 $P(a, a)$ 的拋物線。由於給定立方體的邊長 a 為已知，故點 $P(a, a)$ 是可作圖的。由此可知，當給定下列資料：頂點、對稱軸和拋物線上一點，此拋物線的圖形就可以完全決定了。

方程式 (6) 則是以原點為頂點，x 軸為對稱軸的拋物線，且此拋物

線通過點 $Q\,(a/2, a)$，因此，這個拋物線的圖形也可以完全決定。
這兩條拋物線的圖形呈現在圖 4-13 中。

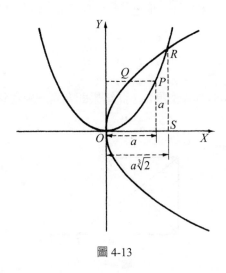

圖 4-13

藉由解聯立方程式 (5) 與 (6) 可得兩拋物線交點的 x 坐標，我們利
用代入消去法，將 (5) 的 y 代入 (6) 得

$$x = \frac{1}{2a}\,(\frac{1}{a}x^2)^2$$

因此，$\qquad\qquad\qquad x^4 - 2a^3x = 0$

再透過因式分解，得解為實根 0 和 $a\sqrt[3]{2}$。很明顯地，原點（0, 0）
是其中一個交點，但我們感興趣的是另一個交點 $R\,(a\sqrt[3]{2},\ a\sqrt[3]{4})$。
從 R 點對 x 軸作垂線，垂足為 S，且 $OS = a\sqrt[3]{2}$；於是，OS 即為體
積 $2a^3$ 的立方體邊長。

雖然梅內克謬斯的作圖法可解決倍立方問題，但是，我們必須記
住一點，此拋物線無法由尺規工具作出，因此，在只能使用尺規
作圖的前提下，我們仍無法解決倍立方問題。

2. 柏拉圖（Plato，約西元前 430-350 年）的解法。在圖 4-14 中，

△ *BAD* 和△ *ADC* 皆為直角三角形，*AD* 為其共同邊，且兩直角三角形的斜邊 *AC* 和 *BD* 垂直並交於 *E* 點。其中：如果 *EC* = *a*，*EB* = 2*a*，*ED* = *x*，*EA* = *y*，那麼，

$$\frac{a}{x} = \frac{x}{y} = \frac{y}{2a}$$

（參見習題 4-5 的第 3 題），此結果即為希波克拉堤斯提出的連比例中項。

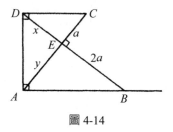

圖 4-14

現在，讓我們利用下列機械性工具（mechanic device），來完成圖 4-14 的作圖，假如 *EC* 等於給定的線段長度 *a*，*EB* 等於 2*a*，且在 *A*，*D*，*E* 三點所形成的角皆為直角。

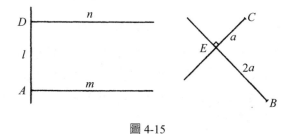

圖 4-15

在圖 4-15 之中，全部的直線都可想像成桿子，桿子 *m* 和 *n* 皆垂直於 *l*，且 *m* 緊緊地和 *l* 連接，桿子 *n* 可以上下滑動但仍保持與 *l* 垂

直。右圖中十字形的兩桿子固定維持交角為直角的狀態；其中 $EC = a$，$EB = 2a$，而 a 為原立方體的邊長。這個十字形必須被放在左圖的桿子上，並讓 C 落在桿子 n 上，B 落在桿子 m 上，CE 延長後過 A 點，BE 延長後過桿子 l 和 n 的交點 D。我們可以適當地滑動和旋轉十字形且同時滑動桿子 n，使得 ED 為 BE 延長線上的一段（請參見圖 4-14），則 ED 即為所求立方體之邊長。然而，上述的作圖方式在只使用尺規的限制下，仍是無法完成的。

　　這類涉及滑動或旋轉桿子直到某種情況成立的解法，被稱為二刻尺解法（*neusis* or *verging* solutions）。[3] 此作圖方法的發明，需兼具創造力和數學能力，也需使用到柏拉圖所限制的尺規作圖要求之下，不被允許的工具。

習題 4-5

1. 給定一長度為 a 的線段，試作一長度為 $a\sqrt{2}$ 的線段。
   (a) 使用比例中項的方法。
   (b) 使用畢氏定理。

2. 已知連比例 $\dfrac{a}{x} = \dfrac{x}{y} = \dfrac{y}{2a}$，試證明 $x^3 = 2a^3$。

3. 如圖 4-14
   (a) 試證明：$\triangle DEC \sim \triangle AED \sim \triangle BEA$。
   (b) 試證明：$\dfrac{a}{x} = \dfrac{x}{y} = \dfrac{y}{2a}$。

4. (a) 試證明拋物線 $x^2 = ay$ 和 $y^2 = 2ax$ 的交點（除了 $(0, 0)$ 之外），也會在雙曲線 $xy = 2a^2$ 上。
   (b) 在同一個坐標軸畫出這三條曲線。

3　譯按：二刻尺與一般尺規作圖所用的尺不同，尺規作圖用的尺上不能有刻度，而二刻尺上有兩個刻度，除了將兩點連起來之外，還有以下用法，假設尺上的兩刻度距離為 a，且平面上有兩條線 l、m 和點 P，則可以用二刻尺找到一條通過 P 的直線，使得此直線與 l 和 m 的交點距離為 a。

5. 已知邊長 4 吋的立方體，試利用梅內克謬斯的方法找出體積為其兩倍的立方體之邊長。

6. 請利用手邊的硬紙板或其他材料來製作柏拉圖的二刻尺工具。並使用這個工具作一立方體，使其體積為邊長 4 吋的立方體體積的兩倍，並將此結果和例題 5 得到的結果作一比較。

4-6 三等分任意角問題

　　古希臘人對各種角的作圖相當感興趣。開始時只是作出一些基本角，如 60°（正三角形的一內角）和 108°（正五邊形的一內角），後來他們已可以重復利用一次或多次下述的步驟，作出其他特定的角。

1. 將給定的兩角相加。

2. 從給定角減去另一角。

3. 平分一給定角。

　　古希臘人也嘗試作出給定角的三分之一，但他們無法在只用圓規及一把沒有刻度的直尺，將任意角三等分。這個結果對我們來說並不驚奇，因為 1837 年法國數學家汪策爾（P. L.Wantzel）已經證明有些角無法以一般的尺規作圖來三等分（在其證明中使用的代數方法也說明了倍立方是不可能的）。

　　本節我們將描述希臘數學家阿基米德（Archimedes，西元前 287-212 年）和尼科梅德斯（Nicomedes，約西元前 240 年）利用二刻尺解法，創造三等分角的方法。至於希庇亞斯（Hippias，約西元前 420 年）使用了一種特殊的曲線作圖來求解三等分角，則於下一節再行描述。

1. **阿基米德的解法**。如圖 4-16，給定 $\angle AOB$，以 O 為圓心，r 為半徑畫圓，A、B 兩點皆在圓上。由 A 向 O 的方向延長 AO，並過 B 作一直線交圓 O 於 C，且同時交直線 AO 於 D，使得 $CD = r$，則 $\angle ADB = 1/3\angle AOB$。證明：因為

$$DC = CO = OB = r，$$

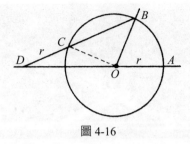

圖 4-16

所以 △DCO 和 △COB 為等腰三角形。因此，∠ODC = ∠COD，
∠OCB = ∠CBO，又因為三角形的任一外角等於它的兩內對角的
和，所以

$$\angle AOB = \angle ODC + \angle CBO$$
$$= \angle ODC + \angle OCB$$
$$= \angle ODC + \angle ODC + \angle COD$$
$$= 3\angle ODC$$
$$= 3\angle ADB$$
$$故\ \angle ADB = \frac{1}{3}\angle AOB$$

　　然而，若要作出直線 CD（C 落在圓上，D 落在直線 OA 上）使得
該直線通過 B 點，並滿足線段 CD 長度為 r 時，二刻尺就成了必要的
工具。為了要達成這個目的，首先需在直尺上標記 D 和 C 點，並讓
CD = r，然後滑動直尺，直到直線 CD 通過 B，並使 D 點落在直線
AO 上，C 點落在圓 O 上。

　　圖 4-17 中的連動裝置，具體地呈現了阿基米德的想法。

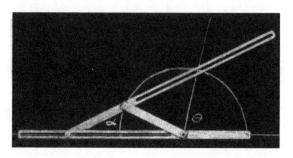

圖 4-17　根據阿基米德三等分角過程，所製造的連動裝置

2. **尼科梅德斯的解法**。如圖 4-18，$\angle AOB$ 為欲三等分之角，$BC \perp \overrightarrow{OA}$ 且 $\overrightarrow{BD} /\!/ \overrightarrow{OA}$，令 $OB = a$，作射線 OPQ 使得 $\overline{PQ} = 2OB = 2a$，則 $\angle AOQ = \dfrac{1}{3} \angle AOB$。

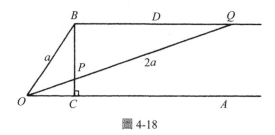

圖 4-18

　　現在，我們將使用二刻尺，並在尺上標記 P、Q 兩點，使 $PQ = 2a$，接著滑動二刻尺，直到通過 O 點且 P 點落在 BC 上，Q 點落在射線 BD 上。在習題 4-6 的第 1 題中，讀者將需證明尼科梅德斯的作法，確實可以三等分已知角 $\angle AOB$。

　　阿基米德和尼科梅德斯的解法，皆可以使用一種稱之為**尼科梅德斯蚌線**（conchoid of Nicomedes）的圖形來完成。如圖 4-19，直尺上標記了 P、Q 兩點，令 $PQ = d$，若直尺以 G 為旋轉中心，同時，通過 G 使得 Q 點在直線 l 上移動，那麼，動點 P 所形成的軌跡就是一條蚌線。

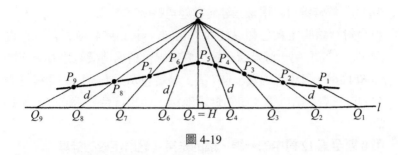

圖 4-19

反之，這個蚌線可以用來標出圖 4-18 中的 P 點，我們必須將圖 4-19 之中的直線 l 沿著直線 BD 放置，且 G 放在 O 點上，讓 $d = 2a$，則蚌線和 BC 的交點即為 P 點。

尼科梅德斯發明蚌線的這個實例，是常發生在希臘數學研究的典型例子：為了解決一個幾何問題，而去創造並研究一個有趣的新曲線。下列習題將進一步應用蚌線來處理一些問題。

習題 4-6

1. 如圖 4-18，試證明 $\angle AOQ = \dfrac{1}{3}\angle AOB$。（提示：連接 B 點和 $\overline{PQ}$ 中點）

2. 畫一角為 60°，並使用阿基米德的二刻尺作圖的方式將此角三等分。最後再利用量角器檢驗答案的正確性。

3. 使用尼科梅德斯的二刻尺作圖法重複第 2 題。

4. 令 $d = 2$（吋），$GH = \dfrac{1}{2}\sqrt{3}$（吋）畫出圖 4-19 的蚌線。

5. 試利用第 4 題所畫的蚌線，將 60° 三等分。

   (a) 在同一張紙上分別畫出 60° 和蚌線。

   (b) 將 60° 描繪在透明紙上，再將透明紙放在第 4 題所畫的圖上，讓 60° 疊放在蚌線上。

6. (a) 解釋第 4 題中，利用蚌線將 60° 三等分，為何需限制 $d = 2$，$GH = \dfrac{1}{2}\sqrt{3}$ 的條件。（提示：$\dfrac{1}{2}\sqrt{3} = \sin 60°$）

(b) 同一條蚌線可以用來三等分其他角嗎？

7. 現今對蚌線的定義已和以往大不相同，除了圖 4-19 所顯示的曲線之外，還有另一條蚌線。這一條蚌線可透過連接射線 GQi 上的點 Ri 而得，其中，對每一個 i 值，滿足 $QiRi = d$，且 Ri 與 Pi 在直線 l 的異側。請以第 4 題的蚌線為例，作出符合要求的另一條蚌線

第 8 題至第 12 題中的蚌線，指的是第 7 題所定義的蚌線。

8. 已知直線 l 和一點 G，令 $GH = 2$，H 為點 G 對直線 l 作垂直線的垂足，請在同一個圖上，依照下列給定的 d 值，利用不同顏色畫出各自所代表的蚌線。

   (a) 1（吋）

   (b) 2（吋）

   (c) 4（吋）

9. 請參考圖 4-19，說明蚌線的極坐標方程式為 $\rho = a\sec\theta \pm d$，此時 $\rho = GP$，$a = GH$ 且 $\theta = \angle HGP$。（提示：選定射線 GH 為 x 軸的正向）

10. 如第 9 題所述，根據下列給定的 a 值和 d 值作出蚌線。

   (a) $a = 1$，$d = \dfrac{1}{2}$。

   (b) $a = 1$，$d = 1$。

   (c) $a = 1$，$d = 2$。

11. 在直角坐標系上，蚌線方程式為 $(x - a)^2(x^2 + y^2) = d^2x^2$。
    請以下列的方式來得到此方程式：

   (a) 蚌線的定義。

   (b) 蚌線的極坐標方程式。

12. 請參考第 10 題所畫的蚌線，

   (a) 這些蚌線有哪些對稱性質？

   (b) 利用第 9 題得到的方程式證明 (a) 的答案。

   (c) 利用第 11 題得到的方程式證明 (a) 的答案。

4-7 希庇亞斯和化圓為方

倍立方和三等分任意角是密切相關的，這是因為：

1. 兩者皆可用圓錐曲線解決（參見 4-5 節所述，梅內克謬斯的解法和習題 4-7 的第 16 題）。

2. 用代數的概念表示時，兩者皆得到三次方程式（見 4-8 節）。

3. 在證明無法只用直尺與圓規完成作圖的過程之中，都使用了相同的方法，並且在相同時間被解決。（參見 4-8 節）。

在直尺和圓規的限制下，要化圓為方是不可能的任務。雖然此問題的證明直到 1882 年才有所發展，方法亦不同於倍立方和三等分任意角，但古希臘的**希庇亞斯**（Hippias，約西元前 420 年）當時使用了**割圓曲線**（quadratrix，如圖 4-20）同時解決了化圓為方和三等分任意角的問題。我們將在接下來的篇幅裡，描述如何得到此一割圓曲線。首先，給定正方形 $ABCD$ 和兩線段，第一條線段和 AB 重合，並以 A 為旋轉中心，等角速度從 AB 旋轉到 AD。第二條線段起始也和 AB 重合，然後等速度水平向上移動，保持與 AB 平行，直到移至 DC 為止。兩條線段同時開始並同時到達目的地 AD 和 DC，在移動的每一刻，兩線段都會有一交點，**這些交點的集合就是所謂的割圓曲線。**更清楚地說，當第一條線段旋轉至 AF，使得 $\angle BAF = 45°$（即從 AB 到 AD 旋轉一半），第二條線段到達 GH，此時 G 為 AD 中點，則兩線段的交點 K 即為割圓曲線上的一點。

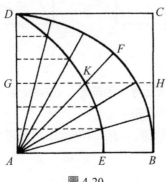

圖 4-20

　　我們將藉由以下的作法，來找出割圓曲線上的其他點。首先，我們以 AB 為一邊，利用尺規作圖作出 30°、45°、60°，然後再利用這些角及 AB，作出 15° 及 75°，將 ∠DAB 分成六等分後，接著將 AD 分成六等分得到 5 個等分點，分別過這 5 個等分點對 AB 作平行線，則這些平行線和對應的等角平分線交點，即為割圓曲線上的點（如圖 4-20）。再來，只要以同樣的動作繼續平分角和線段，找出交點，就能找出割圓曲線上無數個點。

　　從前面的討論，我們可以看出割圓曲線的定義性質（defining property）如下（請參見圖 4-21）

$$\frac{\angle XAB}{\angle DAB} = \frac{XX'}{DA} \tag{1}$$

　　接下來，我們將著手說明如何利用割圓曲線，來解決三等分任意角和化圓為方的問題。

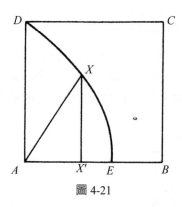

圖 4-21

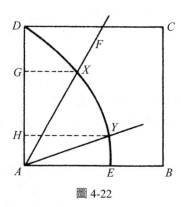

圖 4-22

1. **使用割圓曲線解決三等分角問題**。請參見圖 4-22，其中 ∠BAF 為欲三等分之角，作法如下：

   a. 以 AB 為一邊，作正方形 ABCD，並使得射線 AF 位於 ∠BAD 內部。

b. 作割圓曲線 DE 交射線 $\overline{AF}$ 於 X。

c. 過 X 作 $\overline{XG} /\!/ \overline{BA}$，交 AD 於 G。

d. 在 $\overline{AD}$ 上找一點 H 使得 $\overline{AH} = \dfrac{1}{3}\overline{AG}$。

e. 過 H 作 $\overline{HY} /\!/ \overline{AB}$ 並交割圓曲線於 Y。

f. 作射線 $\overline{AY}$，則 $\angle BAY$ 即為所求。（請參見習題 4-7 的第 1 題）

當然，我們必須記住的是，割圓曲線是無法利用尺規作圖得到的，因此，三等分角的問題並未被解決。

2. **使用割圓曲線解決化圓為方問題。**根據帕布斯（Pappus，約西元 320 年）的記述，梅內克謬斯（Menaechmus）的兄弟狄諾斯特拉托斯（Dinostrus，約西元前 350 年）使用割圓曲線來解決化圓為方問題。或許連希庇亞斯都不知道他自己所發現的曲線竟有如此功用。

　　帕布斯，又或是狄諾斯特拉托斯本人，證明了下述關係式（請參見圖 4-20）：

$$\frac{\text{弧} BFD \text{的長}}{AB} = \frac{AB}{A\mathrm{E}} \tag{2}$$

　　因為 AB 為半徑，且弧 BFD 為此圓上的弧，所以我們將符號簡化，令 $AB = r$，弧 BFD 的長 $= q$（因為它是「四分之一圓」（a quarter circle）的弧長），$AE = e$，則上述比例式 (2) 就可改寫成

$$\frac{q}{r} = \frac{r}{e} \tag{3}$$

　　此時，我們暫緩證明比例式 (3)，假如我們知道 E 點位置，就可由已知的 $AB(= r)$ 和 $AE(= e)$ 以及比例式 (3) 作一線段長等於 q，如此一來，我們也就很容易地作出一線段長等於圓周長，這個過程稱為求**圓周長**（rectification of the circle）。

　　其作法只要將比例式 (3) 寫成 $e/r = r/q$，讓 q 為 e, r, r 的第四比例項，即可作出一線段長等於 q（參見習題 4-7 的第 7 題）。那麼，$C =$

$4q$（C 為圓周長），也就是說，此圓的圓周長可透過作出 $4q$ 而得。

　　為了化圓為方，我們將引用以下定理，它雖是由阿基米德所陳述，但狄諾斯特拉托斯幾乎可以肯定知道這個定理：**若直角三角形的底邊等於圓周長，高等於圓半徑，則其面積和圓面積相同。**

　　現在，我們將以圓周長為底邊，半徑為高作一直角三角形，並將這個三角形化為正方形（請參見習題 4-2 的第 2 題 (d)），這樣一來，化圓為方的問題就可以解決了。

　　回到比例式 (3)，我們將說明帕布斯是如何證明出比例式 (3)。他使用間接證法。證明 q/r 既不小於也不大於 r/e。首先，他先證明第一種情況，即 q/r 不小於 r/e。

假設
$$\frac{q}{r} < \frac{r}{e} \tag{4}$$

必存在一數 a，使得 $a > e$ 並滿足

$$\frac{q}{r} = \frac{r}{a} \tag{5}$$

因為 $q > r$，所以，從 (5) 可得　$r > a$

故，　　　　　　　　　　　$r > a > e$。

　　這結果意味著存在 $\overline{AP} = a$ 使得 $\overline{AB} > \overline{AP} > \overline{AE}$（如圖 4-23 所示）因此，$P$ 點位於 B、E 兩點間。

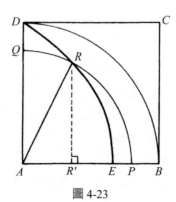

圖 4-23

接著，我們以 A 為圓心，a 為半徑畫四分之一圓，令 Q 和 R 分別為此四分之一圓及 $\overline{AD}$、割圓曲線 DE 的交點，如此一來，弧 BD、弧 PQ 的長和半徑 AB、AP 便形成如下之比例：

$$\frac{q}{r} = \frac{弧PQ的長}{a}$$

由這個比例式及 (5) 可知，

$$弧\ PQ\ 的長 = r \tag{6}$$

過 R 作 $\overline{RR'} \perp \overline{AB}$ 交 $\overline{AB}$ 於 R'，因為 R 為割圓曲線上的一點，所以滿足其定義（參見 (1)），可得

$$\frac{\angle BAR}{\angle BAD} = \frac{RR'}{DA}$$

因此，
$$\frac{弧PR的長}{弧PQ的長} = \frac{RR'}{DA}$$

由 (6) 及 $DA = r$ 可知

$$\frac{弧PR的長}{r} = \frac{RR'}{r}$$

故，最後可推得

$$弧\ PR\ 的長 = RR' \tag{7}$$

然而，因為 $\overline{RR'} \perp \overline{AB}$，所以 $\overline{RR'}$ 是 R 到 $\overline{AB}$ 的最短距離，不可能等於弧 PR 的長，因此，一開始所假設的 $\dfrac{q}{r} < \dfrac{r}{e}$ 是錯誤的。

帕布斯並利用同樣的方法證明

$$\frac{q}{r} > \frac{r}{e} \qquad\qquad (8)$$

也是錯誤的（這個證明將留給讀者，見習題 4-7 的第 13 題）。因此，由於 (4) 和 (8) 都是錯誤的，所以，第 (3) 式 $\frac{q}{r} = \frac{r}{e}$ 得證。

回想之前所說的，當 (3) 成立，則可化圓為方，但是，這個作圖必須用到 AE，而 E 點卻無法用尺規作圖找到，只能不斷作出割圓曲線上的點來逼近 E 點。如此一來，既然無法在限制只能使用尺規的情況下，將已知圓化為正方形，那麼，化圓為方的問題當然未被解決。

習題 4-7

1. 如圖 4-22，已知 $AH = \frac{1}{3}\overline{AG}$。試證明：$\angle BAY = \frac{1}{3}\angle BAX$。

2. 在邊長 3 吋的正方形中畫一割圓曲線。
   （至少作 15 個點，製作一個精密的圖，以利後面的例題使用）

3. (a) 作一個 60°。
   (b) 使用第 2 題的割圓曲線將此角三等分。

4. 將第 3 題中的 60° 改為 75° 並重複第 3 題的動作。

5. 畫一銳角並使用第 2 題的割圓曲線將此角三等分。

6. 畫一銳角並使用第 2 題的割圓曲線將此角分為五等分。

7. 圖 4-24 展示了已知比例式 $a/b = c/x$（x 為 a、b、c 的第四比例項）和線段長 a、b、c，求線段長 x 的作圖方法，請列出求出 E 點的作圖步驟，並證明由這個作圖方法所得的 DE 滿足比例式。

8. 假設一單位長，使用割圓曲線作一正方形面積等於半徑為 2 的圓形面積。接下來，測量此正方形的邊長並用正方形和圓形面積公式檢驗其結果。

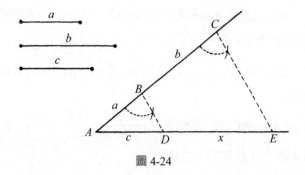

圖 4-24

9. (a) 天文學家克卜勒（Johannes Kepler, 1571-1630）畫了一個類似於
圖 4-25(a) 的圖形來說明圓面積公式。假設這些分割後的 n 個
扇形代表 n 個全等的等腰三角形；那麼，將這些小三角形面積
相加即為圓面積，請將圓面積用半徑 r 與周長 p 來表示（提示：
假設每個小三角形的高都等於 r）。

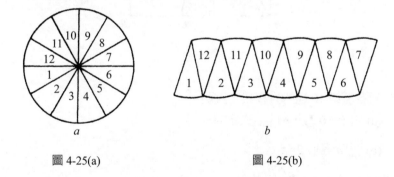

圖 4-25(a)　　　　　　　　　　圖 4-25(b)

(b) 有些學校老師會透過將圖 4-25(a) 的分割重新排列成 4-25(b) 的
方式，來引入圓面積的概念。假設圖 4-25(b) 代表一平行四邊
形；請利用 r 和 p 計算平行四邊形面積，以表示圓之面積（提
示：假設平行四邊形的高為 r）。

(c) 如何使用 (a) 和 (b) 的結果來導出阿基米德定理（見第 144 頁）呢？

(d) 假設圓面積為 πr^2，試證明阿基米德定理。

10. 如圖 4-26，說明當 A 為極點且射線 $\overrightarrow{AB}$ 為極軸時，割圓曲線的極座標方程式為 $\rho = \dfrac{2r\theta}{\pi\sin\theta}$。

11. 請參考第 10 題的方程式，比較當 $\theta = \dfrac{\pi}{2}$ 時，ρ 的值與下列 (a)、(b) 所得的值。

(a) 當 $\angle XAB = 90°$ 時，方程式 (1) $\dfrac{\angle XAB}{\angle DAB} = \dfrac{XX'}{DA}$ 中 $\overline{XX'}$ 的值。

(b) 圖 4-26 中，D 點的 y 坐標。

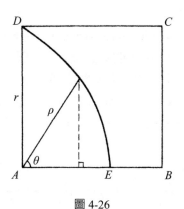

圖 4-26

12. 請參考第 10 題的方程式，說明：

(a) 當 $\theta = 0$ 時，ρ 的值未定義。

(b) $\lim\limits_{\theta\to 0}\rho$ 等於 $2r/\pi$。

(c) $r = \dfrac{1}{2}\pi e$，e 為 AE 的長。

13. 請參照狄諾斯特拉托斯證明 $q/r < r/e$ 是錯誤的過程，並用類似的幾何論證來證明 $q/r > r/e$ 也是錯誤的。

14. 假設單位長為 1 吋，

(a) 利用邊長為 1 的正方形所得的割圓曲線，作一線段長等於 π。

(b) 利用第 2 題的割圓曲線，作一線段長等於 π。

15. 希臘人還有另一個三等分任意角的方法，這個方法使用了雙曲線，如圖 4-27，其建立過程如下：（請在方格紙上畫一個精確的圖，此圖將作為第 17 題的襯底）。

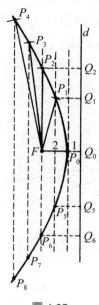

圖 4-27

(a) 任意畫一鉛錘線 d。

(b) 選定一點 F 與 d 相距 1 吋。

(c) 過 F 作 $FQ_0 \perp d$ 交 d 於 Q_0，並在 FQ_0 上找一點 P_0，使得 $FQ_0 = 2P_0Q_0$。

(d) 再作幾個點 P_i，使得對於每一個 i 值，都滿足 $FP_i = 2P_iQ_i$，P_iQ_i 為 P_i 到 d 的距離。因此，對於每一個 i 值

$$\frac{FP_i}{P_iQ_i} = 2 \qquad (9)$$

(e) 過所有的點 P_i 畫一條平滑的曲線，則這個曲線即為雙曲線兩個分支中的其中一個。（因為不需要用到另一個分支，所以不用畫出來）公式 (9) 的比值稱為曲線的離心率，且 d 為準線，F 為焦點。（根據離心率大於、等於或小於 1 可用來判別此曲線為雙曲線、拋物線或橢圓，在這裡，為了三等分角，我們將只使用離心率為 2 的曲線）。

16. 如圖 4-28，令曲線 PQ 為以 F 為焦點，直線 BD 為準線且離心率為 2 的雙曲線的一個分支。

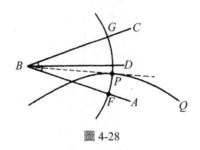

圖 4-28

並讓 $\angle ABC$ 的夾邊 BA 射線通過 F 點，其角平分線與 BD 射線重合。最後，以 B 為圓心，BF 為半徑的圓交此雙曲線於 P 點。用下列 (a) (b) 兩種方式試證明：$\angle ABP = \dfrac{1}{3} \angle ABC$。

(a) 使用下列三個線段：PF，從 B 對 PF 作的垂直線段，以及從 P 對 BD 射線作的垂直線段。

(b) 畫出三等分 $\angle ABC$ 的另一條 BP' 射線（P' 在圓 B 上），並使用焦點為 G，準線為 BD 且通過 P' 的雙曲線。

（提示：考慮圓上的弦 FP、PP' 和 $P'G$）

17. 任意畫一角並使用第 15 題的雙曲線將此角三等分。

4-8 希臘三個著名問題的相關證明

倍立方、三等分任意角和化圓為方問題在十九世紀獲得了「解

決」。這裡所謂的「解答」，是指證明了只使用限制的尺規作圖，不可能倍立方、三等分任意角以及化圓為方。這些證明依賴著發展了幾百年的代數概念，特別是有關三次方程的理論。這裡我們將簡述倍立方和三等分任意角的證明，而化圓為方的證明則因為更加困難，所以將省略不談。然而，我們知道它的發展比其他兩個證明更晚，直到1882 年德國數學家林德曼（F. Lindemann, 1852-1939）證明了 π 的超越性，才正式宣告利用尺規作圖來化圓為方，是一項不可能的任務。

　　為了說明倍立方和三等分任意角是不可能的，我們還需要兩個定理：**可造根定理**（constructible-root theorem）和**有理根定理**（rational-root theorem）。在說明這兩個定理之前，我們先給予下述之定義：

　　一方程式的可造根是指該根具有以下性質：若給定單位長，則可利用尺規作圖作出一線段長等於此根。

第一個定理如下：

　　可造根定理：沒有有理根的整係數三次方程式沒有可造根。

　　雖然定理的證明深度超出本書的範圍，但是，正如接下來的內容，我們會發現很容易應用此定理來處理問題。

　　第二個定理有關多項式方程，例如：

$$2x + 3 = 0 \tag{1}$$
$$x^2 - 2x - 3 = 0 \tag{2}$$
$$2x^3 - x^2 - 7x + 6 = 0 \tag{3}$$
$$3x^4 - 10x^3 + 2x - 3 = 0 \tag{4}$$

多項式方程的一般式為

$$a_0 x^n + a_1 x^{n-1} + a_2 x^{n-2} + \cdots + a_{n-1} x + a_n = 0$$

其中 a_0，a_1，a_2，$\cdots$，a_n 為係數。

第二個定理如下：

有理根定理：若一多項式方程的係數皆為整數，則此方程可能的有理根可以表示成 p/q，p、q 分別為 a_n、a_0 的因數。

舉例來說，方程式 (1) 中，
$a_n = 3$ 且 3 的因數有 ± 1，± 3，$a_0 = 2$ 且 2 的因數有 ± 1，± 2。
因此，由有理根定理知，(1) 可能的有理根為：

$$\frac{\pm 1}{\pm 1} = \pm 1 \,，\, \frac{\pm 1}{\pm 2} = \pm \frac{1}{2} \,，\, \frac{\pm 3}{\pm 1} = \pm 3 \,，\, \frac{\pm 3}{\pm 2} = \pm \frac{3}{2}$$

我們亦可從 (1) 直接看出此方程式唯一的根為 $-\dfrac{3}{2}$。

在方程式 (2) 之中，-3 的因數有 ± 1，± 3，且 x^2 的係數 1 有因數 ± 1，因此，(2) 中可能的有理根為 ± 1，± 3，將這些值分別帶入方程式 (2)，得 3 和 -1 為其根。當然，我們可以容易地且直接地解出方程式 (1) 和 (2) 的根，而不用使用有理根定理，但方程式 (3) 就不適合直接解，所以，我們仍將使用這個定理。分析 6 和 2 的因數後可知，方程式 (3) 可能的有理根為 ± 1，$\pm \dfrac{1}{2}$，± 2，± 3，$\pm \dfrac{3}{2}$，± 6，其中只有 1，-2，$\dfrac{3}{2}$ 滿足此方程式，因此 1，-2，$\dfrac{3}{2}$ 為方程式 (3) 的有理根。

有理根定理對於尋找無理根並沒有幫助，舉例來說，

$$x^2 - 2x - 1 = 0 \tag{5}$$

的根為 $1+\sqrt{2}$ 與 $1-\sqrt{2}$ 都是無理數，然而有理根定理只告訴我們，可能的有理根為 ±1，以 $x=1$ 和 -1 代入方程式 (5) 皆不符合，因此，這個方程式沒有有理根。

在這裡，我們將省略有理根定理的證明。並著手說明為何倍立方和三等分任意角是不可尺規作圖的。

1. **倍立方**。選定邊長為 1 單位長的立方體，那麼，這個立方體的體積便等於 $1(=1^3)$，如此一來，欲求的立方體體積為 2，則需作一線段長與所求的立方體邊長相等，如果把此線段長表示成 x，則可得方程式

$$x^3 = 2 \tag{1}$$

為了說明倍立方是不可尺規作圖的，我們將證明方程式 (1) 沒有可造根。因為方程式 (1) 等價於

$$x^3 - 2 = 0 \tag{2}$$

由有理根定理知，此方程式可能的有理根為 ±1，±2，將這些值一一代入方程式 (2) 都不符合，所以，此方程式沒有有理根。如此一來，(2) 是一個沒有有理根的整係數三次方程式，我們便可利用可造根定理，推斷出 (2) 沒有可造根，因此，倍立方是一件無法以尺規作圖來完成的任務。

2. **三等分任意角**。欲證明無法利用尺規作圖三等分任意角時，只需說明存在某一個角無法被三等分即可。為此，我們回顧尼科梅德斯三等分任意角的方法（如圖 4-18），下圖 4-29 比圖 4-18 多了 BR（R 為 PQ 中點）和 BE（垂直於直線 OQ，E 為垂足）。

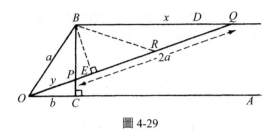

圖 4-29

從前述的討論（參見第 138 頁）

$$OB = a$$

$$PQ = 2a$$

因為△ BPQ 為直角三角形且 R 為 PQ 中點，所以

$$BR = PR = QR = a$$

現在將 OC、BQ、OP 分別用 b、x、y 表示。因為我們可以很容易證明△ $PBQ \sim \triangle PCO \sim \triangle BEQ$，

所以，根據對應邊成比例，可得

$$\frac{BQ}{PQ} = \frac{CO}{PO} = \frac{EQ}{BQ} \tag{3}$$

又 $BO = BR$ 且 $BE \perp OR$，E 為垂足，所以，E 亦為 OR 中點。如此一來，

$$ER = \frac{1}{2} OR = \frac{y+a}{2}$$

且

$$EQ = ER + RQ = \frac{y+a}{2} + a = \frac{y+3a}{2}$$

故 (3) 可改為

$$\frac{x}{2a} = \frac{b}{y} = \frac{y+3a}{2x} \qquad (4)$$

在圖 4-29 中，我們任選給定角邊上的一點 B，並將 OB 記為 a。為了方便，我們將假設 $a = 1$，則方程式 (4) 可改寫為

$$\frac{x}{2} = \frac{b}{y} = \frac{y+3}{2x} \qquad (5)$$

因此，$\frac{x}{2} = \frac{b}{y}$，$\frac{x}{2} = \frac{y+3}{2x}$，利用交叉相乘得

$$xy = 2b$$
$$x^2 = y + 3$$

由第一式得 $y = \frac{2b}{x}$，代入第二式整理後

$$x^3 - 3x - 2b = 0 \qquad (6)$$

我們可以將方程式 (3) 稱為「三等分任意角的方程」。因為假如這個方程具有可造根 x_1 的話，我們就可以作出一個長度為 x_1 的線段。如此一來，就可以找到 Q 點的位置，射線 OQ 也就可以三等分 $\angle AOB$ 了。

方程式 (6) 是否有可造根取決於 b 的值。譬如 $b = 0$，則 (6) 變為 $x^3 - 3x = 0$ 或 $x(x^2 - 3) = 0$，求得根為 0，$\sqrt{3}$，$-\sqrt{3}$，這些根全都是可造根，其中 $\sqrt{3}$ 的作圖法可參考習題 4 - 8 的第 5 題。這意味著如果我們在射線 BD 找到一點 Q，使得 $BQ = \sqrt{3}$，那麼，射線 OQ 就能三等分 $\angle AOB$。（當然，若 $b = 0$，則 O 點和 C 點重合使得 $\angle BOC = 90°$，而 $90°$ 三等分後為 $30°$，只要作一正三角形，並將其中一內角平分即可得 $30°$。也就是說，我們可以在不作出 BQ 的情況之下，輕易地三等分 $\angle AOB$。）

　　事實上，有無限多個角可以被三等分，只要我們能作出一角等於某個角的三分之一，那麼該角就能被三等分（舉例來說，既然我們可以作出 30°，當然也能利用角平分線作出 15°，那麼 45° 就能被三等分了。）

　　現在，我們考慮方程式 (6) 在 $b = \dfrac{1}{2}$ 下的情況，則 (6) 變為

$$x^3 - 3x - 1 = 0 \tag{7}$$

此方程式可能的有理根為 ±1，但兩者皆不符合 (7)，所以，此方程沒有有理根。再由可造根定理得知，此方程也沒有可造根，因而我們無法作出符合要求的 BQ。

　　於是，在 $b = \dfrac{1}{2}$ 的情況下，我們無法將 $\angle AOB$ 三等分。然而，圖 4-29 顯示

$$b = \dfrac{b}{1} = \dfrac{OC}{OB} = \cos\angle AOB$$

因此，若 $b = \dfrac{1}{2}$，則 $\angle AOB = 60°$，故我們已經說明了 60° 角無法三等分。

　　因為我們找到一個無法被三等分的角，所以，這就證明了用尺規作圖三等分任意角，是不可能的任務。

　　雖然源於古希臘的幾何問題，直到利用了近代的代數學概念才獲得解答，但數學家們並未因這些作圖的不可能性而受挫失望。相反地，為了解決這三個令人感興趣的問題，引發了這 2000 年間許多出乎意料又有趣的數學發展，這也是數學家們最感喜悅之事。

習題 4-8

1. 若下列方程式有有理根的話，請找出全部有理根。

　　(a) $5x - 2 = 0$　　　　　　　　(b) $5x^2 - 2 = 0$

(c) $5x^2 - 125 = 0$　　(d) $x^2 - 4 = 0$

(e) $4x^2 - 25 = 0$　　(f) $x^2 - 5x + 6 = 0$

(g) $x^2 + 5x - 6 = 0$　　(h) $x^2 - 5x - 6 = 0$

(i) $x^2 + 5x + 6 = 0$　　(j) $2x^2 - x - 3 = 0$

(k) $x^3 - 6x^2 + 11x - 6 = 0$　　(l) $x^3 - 4x^2 + x + 6 = 0$

(m) $2x^3 - 5x^2 - x + 6 = 0$

2. 已知方程式 $x^n - a = 0$，$a > 0$ 的其中一根為 $\sqrt[n]{a}$。

(a) 請利用 $x^2 - 5 = 0$ 說明 $\sqrt{5}$ 是無理數。

(b) 請說明 $\sqrt[3]{5}$ 是無理數。

(c) 請說明當 $n > 2$ 時，$\sqrt[n]{5}$ 是無理數。

(d) 請說明若 p 為質數，則 $\sqrt{p}$ 是無理數。

(e) 請說明若 p 為質數且 $n > 2$，則 $\sqrt[n]{p}$ 是無理數。

3. 給定線段長 1，a 和 b，作一線段長等於 ab（提示：參見圖 4-30）

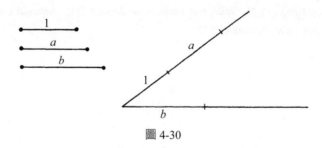

圖 4-30

4. 利用第 3 題所給定的線段，作一長度為 a/b 的段長。

5. 利用第 3 題的給定線段長 1 和 a 作一線段長等於 $\sqrt{a}$
（提示：見圖 4-31，$AD \cdot BD = CD^2$，令 $AD = a$，$BD = 1$）

6. 如圖 4-32 所示

(a) 作一線段長等於 $\sqrt{17}$。

(b) 試證明對於任一個正整數 n，都能作一線段長等於 $\sqrt{n}$。

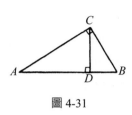

圖 4-31

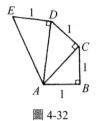

圖 4-32

參考文獻

　　對於著名希臘數學問題的相關討論，可見參考文獻 [7]（第 1 章）、參考文獻 [19] 和 [20]（第 3 章）和（特別是不可尺規作圖性的證明）下述文獻：

[27]　Courant, Richard, and Herbert Robbins, *What Is Mathematics*? New York:OxfordUniversity Press, 1947.（譯按：本書已有中譯本《數學是什麼？》（上）（下），新北市：左岸文化，2010-2011。）

[28]　Yates, Robert C.,*The Trisection Problem*.Washington,D.C.: National Council of Teachers of Mathematics, 1971.

CHAPTER 5
歐幾里得的哲學先驅

5-1 哲學與哲學家

畢達哥拉斯和他的後繼者都是哲學家，也就是所謂的「愛智者」（lovers of ideas）。如同我們所熟知，他們利用正整數建立了一套半神祕的理念體系（system of ideas），而這套體系用整數來解釋物理世界及宇宙。他們的哲學觀也引領他們成為素食主義者，並且相信人的靈魂會輪迴轉世。

哲學關聯到所有的知識領域，它關心的是最終因（ultimate causes）與價值。雖然大部分的哲學家並不研究數學，但他們之中的許多人，卻對數學的發展產生了重要的影響。哲學家們總喜歡問：什麼是一個學科（例如數學）的典型面貌呢？一般數學思考方式的特色又是什麼呢？數學家們建構定義與公理，並用以證明定理。數學家透過觀察周遭世界及其真實生活問題來進行思考。他們的部分理論可以被用來詮釋或應用於物質世界之中。不過，大部分數學家們接受現代哲學理念：他們所謂的公理，在邏輯上是隨意定奪的（logically arbitrary），同時，他們的定理則是關乎心智的概念（mental concept）。這些心智概念無法從物理世界之中觀察得到。而這種關於數學本質的觀點，可以追溯到古希臘的哲學家柏拉圖。

當然，同一個人可以是哲學家也是數學家。近年來，**羅素**（Bertrand Russell）以及**懷德海**（Alfred North Whitehead）即同時具有兩者的身分。而**笛卡兒**（1596-1640），以及**萊布尼茲**（1646-1716）也同時在兩個領域之中有突出的表現。至於最著名的古希臘哲學家，則包括了**蘇格拉底**（469?-399 B. C.）、**柏拉圖**（427-347 B. C.）以及**亞里斯多德**（384-322 B. C.）。他們的著作都不若畢達哥拉斯的那麼數學性，不過，柏拉圖與亞里斯多德卻對往後的數學發展，有著重要的影響。請注意，他們在世的時間有部分重疊。蘇格拉底並未寫下他自己的哲學著作，主要是透過柏拉圖保留並解釋了他的想法。而亞里斯多德則不認識蘇格拉底。

5-2 柏拉圖

　　柏拉圖透過記下他的老師蘇格拉底與其他人（譬如斐多 Phaedo 或米諾 Meno）的交談——**對話錄**（dialogues）——的方式，寫下了許多自己的哲學觀點。有一次，當蘇格拉底與米諾談論的時候，柏拉圖安排蘇格拉底傳喚了一位沒有學過數學的奴隸男孩進來，並記錄了對話的過程。對話一開始，蘇格拉底引導男孩下結論－錯誤地－說，要加倍一個正方形的面積，必須把邊長加倍，然後，再進一步地引導男孩了解自己所犯的錯誤，並在最後得到正確的答案。以下，我們將其中的長度單位改稱為「英尺」（feet），並加入一些字眼，以方便現代讀者能更容易地了解此一對話。

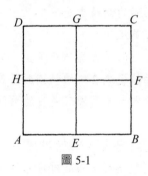

圖 5-1

蘇格拉底：孩子，你知道正方形是這樣的形狀嗎？

男　　孩：我知道。

蘇格拉底：四個邊是否都等長？

男　　孩：沒錯。

蘇格拉底：對邊中點的連線 EF 和 GH 是否也等長？

男　　孩：是的。

蘇格拉底：這樣的圖形大小可以改變的，對嗎？

男　　孩：對。

蘇格拉底：如果這個正方形的邊長是 2 英尺，整個的面積會是多

少？這麼說吧，如果是一邊長 2 英尺，另一邊長只有
1 英尺，面積是不是 2 平方英尺？

男　　孩：是。

蘇格拉底：既然現在是兩邊都長 2 英尺，面積就會是 2 平方英尺
的 2 倍囉？

男　　孩：對的。

蘇格拉底：算算 2 平方英尺的 2 倍是多少，告訴我。

男　　孩：四平方英尺。

蘇格拉底：那麼，你能畫一個相似的圖形，四個邊等長，但面積
卻是 ABCD 面積的兩倍嗎？

男　　孩：可以。

蘇格拉底：這個圖形的面積會是多少？

男　　孩：八平方英尺。

蘇格拉底：告訴我它的邊長應該是多少。原來的圖形邊長是 2 英
尺，面積變成 2 倍的新圖形邊長是多少？

男　　孩：很明顯啊，是原圖形邊長的兩倍。

至此，蘇格拉底已將男孩引入錯誤的思維之中，奴隸男孩以為面
積 8 平方英尺的正方形之邊長，等於面積為 4 平方英尺的正方形之邊
長的兩倍。透過簡單的計算之後，他接著引導男孩發現，如果將邊
長加倍的話，面積並非變成原來的 2 倍，而是變成 4 倍。男孩試著將
正方形的邊長變成原來的一倍又一半，而再一次地，他還是得到錯誤
的結果。這時，蘇格拉底中斷了對話，並告訴他的朋友米諾，比起對
話剛開始時，奴隸男孩對於這個問題已經得到更多的洞見了。然而，
對話之間他並沒有告知他任何的新知識，主要由於對話之中他不斷地
提出種種問題，使得奴隸男孩對於整個問題益加了解。蘇格拉底也同
時認為，這些問題幫助奴隸男孩喚醒了潛在的知識。就蘇格拉底的觀
點而言，這個奴隸男孩早就了解所有的知識了，只不過他自己並不知
情，然而，經由不斷提問的過程，知識最終將被男孩所回溯。

　　蘇格拉底最終引導男孩看見問題的解答。他畫了 4 個邊長為 2 英尺的正方形，形成一個邊長為 4 英尺的正方形，接著（圖 5-2），他畫了四條對角線，這圍成了滿足我們需求的正方形，也就是此正方形之面積為原正方形的 2 倍。

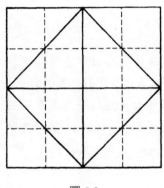

圖 5-2

　　柏拉圖寫下這篇對話錄的真實目的，並非為了發展特定數學知識，反而是為了發展他的哲學信念，也就是，教學的目的，是為了喚醒學生心靈的記憶，想起過去早已知道的某些事。根據這個信念，蘇格拉底並沒有真的教了奴隸男孩什麼新的知識，他只是從其提問的過程中，引導男孩喚醒在他出生之前早已存在的前世記憶。這也說明了柏拉圖的另一個哲學信念，由這個信念我們可以了解，雖然，實際的物體或問題也許可以引動我們的思考，同時，圖形對我們而言或許能帶來助益，然而，我們理念的最終起源，並非在於物質的世界或存在於圖形裡，而是存在我們的心靈（mind），或存在於柏拉圖所謂的「靈魂」（soul）之中。

　　柏拉圖會堅稱圖 5-2 並非展示了真正的正方形，他認為正方形是抽象的數學理念，它們是有一個直角的平行四邊形，同時所有的邊都等長。這個藉由「四邊形」、「平行四邊形」、「邊」、「直角」等文字所表徵的理念（idea），才是純粹的數學理念。今天，我們接

受柏拉圖的信念，認為幾何元素並非我們畫在紙上的不完美標記。我們所畫的線必定有寬度與粗細，才看得見，同時，我們所畫的角與線段，在度量上也不可能完全等值。

當柏拉圖展現其「理型的概念」（concept of an idea）時，也引進了他的數學觀。他在另一個對話錄《理想國》（*The Republic*）中寫道：

> 雖然數學家使用看得見的圖形並藉以進行討論，但他們心裡想的，並非這些圖形，而是這些圖形所表徵的那些東西，於是，他們討論的是關於正方形以及對角線的概念本身，而非他們畫在紙上的圖形。同理，所有他們所建模（model）或所畫的圖形，都只不過被數學家當成一種意象（image）來使用而已。

這個陳述可以類比現代數學家有關純數學與應用數學之關係的觀點。「建模」（model）這個字的使用，引出了「數學模型」（mathematical model）的現代觀點。後者當然並非柏拉圖哲學思想的一部分，但他很可能會接受這樣的想法。當今日的我們使用數學時，會從真實世界之中建立數學模型，並針對這個數學模型進行研究，最後，回到真實世界，詮釋數學上所得到的結果。如果別人告訴你，在學校的管弦樂隊之中，有 3 位男中提琴手以及 2 位女中提琴手，你會知道共有 5 位中提琴手，幾乎不需思考本情境所代表的意義，你的心靈自動地抽象出 3 與 2 這二個純粹的數目，並決定使用的數學運算為加法，然後思考：「3 + 2 = 5」，一個純數學的敘述。然後，你會回到物理世界並且思索：「在這個管弦樂隊之中，共有 5 個小提琴手。」在這個簡單例子中，數學建模的過程看起來並非必要，然而，它在更困難的應用之中，卻是一個相當重要步驟。

柏拉圖將其理念的理論（theory of idea）應用到數目上。他深深地被畢達哥拉斯所影響，認為 1 並非一個數目，他們認為 1 是基本單元（basic unit），從而造出所有的整數。雖然，我們今日把 1 視為一

個數目，它卻依然在許多數學理論之中占有獨特的地位。舉例來說，皮亞諾在其建構整數的公設之中，使用了每個整數都有一個後繼數的概念，這個公設所導致的結果之一，就是當我們將一個數目加上 1 之後會得到此數的後繼數。柏拉圖更進一步區分一般人計數時所用的「具體數目」（concrete number），以及純數學上所說的數目。具體數目所指涉的對象並非完全相同，譬如「帳篷」（並非所有的帳篷都是一模一樣的），又例如「牛隻」（所有的牛隻都不完全相同）。然而，就純數目而言，由純單位元（pure units）所構成，並由於它們都是理念，故可以被視為相同。同時，純單位元素也被認為無法分割（indivisible）。

由於柏拉圖指引了人們對於數學這個學科的想法，因而大大地影響了數學的發展，據說他樹立了一個標誌，告訴欲進入柏拉圖學園者：「不懂幾何者，請勿進入。」特別地，他更要求學習數學以作為學習哲學的準備，數學可使得哲學家們的思維能跳脫不完美的物質世界（material world），進而洞見理想世界（ideal world）裡諸如平等、善和美等抽象事物的本質。當柏拉圖考慮倍立方問題（Delian problem）時，再一次強調學習數學的重要性，我們在本書之第 131～132 頁之中，已呈現了一個來自於柏拉圖的問題解答。然而，似乎並非他本人發展出這個問題解答，這是因為解答之中使用到了機械工具。而有些人認為柏拉圖提出了直尺與圓規是唯一合法的幾何作圖工具。透過這些工具，我們可以畫出直線與圓，其性質之對稱與完美，與柏拉圖有關理念之哲學是一致的。

從正多面體被稱為柏拉圖立體（Platonic solids）這個事實之中，我們更能夠進一步了解他的影響力與重要性。其中，最為我們所熟悉的柏拉圖多面體為正立方體，他的六個面都是正方形。另一個與柏拉圖立體有關的重要的事實，是恰有五種正多面體，其中包含了：正四面體、正六面體、正八面體、正十二面體以及正二十面體。

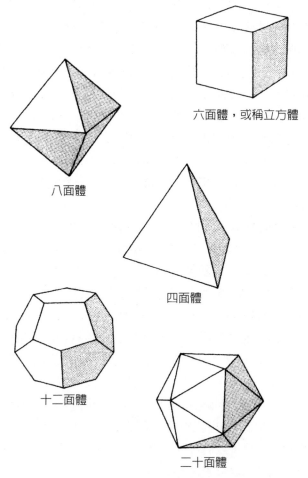

六面體，或稱立方體

八面體

四面體

十二面體

二十面體

圖 5-3　五種柏拉圖多面體

　　也許在柏拉圖之前，人們早已知道這事實，這是由於在柏拉圖的時代裡，許多有關這些立體圖形的建構、其性質以及使用等有趣問題，皆早已被解決了。而歐幾里得《幾何原本》的第十三冊之中，處理了這些多面體的性質。在第十六世紀末，克卜勒（Johannes Kepler）利用柏拉圖多面體，設計一套用來描述天體之中，有關行星

運轉的模型，其中涉及同心球面內切或外接這些多面體。此外，如果我們稍稍修改了柏拉圖多面體定義之中的部分元素，我們將能得到一般性的應用，例如：倘若我們不要求多面體必須是凸的，那麼，我們將能透過在柏拉圖多面體的各個面上加上角錐的方式，來得到星狀體。其他的延拓則導出阿基米德多面體（Archimedean solids）與半正多面體（semiregular solids）的發展。今日，多面體的種種性質，為化學晶體以及電子學研究，帶來了重大的幫助。

摘要

柏拉圖對於數學發展的主要貢獻如下：

1. 他清楚地闡明了數學是處理理念（idea），而不是像被畫或寫在紙上的直線或數碼（numeral）。
2. 他啟發了許多人為了數學本身的目的而研究數學。
3. 他要求學習數學以作為學習哲學的準備。

當我們討論到僅能以直尺與圓規來解決古希臘三大難題這個限制，或者討論到正多面體時，往往會想到柏拉圖。

習題 5-2

1. 參考第 162 頁。研究奴隸男孩對於「兩倍正方形面積」該問題的解答。並試著從圖 5-2 的啟發，給出一個現代證明。
2. 奴隸男孩的問題是說：給定一個正方形，如何作一個新的正方形，使得面積為原正方形的兩倍？圖 5-4 展示了當我們以「矩形」又代「正方形」時，本問題是簡單的。矩形 $A'B'C'D'$ 的面積為矩形 $ABCD$ 的兩倍，這是因為他們有相同的高，同時 $A'B' = 2\ AB$，這個事實如何用來證明 $A'B'C'D'$ 的面積為矩形 $ABCD$ 的兩倍呢？

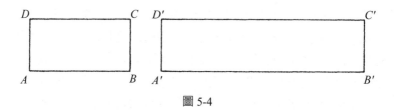

圖 5-4

第二個長方形與第一個長方形並非相似的，兩個幾何圖形的對應角全都相等，並且對應邊之間的比例全部相等時，我們稱它們為有相同的形狀或者說這兩個圖形相似。在圖 5-4 之中，*AD* / *A'D'* = 1，但是 *AB* / *A'B'* = 1/2，這給了本問題一個新的提示：作一個長方形使得面積為矩形 *ABCD* 的兩倍，並使得這二個四邊形相似。圖 5-5 呈現的是解此問題的結構。*AD'* 是以 *AD* 為邊長之正方形的對角線，而 *AB'* 是以 *AB* 為邊長之正方形的對角線。證明 *AB'C'D'* 的面積是 *ABCD* 面積的兩倍，並且證明這兩個四邊形是相似的。

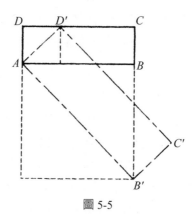

圖 5-5

3. 作一個正方形，使得其面積為給定正方形的三倍（提示：如圖 4-9 所示）。

4. 圖 4-32 之中，從 *A* 點輻射出去之線段長度，分別為$\sqrt{1}$，$\sqrt{2}$，$\sqrt{3}$，$\sqrt{4}$，…。如果過 *A*、*B*、*C*、*D*…作一個曲線，則可以畫出一條賞

心悅目（pleasing to the eye）的螺線

(a) 作一條完整的「方根螺線」（root spiral）

(b) 作一個矩形 PQRS，並使用螺線來作出一個相似於 PQRS，而且面積為矩形 PQRS 五倍的矩形。

5. 兩個圓的面積與其半徑長之平方成比例，給定一個以 M 為圓心，r 為半徑的圓，試作一個圓使其面積等於：

(a) 面積為圓（M, r）的兩倍。

(b) 面積為圓（M, r）的三倍。

(c) 面積為圓（M, r）的四倍。

6. 作下列各圖形，並且對每一個圖形，作一個新的圖形與原圖形相似，並使得新的圖形之面積分別為原圖形的 (a) 兩倍大。(b) 三倍大。

圖形：(1) 正方形；(2) 等邊三角形；(3) 不等邊三角形；(4) 平行四邊形；(5) 如圖 5-6 所示之圖形。

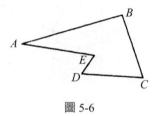

圖 5-6

7. 有一個受歡迎的數學謎題與畢氏定理的證明有關，謎題的第一個部分是收集四個給定且全等的四邊形硬紙板，以拼成一個正方形，謎題的第二個部分是收集四片相同的四邊形硬紙板，再加上第五片正方形硬紙板，拼成第三個正方形。

上述難題的秘訣在於造出這些紙板的方法。先在硬紙片或硬紙板上畫一個直角三角形 ABC（如圖 5-7 所示），雖然這並非謎題的一部分，但它卻是隱藏在背後的秘訣。接著，畫出正方形 ADEB 與正方形 ACHI，在正方形 ADEB 上標示出中心點 O，這與對角

線 *AE* 與 *BD* 的交點相同。過 *O* 點作 *JK* 線段，平行斜邊 *AC*，
並作 *LM* 與其垂直。切下這四個四邊形 *AJOM*、*JDLO*、*LEKO*、
KBMO。它們便是謎題第一個部分之中所要求的四邊形。當它們
被切分開之後，有時並不容易看出如何將它們拼合在一起。如何
將正方形 *CBFG* 所構成的第五片圖形，與這四片四邊形拼合，則
是第二個謎題的重要關鍵所在。圖 5-7 之中展示了如何將五片四
邊形紙板拼合成以 *AC* 為邊的正方形。試著切割出下列圖形，並
試著不看下圖，收集拼出這二個正方形所需的四邊形。

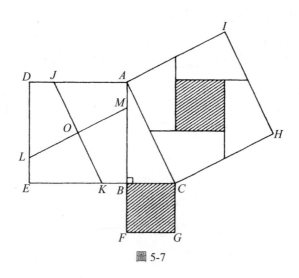

圖 5-7

8. 當你完成習題 7 之後，你已經在上述三角形 *ABC* 這個特例之中，
透過視覺化的方式論證了畢達哥拉斯定理。欲證明一個定理，必
須透過邏輯演繹的方式，並不能依賴在四邊形上表演與展示的方
式，同時，你也無法保證能切得多精確。再者，你的論證必須能
被應用到所有的直角三角形，而不是僅適用於你所畫的特定三角
形。試依據圖 5-7 所帶來的啟發，給出一個畢達哥拉斯定理的證
明。（提示：請證明在正方形 *ADEB* 之中的這四個四邊形，彼此
全等，同時，他們的兩邊長度之和會等於 *AC* 線段的長度，且另

兩邊長度之差會等於 *BC* 線段的長度。）

9. 下列的謎題展示了透過切割與拼合圖形的方式，並不能證明一個定理。

如圖 5-8 所示，作一正方形並將其切分成圖形所示之三角形與四邊形。在右邊的矩形裡，重新拼合這些圖形。

試利用正方形與矩形之面積公式，計算出些正方形以及矩形的面積。請試著解釋這個悖論背後的原因，並證明你的解釋是正確的。

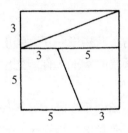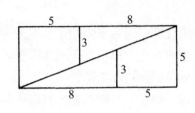

圖 5-8

10. 證明正多邊形頂角之度數為：

$$\alpha = 180 - 360 / n，$$

其中 *n* 為正多邊形之邊數（提示：考慮如圖 5-9 所示之圓內接正多邊形）。

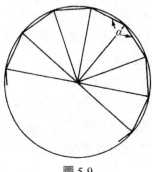

圖 5-9

11. 等邊三角形以及正方形可以透過多種不同的排列方式來舖滿整個平面，如圖 5-10 所示。

    (a) 如何利用正六邊來舖滿整個平面呢？

    (b) 試證明正五邊形無法用來舖滿整個平面。

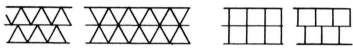

圖 5-10

12. 如果允許你混合不同的正多邊形，包含正八邊形、正六邊形、正五邊形、正方形以及正三角形等各邊等長的圖形，你能想出多少種舖滿平面的方式呢？

13. 對每一個正立方體而言，其每一個頂點周圍至少圍繞著三個面，並且這些全等的面，其圍繞在頂點的所有角度之總和，一定小於 360°。為什麼呢？

    (a) 使用第 10 題的公式證明，正多面體的各個面，只可能是正三角形、正方形以及正五邊形。

    (b) 試證明每個正多面體的頂點周圍只可能有三個、四個或五個正三角，並且只可能有三個正方形，三個正五邊形，並藉此進一步地證明，不可能有超過五種的正多面體。

14. 幾個世紀裡，多邊形與多面體吸引了人們的研究目光，歐拉（Leonhard Euler, 1701-1783）提出了下述定理：對任何的簡單多面體（simple polyhedron）而言，公式：$F - E + V = 2$ 永遠成立，其中 F，E 與 V 分別為該多面體之面的個數、邊的個數以及頂點的個數。以正立方體為例：

    $F = 6$，$E = 12$，$V = 8$，並且 $6 - 12 + 8 = 2$。

    (a) 柏拉圖立體都是簡單多面體（如圖 5-3）。試作一個表格，分別展示每一個柏拉圖多面體的面、邊與頂點的個數。

    (b) 試證明上述這些數值滿足歐拉的公式。

(c) 對於中間裁切下一個正方形洞的矩形積木而言，歐拉的公式是否同樣成立呢？（如圖 5-11a）

(d) 對於中間裁切下一個正方形洞，並且在其中一邊作成斜面的矩形積木而言，歐拉的公式是否同樣成立呢？（如圖 5-11b）

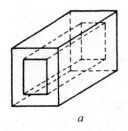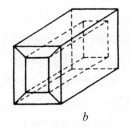

a *b*

圖 5-11

15. 歐拉的公式可以被用來證明恰只有五種正多面體。
請查閱第 4 章之中的參考文獻 [27]。

16. 柏拉圖在其對話錄《泰美歐斯》（*Timaeus*）裡，使用五個正多面體說明科學現象，請查閱書中的解釋，並提出一篇報告。

17. 五種正多面體之中的每一個都可以利用單一展開圖來組成。如圖 5-12 所示為正四面體展開圖的例子。試作出所有的正多面體（提示：參考本章參考文獻 [29] 或 [30]）。

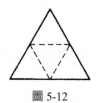

圖 5-12

18. 習題 13 與 15 提供了關於為何最多只可能有五種正多面體之證明。試證明恰只有五種正多面體，或查閱第四章的參考文獻 [27] 與本章的參考文獻 [30]。

5-3 亞里斯多德和他有關敘述句的理論

如同前述，亞里斯多德與柏拉圖都是哲學家，並非數學家。柏拉圖嘗試回答下列問題：什麼是數學物件或客體（objects）的本質呢？至於亞里斯多德，他則是提出另一個重要的問題：**什麼樣的方法被用在數學的思維上呢？**亞里斯多德在討論公理與定義的過程之中，形成了一套關於證明的理論（theory of proof）。歐多索斯（Eudoxus, 360 B.C.）也許是最早提出我們現在所謂的公理，以及利用這些公理以演繹出其他定理等等想法的人，然而，亞里斯多德關於定義與公理之重要性的相關著作，則是現存最早的相關文獻。

在每一種科學的結構中，一個很重要的部分，是由下列三個成分所扮演：敘述句（statement）、概念（concept）和關係（relation）。

一個關於幾何敘述句的例子如下：

三角形的內角和等於兩個直角和。

在這個敘述句之中，「三角形的內角和」以及「兩個直角和」這兩個概念，被「等於」這個關係所連結。

另一個關於算術的敘述句則是：

4 大於 3。

在這個敘述句之中，「4」與「3」這兩個概念被「大於」這個關係所連結。

最後，一個與數學無關的敘述句為：

猩猩是哺乳動物。

在這個敘述句之中，「猩猩」與「哺乳動物」這兩個概念被「是」

這個關係所連結。

在亞里斯多德的哲學中，他發展出一套關於「敘述句」（statement）以及「概念」的理論。至於有關「關係」的理論（theory of relations），則是直到相當晚期才形成。

在數學上，我們必須等到一個敘述句被證明之後，才能接受它為真。換句話說，它必須能從其他真實性（truth）早已經建立的敘述句推論得到。在今日，一個能被證明為真的數學敘述句被稱為一個定理，因此，一個定理的真實性，必須以演繹法則作為基礎，透過其他我們早已熟知且已被證明為真的定理來加以證明。顯然，我們無法無止盡地持續這樣的追溯過程，勢必有個起始點，也因此，**我們不得不在沒有證明支持的情況下，接受某些敘述句為真**。這些不經證明即被接受的敘述句，被用作為建構數學系統的起始點，在現代稱之為公理（或公設，axiom）或設準（postulate）。而一個以公理作為出發點，進而得到一系列定理所組成的科學，我們將其稱為**演繹科學**（deductive science）。

亞里斯多德也認識到，從一些未經證明而被接受的基本真理作為出發點的必要性。他並進一步地區分了**所有演繹科學接受的根本真理──共有概念**（common notions），以及用於**特定科學中的根本真理──特殊概念**（special notions）。

亞里斯多德給了我們一個關於共有概念的例子，「*如果從等量減去相同量，所餘仍是等量*」，這個敘述句不只在數學領域中被應用，同時，在所有與「量」有關的學科之中，也被廣泛地接受。至於「*經過任意二點可以畫一直線*」則是特殊概念的例子。自從亞里斯多德之後，這兩者之間的區別持續了數個世紀，其中共有概念又被叫作**公理**（axioms），特殊概念則被稱為**設準**（postulates），然而，今日的數學家們並不加以區分。

最後，我們是否被允許隨意地選擇一些公理，來作為一門演繹科學的出發點呢？亞里斯多德不這麼想。他認為共有概念必須是不證自明的（self-evident），他們的真實性必須是顯然的，沒有人會懷疑

的。根據他的說法，上述所提到有關共有概念的例子，便滿足這個要求。有關亞里斯多德對於共有概念與特殊概念的一些觀點，我們將在討論歐幾里得的幾何學（第 6 章）時，進一步闡明。至於演繹科學中的公理角色之現代觀，則將在第 7 章討論。

5-4 概念與定義

今日，在演繹科學之中，我們要求除了少數概念之外，其餘一概都必須加以定義（所有的關係亦然）。也就是說，它的意義必須完全透過一些我們早已知道的概念與關係來解釋。以平行四邊形為例，它被定義為兩組對邊皆平行的一個四邊形。因此，我們必須先知道「四邊形」以及「邊」的概念，同時也得先了解「（相）對」（opposite）、「平行」等關係所代表的意義。亞里斯多德在分析上述定義時，首先注意到，一個平行四邊形是一種特殊的四邊形。他同時也說：「一個平行四邊形是具有對邊平行這個特殊性質的四邊形」。在這個例子裡，他把「四邊形」叫作「原始屬類」（genus proximum），至於用來區分平行四邊形與其他四邊形的特殊性質「有平行邊」，則被稱為「區別屬性」（differentia specifica）。

從這個例子之中，我們已經觸及亞里斯多德有關定義的理論之核心了。每個概念都被定義為一個更一般化概念的子類。這個一般化的概念即為「原始屬類」，至於原始屬類之中的每個特殊的子類，則以一個特殊的屬性加以刻畫，這個屬性我們稱之為「區別屬性」。

透過這樣的方式，四邊形可以被區分為好幾個種類（species）。然後再進一步分成數個子類（subspecies），以此類推。為了讓大家更進一步洞悉亞里斯多德的意思，我們可以如下方式來將所有凸四邊形進行分類：

1. 平行四邊形，有二雙對邊平行的四邊形。
2. 梯形，有一雙對邊平行，而另一雙對邊不平行的四邊形（另有一個不同的定義，參考習題 5-5 第 4 題）。

3. 對邊都不平行的四邊形。

　再來，我們還可以把平行四邊形再分為：

1. 長方形，有一個直角的平行四邊形。

2. 傾斜的平行四邊形，沒有直角的平行四邊形。

　長方形則可分為：

1. 正方形，所有邊都全等的長方形。

2. 四邊並不全等的長方形（有時又叫作扁方形 oblong）。

　傾斜的平行四邊形可分為：

1. 傾斜菱形，所有邊都全等的傾斜平行四邊形。

2. 所有邊並不全等的傾斜平行四邊形。

　梯形則可被分為：

1. 等腰梯形，不平行邊等長的梯形。

2. 不平行邊不等長的梯形。

　下圖展示了上述所定義的概念之間的關係。它說明了一種對於不同四邊形的**分類方式**，這個分類方式使得每一個四邊形，都恰好屬於平行四邊形、梯形或是沒有平行邊的四邊形這三個子類的其中之一。又每一個平行四邊形不是一個長方形，就是一個傾斜的平行四邊形等等。對每一個「**原始屬類**」而言，它的子類不會重疊，另一方面，**原始屬類**之中的每個元素，都屬於某一個子類。根據亞里斯多德的概念，一個分類法必須滿足上述這些要求。

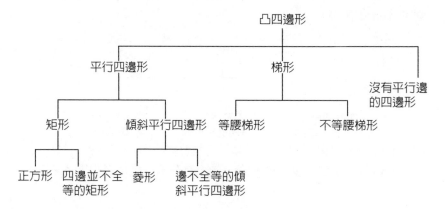

在今日，我們有時會發現，摒棄亞里斯多德關於子類不可重疊的要求，是有用的。圖 5-13 介紹了一個非亞里斯多德式的平行四邊形分類法，其中，矩形的子類與菱形的子類交集，會形成正方形的子類。這樣的安排方式使得我們能用下述的方式來定義正方形：一個正方形是一個既為矩形且為菱形的平行四邊形。

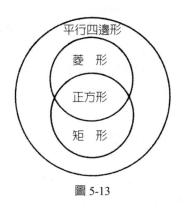

圖 5-13

再一次考慮我們最初關於四邊形的分類法（參看第 177 頁），亞里斯多德要求在每一個子類之中，都應至少有一個四邊形存在。也就是說，這允許我們將凸四邊形區分為平行四邊形、梯形以及沒有平行邊的四邊形，因為上述分法會使得每一個子類之中，都至少存在有一種四邊形。至於下述關於梯形的分類法，在亞里斯多德的想法之中，則是不被允許的：

這個分類法之所以不被允許，是因為在第一組定義的集合之中，

並不會有等底的梯形（如果四邊形的兩個邊都相等且平行，那它就是平行四邊形，而不是梯形）。從非亞里斯多德的觀點來看，這樣的分類法在數學上並不會不合法，只是實用性並不高，這是因為其中「有等底的梯形之集合」為空集合。

為了確定沒有一個定義的子類是空集合，**亞里斯多德要求一個被定義物件的存在性，必須透過證明加以確定**。這也是為什麼希臘數學系統之中，在正方形的存在性被證明之前，我們並不會討論到與正方形有關的命題。

5-5 特殊概念與未定義項

我們都知道正方形是一種特殊的長方形，它是等邊的長方形，因此，為了了解什麼是正方形，我們必須先了解什麼是長方形。

一個**長方形**是一個具有直角的平行四邊形，因此，為了解什麼是長方形，我們必須先了解什麼是平行四邊形。

一個**平行四邊形**是一個兩雙對邊平行的四邊形，因此，為了了解什麼是平行四邊形，我們必須先了解什麼是四邊形。

一個**四邊形**是一個由四條線段透過某種方式連接而構成的圖形，因此，為了了解什麼是四邊形，我們必須先了解什麼是線段。

然而，我們無法永遠地持續以這樣的方式追根究底下去，因此，我們必須由某種未明確定義的**基本概念**（fundamental concepts）出發。舉個例子來說，我們會由「點」與「直線」等概念作為起始點，並且不去定義這兩個概念。

然而，在亞里斯多德的觀念裡，這些基本概念的**意義**（meaning）必須加以敘述。根據他的想法，這必須經由**能明白表示其基本性質的敘述句**來完成。在幾何學的領域之中，我們可以根據這個目的，來選擇定義的方式，比如：「一個點沒有大小（維度）」、「直線是由兩點決定，並且沒有寬度」。

亞里斯多德同時也要求每個概念的**存在性**必須被證明，譬如說

吧，當我們再一次從討論正方形的概念開始，正方形是等邊的長方形，因此，為了說明正方形是存在的，我們必須先證明等邊的長方形是存在的。為了確定等邊的長方形存在，長方形必須是存在的。而長方形又是有一個直角的平行四邊形，於是，為了確定有一個直角的平行四邊形存在，我們必須先確定平行四邊形是存在的，諸如此類。

我們可以持續地不斷討論下去，直到追溯到最原始的基本概念，又這些基本概念是存在的，至此，我們才能說這個從基本概念所衍生出的概念是存在的。然而，我們無法證明這些基本概念的存在性，因此，我們別無選擇只好在沒有證明的情況下，接受他們的存在性。

亞里斯多德進一步要求，對於每一個基本概念，存在有一個敘述句來明白表示的存在性。以幾何學為例，我們必須先假定下列敘述句：「點是存在的」、「直線是存在的」。

如同我們前述所提到的例子，在一個給定的科學之中，用來揭示意義（lay down the meaning）的敘述句或者用來主張基本概念存在性的敘述句，就是「**特殊概念**」（special notions）。他們被限制於特定的科學，例如幾何學的領域裡。今日，我們公認的演繹系統，必須從一些「未定義項」以及使用到這些未定義項且未加證明的敘述句出發。有些數學家選擇將一門科學之中的設準（postulates），視為賦予其中使用的名詞之「隱含定義」（implicit definitions）。也就是說，未定義項（undefined terms）就是為各設準敘述性質時所需用到的名稱。

摘要

根據亞里斯多德的定義，演繹科學必須基於兩種我們不經證明就接受的敘述：

1. 共有概念：在每個演繹學科中都適用的一般真理。
2. 特殊概念：在某個特定演繹科學的架構下使用的真理，包含了下列兩種：(a) 敘述該科學的基本概念之意義，及 (b) 敘述基本概念的存在性。

　　所有其他的概念都必須加以定義。這可藉由將某個「特定性質」（區別屬類）指派到一個已知的概念（原始屬類）來完成，而以這個方式定義的概念，其存在性必須被證明。

習題 5-5

1. 試為第 176-177 頁的分類作一個文氏圖（Venn diagram），並小心地標示每個區域。

2. 在第 176-177 頁的分類之中，平行四邊形被分成矩形以及傾斜平行四邊形等子類。試根據以下之改變，作一個類似的分類：將平行四邊形區分成菱形與非菱形類。

3. 試為習題 2 的分類作一個文氏圖。

4. 在第 176-177 頁的分類之中，凸的四邊形被分成下列子類：平行四邊形、梯形以及對邊都不平行的四邊形。試根據以下之改變，作一個類似的分類：將梯形定義為至少一雙對邊平行的凸四邊形（此題可能有數種不同的答案）。

5. 試為習題 4 的分類作一個文氏圖。

6. 試根據習題 2 的分類方式來定義正方形。

7. 試根據習題 4 的分類方式來定義正方形。

8. 試根據習題 2 的分類方式來定義菱形。

9. 試根據習題 4 的分類方式來定義菱形。

10. 「等腰三角形」（isosceles）這個源自於希臘字，其中的「等」（iso）指的是相等的意思，而 sceles 所指的是則腳（leg）。（請注意：skeleton 這個字也有相同的來源）。有許多其他的現代文字都源自於希臘字。你可曾發現過哪些屬於這類型的數學文字以及半數學文字（semimathematical words）呢？舉例來說，試討論 abacus、arithmetic、decagon、kilometer、logarithm、myriad、pentagon、pentathlon 等字。並試著利用《牛津英文辭典》（*The Oxford English Dictionary*）等字典找出這些字的根源。

11. 亞里多德被認為是一則悖論的作者，這則悖論偶爾被認為是一則
數學謎題。接著，我們將以現代的術語來敘述亞理斯多德的悖論。

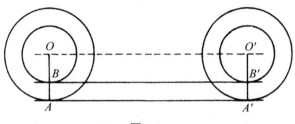

圖 5-14

圖 5-14 表示的是汽車的輪子，輪胎上的 A 點與路面緊貼，而轂
蓋正好接觸在 B 點的 curb。現在，讓車子往前行，使得輪子剛好
轉動一圈的距離。其中半徑 OBA 剛好以 O 為轉軸，完整地旋轉
了一圈，並來到新的位置 O'B'A'。顯然地，線段 AA' 的長度恰等
於輪胎之周長。但是轂蓋也恰沿著 curb 轉了一整圈。因此，BB'
的長度恰等於轂蓋之周長，或者說 BB' 的長度等於以 OB 為半徑
的圓之周長。另一方面，因為 AA' 與 BB' 是等長的線段，所以，
以 OB 為半徑的圓之周長等於以 OA 為半徑的圓之周長！當然，
我們都知道，有不同半徑長的圓，其圓周長亦會不同。我們該如
何解釋這個悖論呢？

參考書目

針對更多有關希臘哲學家的討論，可閱讀參考書目 7（第 1 章）、19 和 20
（第 3 章）。在參考書目 27（第 4 章）中，則有更多關於多面體上的歐拉定理
之討論。這份參考資料包括了此定理之證明，以及其應用在只有五個正多面體之
證明上。

[29] Wenninger, Magnus J., Polyhedron Models for the Classroom. Washington, D.C.:
National council of Teachers of Mathematics, 1956.

[30] Wenninger, Magnus J., Polyhedron Models. New York: Cambridge University Press.

CHAPTER 6
歐幾里得

6-1 幾何原本

　　現在，大家所認識的數學是由公理、定義與命題所組成的系統。如果我們（一如柏拉圖所要求的）嘗試將數學從物質事物、並因而從具體圖像之中解放出來，那麼，我們將無可避免地朝向此一系統邁進。倘若命題真實性的經驗證論方式（empirical demonstration）不再被允許（例如：從閱讀圖形之中進行論證），那麼，我們也將別無選擇地，只能依循邏輯的法則來進行證明。這也意味著任何命題的真偽，都必須演繹自己經證明為真的命題，以及如此不斷地回溯到最初的公理。

　　邏輯地將數學從物質世界抽離的另一個結果是：僅僅透過圖形的幫助，一個新概念的意義無法僅藉由圖形來演示，對每個新概念來說，必須給予一個恰當（exact）的定義。（當然，為了數學之發展或者為了教學上的需要，我們依賴著來自於真實世界的動機，並且依賴了來自圖形的明晰。）

　　希臘人深信：數學應從經驗所得的知識之中解放出來。他們接受此一信念的必然結果，並藉由上述方式來建立幾何學。對於這樣一個基於公理的數學命題系統，他們稱之為「原本」（Elements）。根據普羅克拉斯（Proclus）所述，大約早於歐幾里得 100 年的時代，希波克拉提斯（Hippocrates）匯編了一部分關於「原本」的材料。在他之後，另外幾個希臘數學家也收納了類似的系統。現今所保存下來的最早原本，就是歐幾里得的《幾何原本》（the *Elements*）。

　　我們對於歐幾里得（大約西元前 300 年）本人的生平，了解得並不多。他生活在托勒密一世時期的亞歷山卓（Alexandria），並且在名為「博物館」（Museum）的大學之中教數學。雖然他並沒有留下特別重要的數學發現，但是，從他的作品我們幾可推斷他是一位傑出的數學教師。這是因為他以任何時代的學習者都能理解的方式，提出了數學這門學科的原理。他著作中的大部分內容都取自前人。我們從歐幾里得的《幾何原本》之中，可以發現泰阿泰德斯（Theaetetus）

和歐多克索斯（Eudoxus）等人的研究成果。《幾何原本》極可能是因為它十分有用，終使得它能夠被保存下來。然而，如同所有希臘著作一般，最原始的版本早已失傳。現存的是傳抄無數次之版本，並保留有前人的評注；而往後之作者也引進了他們認為必要之校勘。因此，後人再也不可能於每個細節處，重建原始的文本內容了。在中世紀，經由阿拉伯人及摩爾人（Moors）的傳播，《幾何原本》在西歐成為家喻戶曉的書籍。於是，《幾何原本》自此成為當地數學教育的基礎教材。目前已知共有超過 1000 多種不同版本的《幾何原本》，它很可能是西方世界的文明裡，除了《聖經》之外，流傳最廣泛的一本重要書籍。

6-2 歐幾里得的《幾何原本》之結構

依據柏拉圖的看法，數學知識只能藉由論證來獲得。因此，幾何性質不該僅從圖形之中讀出，而應賦予每個性質一個恰當的證明，亦即，一個不使用任何圖形的證明。歐幾里得也盡其最大努力來滿足此一要求。

依據亞里斯多德的看法，建構一個數學系統必須從底蘊在所有演繹思維的**共有概念**出發。並且，最根本的，吾人也必須從設定了數學基本概念之存在性，或者陳述了基本概念之意義的**特殊概念**出發。最後，其他的概念必須透過**原始屬類**與**區別屬性**來定義，這些已定義概念的存在性，也必須被證明。我們將會發現歐幾里得正是依循著亞里斯多德的指示，試圖建構他的數學系統。

《幾何原本》共包含十三冊。在前六冊之中，歐幾里得主要討論了平面幾何，其中所探討的相關主題範圍，約略可對應到今日中學課程所教之內容。在接下來的三冊之中，數論是鋪陳的主題。第 X 冊討論了不可公度量。最後，第 XI 冊至第 XIII 冊，則是處理立體幾何。在本章中，我們將討論第 I 冊之中的大部分內容，以及其餘各冊的部分內容。

6-3 定義

第 I 冊的一開始，列出了 23 個定義。以下，引述其中一部分：

I. 點是沒有部分的東西。

II. 線（line）只有長度而沒有寬度。[1]

III. 線的末端是點。

IV. 直線（straight line）是與它自己上面的點相平齊（lies evenly）的線。

V. 面是只有長度與寬度。

VI. 面（surface）的邊緣是線。

VII. 平面（plane surface）是與它上面的直線相平齊（lies evenly）的面。

在仔細地檢視這些定義之前，我們先提醒讀者，那些亞里斯多德所提過的，有關如何引進概念的方式。亞里斯多德區分兩種不同的概念：基本概念以及由它們所衍生的概念。

1. 基本概念不能加以定義，它們的根本性質必須由特殊概念來建構。

2. 其餘的概念都必須透過基本概念加以定義。首先，**原始屬類**是已知的概念，至於那些滿足某種特殊條件（**區別屬性**）的原始屬類，則構成了新的概念（例如：**原始屬類**：三角形；**區別屬性**：兩邊相等；新概念：等腰三角形）。

因此，每門演繹學科必須以一些基本概念作為出發點，它們的意義也必須由特殊概念來揭示。因此，上述所列的七個「定義」並非合適的定義，反倒應該被視為特殊概念，因為它們陳述了基本概念所呈現的意義。這些基本概念有：點、線、面與平面。

---

[1] 本定義之英文版如下：A line is breadthless length.

第一個定義描述所謂點應如何認知：「點是沒有部分的。」（A point is that which has no part.）因此，一個點不應被視為一個小點（small dot），而應看作某種完全沒有維度的東西，因此它是無形的（immaterial）。從第二個定義來看，線也是無形的。它不是細細的線狀物，而是「沒有寬度的」（breadtless）。同理，面也是如此。

定義 4 與定義 7 的意義則是模稜兩可的。所謂的直線滿足「**與它自己上面的點相平齊**」（lies evenly with the points of itself），這是什麼意思呢？歐幾里得也許是想像將視線沿著桿子的一端看過去，並且論斷說如果上面沒有任何一個點突出來，則它是「直」的，也就是說，如果從桿子的一端看過去像是一個點，則它是直的。類似地，定義 7 指的是當我們沿著平面的邊緣看過去，它看起來是一條直線。

歐幾里得持續給出了一系列的定義，其中，衍生概念的意義獲得了說明。

VIII. 平面角是平面上相交並且不落在同一直線上的兩線，彼此之間的傾斜度。

IX. 並且，若包含這個角的線是直線，此平面角稱為直線角。

X. 當一直線站在另一直線上，使得相鄰的角彼此全等，則相鄰的角皆為直角。並且，此站在另一條直線上的直線被稱為垂直於它所站立的直線。

定義 8 定義了兩線之夾角。此定義下的線並不一定是直線，這是因為一直到定義 9，直線角（rectilinear angle）才出現。定義 8 亦非以亞里斯多德規範的方式來構成。「兩直線彼此之間的**傾斜度**（inclination）」並非先前已定義之**原始屬類**。

定義 9 是第一個符合亞里斯多德要求的定義。根據這個定義，一個直線角是一個由兩直線形成的角。這裡的「角」是**原始屬類**。至於構成直線角所滿足的特殊性質，則是構成一角之兩線皆為直線。因此，這個特殊的性質屬於**區別屬性**。

　　同樣地，定義 10 也滿足亞里斯多德之要求。什麼是**直角**呢？它是一種特別的直線角（**原始屬類**），又直角具有什麼樣的特殊性質呢？這個性質即是當延長兩線之一後，形成兩個全等的角（**區別屬性**）。

　　定義 10 之後接著又定義了鈍角與銳角、圓、圓心與直徑、半圓、多邊形，以及多種三角形和四邊形。其中，圓的定義如下所示：

　　XV. 圓是由一條（曲）線包圍著的平面圖形，其內有一點與這條（曲）線上的點連接成的所有線段都相等。

歐幾里得所列的最後一個定義如下：

　　XXIII. 平行的直線是落在同一平面上，往兩個方向持續不斷地延長時（being produced indefinitely），² 彼此不會相交的直線。

　　對於「直線」這個概念，歐幾里得顯然並不將它視為無限的直線，而僅視作為線段（參見定義 3：線的邊界是點）。在前述之定義裡，他稱同一平面上即使延長之後也不會有共同點之線段為平行。

習題 6-3

1. 請指出本節所列的定義裡，有哪些符合亞里斯多德對於定義的要求。
2. 歐幾里得無法避免地使用了一些並未在他的定義之中的字，其中有一些是重要的關鍵字，諸如定義 8 之中的「傾斜度」。請從本節所列的定義之中，找出其他未定義的關鍵字。

---

² 譯按：在現代數學的脈絡中，有些中譯者將 本英文版句中的 "being produced indefinitely" 翻譯成「無限延長」，不能算錯。不過，在比較下文的第 V 設準的中譯之後，此一中譯就值得商榷了。

3. 請針對「點」、「線」、「直線」、「面」，試著給出比歐幾里得更好的定義。

4. 就本節所列出的定義而言，哪些定義可顯示出歐幾里得把「線段」說成「直線」？

5. 就本節所列出的定義而言，哪些定義裡歐幾里得所說的「線」，並不一定表示是直線呢？

6-4 設準與共有概念

歐幾里得的《幾何原本》以五個設準（postulate）作為基礎。我們先來看看設準 I 至設準 III〔在某些設準的第一個字「且」，是連接「讓下面的敘述被設定為準則」或「假設下面的敘述為真」（Let it be postulated）這個省略的句子〕。[3]

設準

I 令下面的敘述被設定為準則：從任何一點到任何一點可畫一直線。

II 且一條有限直線可以持續地延長。

III 且以任意點為圓心及任意距離可以畫圓。

設準 I 說明了任一個點，可透過所謂的線段與任何其他的點連接。設準 II 指的是，任一個線段可以不斷地延長。而此延長的結果，也代表可生成較長的線段。再根據相同的設準，此一較長的直線仍可重複地延長。而設準 II 的內容也相當於：存在無限的直線（infinite straight line）。

在設準之中，「直線」一詞所對應的，是現代所謂的「線段」之

---

[3] 譯按：這也是很多讀者經常忽略的一句話，因為如此一來，他們顯然無法理解設準與公理（或共有概念）之區別，連帶地，第 V 設準與非歐幾何之古希臘聯繫，也變得比較不可思議。

概念，至於「直線」所意指的無限直線之概念，則並未在設準中出現，但它的存在性卻隱含地設定在設準 II 之中。按現代術語而言，設準 I 與設準 II 的內容可綜合如下：**過任意兩點可畫一直線；任一條直線都是無限長的。**

設準 III 所敘述的，是圓的存在性，而且，一個圓是由給定的圓心與半徑所決定。

我們將設準 I 到設準 III 與亞里斯多德的特殊概念作一比較。根據亞里斯多德的看法，基本概念的存在性必須利用特殊概念來設定。設準 I 至設準 III 可視為說明線段、直線與圓（現代的概念）等基本概念存在性的特殊概念。雖然點的存在性並沒有明確地敘述，但歐幾里得顯然接受它的存在性。

設準 IV 及 V 如下：

IV 且凡直角都相等。

V 且如果一條直線與另兩條直線相交，而且，同一側的兩個內角和小於兩直角，則這兩條直線不斷延長後（if produced indefinitely），會在內角小於兩直角的那一側相交。[4]

這兩個設準的形式明顯與前三個設準大不相同，歐幾里得為什麼要將這五個設準放在一起之相關問題，也引發了討論。設準 I 至設準 III 皆是說明存在性的設準，因此，它們符合亞里斯多德有關特殊概念的想法。但這並不適用於設準 IV 與設準 V。在設準 IV 之中，歐幾里得並未說明直角的存在性，然而，我們卻被要求假設所有的直角都會相等。在設準 V 之中，我們也被要求必須接受，滿足某些條件的兩條直線會有一個交點。歐幾里得所作的上述這些要求，與亞里斯多

---

[4] 譯按：設準 V 的英文版本如下："And that, if a straight line falling on two straight lines makes the interior angles on the same side less than two right angles, the two straight lines, if roduced indefinitely, meet on that side on which are the angles less than the two right angles."

德的觀點一致嗎？一點也不！就設準 IV 與設準 V 而言，它們並不屬於共有概念，因為它們完全屬於幾何學的範疇之中。同時，由於這些設準的目的，並非構建某些幾何學基本概念的存在性或意義，因此，它們亦非特殊概念。

如果歐幾里得完全依循亞里斯多德的觀點，他將必須屏除設準 IV 與設準 V。令人費解的是，他又為何執意加入這兩個設準呢？答案很簡單，若不接受設準 IV 與設準 V，將無從建立起他的平面幾何系統。他也找不到適當的證明方法，來論證設準 IV 與設準 V 這兩個幾何事實為真。所以，他別無選擇地接受它們為真。又因為它們是不經證明即被接受的特定幾何學性質（並且不被應用到幾何學之外），因此，將它們並列於其他設準之中，也是合理的。

因此，我們在上述歐幾里得所列舉之中，可以發現兩種不同的設準：

1. 存在性設準，其中假設了某種基本概念的存在性（I 到 III）。
2. 用來假設幾何圖形具有某種特定性質的相關設準（IV 和 V）。

我們再回顧亞里斯多德的要求：他認為除了設準之外，一門演繹科學應該奠基於共有概念（common notions）或公理（axioms）。正如同我們所熟知，這些共有概念，並不單只是底蘊在某個特別學科而已，而是構成所有演繹思維的基礎。為了呼應亞里斯多德，歐幾里得也以共有概念作為出發點，如下所列：

共有概念（或公理）
I 等於相同量的量彼此相等。[5]
II 等量加等量，其和相等。
III 等量減等量，其差相等。
VII 能重合的物，彼此相等。

---

[5]　譯按：這第一個共有概念（或公理）之英文版本如下："Things that are equal to the same thing are equal to one another." 此處，"things" 並不專指幾何，甚至也非數學概念。可見，歐幾里得的「共有概念」一詞之用意，至為明顯！

VIII 全體大於部分。

　　上述所出現的不規則序號，是由於某些出現在後世學者所做的註解評論中的共有概念，被認為並非屬於《幾何原本》的原始文本，因而被刪除了。

　　從上述的基礎開始，歐幾里得建立了《幾何原本》的幾何結構。為此，他試著滿足亞里斯多德的要求：

1. 每個新的敘述句必須被證明。
2. 每個新的概念都必須被定義，更進一步地，其存在性也必須被證明。

　　《幾何原本》第 I 冊包含了四十八個命題。這些命題主要處理了三角形的全等、平行線與面積，最終以畢氏定理和其逆定理為本冊作結。我們將在本書接下來的篇幅裡，討論第 I 冊的主要內容，並以畢氏定理作為最終目標，同時也選擇其他各冊內容裡的部分題材。

6-5 幾何作圖的意義

命題 1　在給定的 $\overline{AB}$ 上，作一個等邊（equilateral）三角形。

作圖 （construction）：這個簡單問題的解法如下（如圖 6-1 所示）：
1. 畫圓 $(A, \overline{AB})$ 與 $(B, \overline{BA})$（我們利用 $(A, \overline{AB})$ 這個符號來表示以 A 為圓心，$\overline{AB}$ 線段長為半徑之圓）。
2. 令 C 是兩圓的交點之一。
3. 連接線段 $\overline{AC}$ 與線段 $\overline{BC}$。

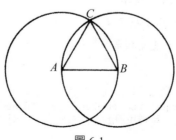

圖 6-1

則三角形 ABC 是以線段 $\overline{AB}$ 為一邊的等邊三角形。

證明

$\overline{AC} \cong \overline{AB}$（圓的所有半徑等長：定義 15）。

$\overline{BC} \cong \overline{AB}$（定義 15）。

由上述可知

$\overline{AC} \cong \overline{BC}$（公理 I）。

因此，三角形 ABC 是一個等邊三角形。

備註

1. 如上所述，命題 1 之中的作圖與證明過程，並非根據歐幾里得文本的直譯（literal translation）。我們儘可能地貼近他的思路，但使用現代的符號與方式來表達。特別地，我們使用「全等」（congruent）這個字以及「≅」這個符號，來表示歐幾里得所說的「相等」。同時，由於歐幾里得並未賦予長度一個線段，或者賦予度量一個角，所以，這裡所說的「全等」（congruent）這個字以及「≅」這個符號，並不會與它們的現代用法產生混淆。歐幾里得對於線段等長以及角相等的想法，必須解釋成下列意思：等長的線段及相等的角所代表的，是它們可以在平面上移動，直到它們重合。

   我們將繼續使用「線段」（line segment）來指涉歐幾里得所說的直線，同時，我們也將使用「線」（line）和「直線」（straight line）來指稱無限的直線。在這裡以及其他部分，我們將經常使用現代的方式，來表達《幾何原本》第 I 冊的內容。

2. 觀察作圖過程的第一個步驟與第三個步驟，我們可藉由設準 III，在線段上畫出圓（$A, \overline{AB}$）與圓（$B, \overline{BA}$），於是，這些圓存在。至於線段 $\overline{AC}$ 與 $\overline{BC}$ 的作圖，則是透過設準 I 完成。這也意指，線段 $\overline{AC}$ 與 $\overline{BC}$ 皆存在。

3. 在作圖的第二個步驟之中，畫出了圓（$A, \overline{AB}$）與圓（$B, \overline{BA}$）的其中一個交點。雖然我們說：「令 C 是兩圓的交點。」但這裡所

指的是：「兩圓的交點 C 存在。」

然而歐幾里得又是如何知道兩圓的交點必定存在呢？是否有某一個設準能保證這個交點的存在性？很清楚地，這並非如此。又，是否我們能就目前已知的設準與共有概念，來證明交點的存在性呢？動手試試，你將會很快地發現這是不可能完成的。交點的存在性似乎透過對圖形的觀察，就能看得出來，但是，**欲證明存在性時，我們必須用到更多的設準才行，單用歐幾里得所陳述的這些設準是不足夠的**。歐幾里得當時很可能忽略了這一點。

4. 在證明的最後，當歐幾里得註記說一個所求的三角形已被作圖出來時，他的意思是：他已經證明了這個三角形的存在性。

5. 現在，大家應該已經清楚地了解，每個作圖題都是一種特別種類的證明，它證明了某種圖形的存在性。也許，這也是為什麼歐幾里得會將作圖問題編列在命題之中，並把它們視為同類的原因。

先前的備註內容顯示：命題 1 及其證明過程可以按如下兩種方式來敘述：

命題 1　在給定的線段 $\overline{AB}$ 上，作一個等邊三角形。	命題 1　存在一個以 $\overline{AB}$ 線段為邊的等邊三角形。
作圖	**證明**
1. 畫圓 $(A, \overline{AB})$ 與圓 $(B, \overline{BA})$。	1. 圓 $(A, \overline{AB})$ 與圓 $(B, \overline{BA})$ 存在。
2. 令 C 是兩圓的交點之一。	2. 兩圓的交點存在，把它叫作 C。
3. 連接線段 $\overline{AC}$ 與線段 $\overline{BC}$。	3. 線段 $\overline{AC}$ 與線段 $\overline{BC}$ 存在。
三角形 ABC 是等邊三角形，而且以 $\overline{AB}$ 線段為作其中一邊。因此，我們已經**作出**了一個滿足所求條件的三角形。	三角形 ABC 是等邊三角形，而且以 $\overline{AB}$ 線段為作其中一邊。因此，一個滿足所求條件的三角形之**存在性**已得證。

　　因此，作圖在本質上是一個存在性的證明。歐幾里得證明了哪些圖形必須被思考，以便獲得所求的等邊三角形，並且，同時也證明了這可以藉由設準來完成。

　　為什麼歐幾里得會說：「作圓（$A, \overline{AB}$）」以及「作線段 $\overline{AC}$」呢？畢竟，他應該說：「圓（$A, \overline{AB}$）存在」以及「線段 $\overline{AC}$ 存在」，或是說：「想像圓（$A, \overline{AB}$）」以及「想像線段 $\overline{AC}$」，而這樣的說法才是更正確的。在這個簡單的情況之中，這樣的說法似乎較為合理，但是，要是情況變得較為複雜時，比如一旦圖形之中我們必須包括的圓與直線很多，那麼，論證將會變得難以進行。為了支持我們的想像，我們畫出圖形來，然而，**這個圖形只是為了使整個論證的過程變得較簡單的一個權宜之計，它就如同必要之惡**（necessary evil）一般。為了方便說明之故，在此採用我們的術語。基於此，歐幾里得使用下列之措辭（正如同我們今日所用）：「作圓（$A, \overline{AB}$）」以及「作線段 $\overline{AC}$」。

　　我們在此區分了兩種不同的術語：

1. 一種是我們所謂的直線與圓之**存在性**。
2. 一種是我們所謂的**作出**直線與圓。

　　在術語 1 之中，我們使用的是**存在性設準**；這些是藉以證明一個圖形的存在性的「**工具**」（instrument）。

　　在術語 2 之中，我們使用的是**直尺與圓規**；這些是藉以畫出對應的可見圖形之工具。

　　當我們說畫一條直線或畫一個圓時（利用**直尺與圓規**），我們真正的意思是應用**存在性設準**。這也是為什麼歐幾里得透過作圖的可能性，來證明圖形的存在性。這個作圖的過程必須滿足除了直尺與圓規之外，不能使用其他工具的要求，這是因為存在性設準之中，只假設了直線與圓的存在性。

6-6 設準 III 的意圖

命題 2　給定一點 P 與一線段 $\overline{AB}$，作一點 X 使得 $\overline{PX} \cong \overline{AB}$。

作圖　（如圖 6-2 所示）：

1. 作 $\overline{AP}$（設準 I）。
2. 作一等邊三角形 APC（設準 I）。
3. 作圓 $(A, \overline{AB})$（設準 III）。
4. 延長 $\overline{CA}$（設準 II），並令 D 為圓 $(A, \overline{AB})$ 與 $\overline{CA}$ 延線之交點。
5. 作圓 $(C, \overline{CD})$（設準 III）。
6. 延長 $\overline{CP}$（設準 II），並令 X 為圓 $(C, \overline{CD})$ 與 $\overline{CP}$ 延線之交點。

則 X 為所求之點。

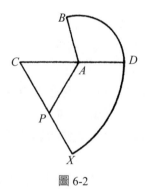

圖 6-2

證明

$$\left.\begin{array}{l}\overline{CX} \cong \overline{CD} \text{（定義 XV）} \\ \overline{CP} \cong \overline{CA} \text{（由作圖過程）}\end{array}\right\}$$　所以，$\overline{PX} \cong \overline{AD}$（公理 III）。

於是，我們有 $\overline{AB} \cong \overline{AD}$（定義 XV），所以，$\overline{PX} \cong \overline{AB}$（公理 I）。

備註

1. 檢視作圖過程的步驟 4 至步驟 6，就如同命題 1 一般，我們在這裡可以注意到證明方法之中的一個缺陷。究竟歐幾里得是根據什麼理由，可以在步驟 4 之中假設圓（$A, \overline{AB}$）與 $\overline{CA}$ 延長線相交，以及在步驟 6 之中，假設圓（$C, \overline{CD}$）與 $\overline{CP}$ 延長線相交呢？歐幾里得其實用到了下列事實：一條以某圓之圓心為端點的射線，會與該圓有共同的交點。然而，他並未證明這個點的存在性，所以，除了增加適當的設準之外，歐幾里得別無他法。於是，他只好以直觀基礎歸結說：交點的存在性已經獲得證明。

2. 設準 III 說以任何點為圓心，任意半徑可以畫圓。歐幾里得可以不用證明命題 2，然後簡單地說：「以 P 點為圓心，$\overline{AB}$ 為半徑畫一圓」嗎？他並未如此處理，顯然地，他並不希望設準 III 按如此方式被理解，也就是說，他不希望讀者誤以為，可以以 P 點為圓心，並以一個與 $\overline{AB}$（$P \neq A$，$P \neq B$）等長的線段作為半徑來畫圓。而他所作的，是以給定圓心與半徑畫出許多個圓，而此半徑是以這個給定圓心為它的一個端點之線段。因此，顯然他意圖要說明，任意一個圓只能透過這樣的方式畫出來。所以，設準 III 應該解讀如下：以任何一點 P 作為圓心，並以任何線段 $\overline{PA}$ 為半徑可畫圓。也就是說，給定的半徑必須是以給定圓心作為其中一個端點的線段才行。

3. 前述的備註可以如下解釋：想像有一個工具，只有當我們依設準 III 的程序時，方能畫圓。這樣的工具擁有以下特性：它是一種當其中的一腳離開紙面的瞬間，就會整個崩塌的圓規。運用這樣的圓規，我們可以畫出圓（$P, \overline{PA}$），但不能畫圓（$P, \overline{AB}$），因為當我們試著移動 $\overline{AB}$ 至 P 點時，圓規就會崩塌（collapse）。

4. 命題 2 所展示的，是我們可以透過使其中一個端點與 P 重疊的方式，來「平移」任何的線段 $\overline{AB}$，由此，我們可以立即地（immediately）以 P 點為圓心，$\overline{AB}$ 為半徑來畫圓。因此，在證明了命題 2 之後，「崩塌」的圓規與一般（堅固的）圓規之功用，

即完全相同。

在習題 6-6 的第 2 題至第 8 題之中，讀者被要求以崩塌的圓規來完成一系列的作圖過程，這些作圖過程正可引導出另一個證明命題 2 的方法。

命題 3　給定兩不相等之線段，在較長之線段上作一線段，使其等於較短之線段。

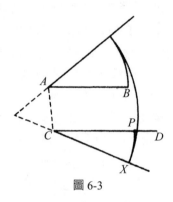

圖 6-3

作圖　（如圖 6-3 所示。）令 $\overline{AB}$ 與 $\overline{CD}$ 是給定之線段。假設 $\overline{CD} > \overline{AB}$。

　　1. 作一與 $\overline{AB}$ 等長之線段 $\overline{CX}$（設準 II）。

　　2. 作圓（$C, \overline{CX}$）（設準 III）。

　　3. 令 P 為此圓與 $\overline{CD}$ 之交點，則 $\overline{CP}$ 即為所求之線段。

證明

$$\left.\begin{array}{l} \overline{CX} \cong \overline{AB}\,(\text{由作圖過程}) \\ \overline{CP} \cong \overline{CX} \quad (\text{定義 XV}) \end{array}\right\} \text{ 所以，} \overline{CP} \cong \overline{AB}\,(\text{公理 I})。$$

習題 6-6

1. 試驗證命題 1 的作圖過程，可利用直尺與會崩塌的圓規來完成。請把你的圓規當成會崩塌的圓規來使用，執行習題 2 至習題 8 之中的作圖過程。給出每個作圖過程之證明，並敘述每一個步驟的過程與理由。同時，請勿利用命題 2 或命題 3 來進行論證。

2. 在 $\angle A$ 的一邊上給定了點 P 與點 Q。請在另一邊上作兩個點 R 與 S，滿足 $\overline{RS} \cong \overline{PQ}$。

3. 給定一線段 $\overline{AB}$ 與一直線 L。請在 L 上作兩個點 C 與 D，使得 $\overline{CD} \cong \overline{AB}$。考慮下述之情況：

   (a) L 與 $\overline{AB}$ 相交。

   (b) L 與 $\overline{AB}$ 之延長線相交。

   (c) L 與 $\overline{AB}$ 平行。

   備註：從習題 3 的解法之中，我們可以注意到在給定直線上，可作一線段等長於已知線段（使用直尺與會崩塌的圓規）。

4. 給定一個等邊三角形 ABC 以及在 $\overline{AB}$ 延線上的一點 P（B 點位於 P 點與 A 點之間）。在 $\overline{CA}$ 延線上作一點 Q（A 點位於 C 點與 Q 點之間），使得 $\overline{AQ} \cong \overline{BP}$。

5. 給定一個等邊三角形 ABC 以及在 $\overline{AB}$ 邊上的一點 P，在 $\overline{AB}$ 邊上作一點 Q，使得 $\overline{AQ} \cong \overline{BP}$。

6. 給定一線段 $\overline{AB}$ 以及在 $\overline{AB}$ 線段上的一點 P，在 $\overline{AB}$ 邊上作一點 Q，使得 $\overline{AQ} \cong \overline{BP}$。

7. 在直線 L 上，給定 A 點、B 點與 C 點，使得 B 點位於 A 點與 C 點之間。在 L 上作一點 X，使得 $\overline{AX} \cong \overline{BC}$。

   備註：從習題 7 的解法之中，我們注意到給定一直線 L、L 上之一點 P 以及 L 上之一線段 $\overline{AB}$，我們可以在 L 上作一個以 P 點為端點的線段，並且等長於 $\overline{AB}$（使用直尺與會崩塌的圓規）。連結習題 3 之後的備註內容，我們現在可以如下方式來作圖：給定一直線 L、L 上之一點 P 以及一個不在 L 上之線段 $\overline{AB}$，在 L 上作一

個以 P 點為端點的線段，並且等長於 $\overline{AB}$（使用直尺與會崩塌的圓規）。

8. 給定一直線 L、L 上之一點 P 以及一個不在 L 上之線段 $\overline{AB}$，在 L 上作一點 X，使得 $\overline{PX} \cong \overline{AB}$。

　　備註：對於命題 3 而言，習題 8 的解法，給出了一個與歐幾里得不一樣的作圖方法。

9. 在僅用會崩塌的圓規而沒有直尺的情況之下，試找出一個命題 2 的作圖方法。

6-7 全等

命題 4　如果一個三角形的兩邊全等於另一個三角形的兩邊，並且這兩邊所夾的角亦全等，則兩個三角形全等。

證明　這個命題可以透過將其中一個三角形疊合在另一個三角形上，使其完全重合來證明。

備註

1. 在命題 4 的證明之中，歐幾里得將一個三角形**平移**到另一個位置，究竟他是基於什麼樣的理論基礎來進行平移這個動作呢？既不是他的共有概念，也不是所謂的設準，又因為先前的命題皆未提及「平移」這個概念，所以，更不可能是先前已經證明的命題。這裡，我們再一次遭遇到歐幾里得系統結構上的缺陷。「平移」**這個概念是透過我們對於物質事物的經驗而得到的推論**。當我們想要在數學之中應用這個概念時，必須先提供一個公理來作為它的基礎，然而，歐幾里得並未如此處理。

　　歐幾里得是否察覺到他所建構的系統之中，出現了這樣的邏輯缺陷呢？毫無疑問地，在他證明命題 2 的過程之中，當他打算說明如何將線段 $\overline{AB}$ 搬到 P 點時，遭遇了諸多的困難。在這個例子之中，他很可能已經意識到，不加評註地將線段 $\overline{AB}$ 平移使得 A 點

與 P 點重合，是不被允許的。他必定也了解，透過平移三角形的
方式對於證明命題 4 而言，實際上並未提供任何的論證，但他實
在找不到其他的方法。

2. 命題 4 的措辭（就如同其他某些命題之中的措辭）是歐幾里得文
本的一個意譯（free translation），比較一下另一個對於原文本的
嚴謹翻譯：「如果兩個三角形的其中兩邊各自相等，並且，此兩
相等線段所夾的角也相等，則它們相對應的底邊也會相等，而此
兩個三角形會全等，其餘相等邊所對應的角亦會相等。」

三角形、底邊以及其他所提到的角之相等，主要是根據公理 VII
（按上述編序），由於三角形可以平移至重合，因此，它們會全等，
基於相同的理由，其他對應的部分亦會全等。

命題 5　等腰三角形之底角相等；並且，由底邊與兩腰延線所構成的
　　　　角亦會相等。

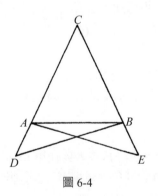

圖 6-4

證明　令 *ABC* 是一個滿足 $\overline{CA} \cong \overline{CB}$ 的三角形（如圖 6-4 所示），在
線段 $\overline{CA}$ 之延線上選取一點 *D*（設準 II），並在 $\overline{CB}$ 之延線上
作一點 *E*，使得 $\overline{CE} \cong \overline{CD}$（設準 III），連接 $\overline{AE}$ 與 $\overline{BD}$（設準
I），則：

$$\left.\begin{array}{l} \overline{CD} \cong \overline{CE} \\ \overline{CB} \cong \overline{CA} \\ \angle C \cong \angle C \end{array}\right\} \text{ 所以，} \triangle CBD \cong \triangle CAE \text{（命題 4）}$$

因此，

$\overline{BD} \cong \overline{AE}$ 　　　　(1)

$\angle CBD \cong \angle CAE$ 　　　(2)

$\angle CDB \cong \angle CEA$ 　　　(3)

由 $\overline{CD} \cong \overline{CE}$ 與 $\overline{CA} \cong \overline{CB}$，可得

$\overline{AD} \cong \overline{BE}$（公理 III） 　　　(4)

由 (1)，(3)，(4) 可得到：

$\triangle AEB \cong \triangle BDA$（命題 4）

因此，

$\angle ABE \cong \angle BAD$ 　　　(5)

這證明了此命題的第二部分。從 $\triangle AEB$ 與 $\triangle BDA$ 的全等性質，可以進一步得到：

$\angle BAE \cong \angle ABD$ 　　　(6)

再從 (2)，(6) 可以得到：

$\angle CAB \cong \angle CBA$（公理 III）

這證明了此命題的第一部分，因此，命題 5 的證明完成。

備註

在這個證明之中，也許有些人會在第 (5) 式之後，接著說：「因此，角 ABE 與角 BAD 的補角也會相等。」這個情況會用到所謂的「相等的角之補角亦會相等」這個定理，然而，這是不被允許的。這個定理尚未被證明，它是《幾何原本》第 I 冊的命題 13。

命題 5 的逆命題如下：

命題 6　如果三角形之中的兩個角相等，則這兩個角的對邊亦會相
　　　　等。

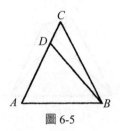

圖 6-5

證明　令 *ABC* 是一個滿足 ∠*CAB* ≅ ∠*CBA* 的三角形（如圖 6-5 所
示），我們必須證明 $\overline{AC}$ ≅ $\overline{BC}$。假設 $\overline{AC}$ ≠ $\overline{BC}$，$\overline{AC}$ 與 $\overline{BC}$ 其
中之一會比較大。令比較大的是 $\overline{AC}$，在 $\overline{AC}$ 上作 $\overline{AD}$ ≅ $\overline{BC}$（命
題 3），現在，我們可以得到：

$\left.\begin{array}{l} \overline{AB} \cong \overline{BA} \\ \overline{AD} \cong \overline{BC} \\ \angle DAB \cong \angle CBA \end{array}\right\}$　所以，△ *DAB* ≅ △ *CBA*（命題 4）。

因此，∠*DBA* ≅ ∠*CAB*，但我們已知 ∠*CAB* ≅ ∠*CBA*，從這
裡，可以得到：

∠*DBA* ≅ ∠*CBA*（公理 I）。

不過，全體「∠*CBA*」等於部分「∠*DBA*」，這與公理 VIII 相
互矛盾。因此，假設 $\overline{AC}$ ≠ $\overline{BC}$ 是不正確的，於是 $\overline{AC}$ ≅ $\overline{BC}$。

備註

　　在《幾何原本》中，公理 VIII 經常在間接證明的過程之中，扮
演了重要的角色。命題 6 的證明便是其中一個例子。

命題 7　如果三角形 ABC 與三角形 ABD 有共同邊 $\overline{AB}$，且 $\overline{AC} \cong \overline{AD}$，$\overline{BC} \cong \overline{BD}$，則 C 點會與 D 點重合。

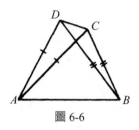

圖 6-6

證明　（如圖 6-6 所示）假設 C 點不與 D 點重合，作 CD 線段（設準 I），則

$\angle ACD \cong \angle ADC$(命題5)
$\angle ADC > \angle BDC$ (公理VII) ｝ 所以，$\angle ACD > \angle BDC$。

進一步地，我們已知：

$\angle ACD > \angle BDC$
$\angle BCD > \angle ACD$ (公理VIII) ｝ 所以，$\angle BCD > \angle BDC$。

但是，根據命題 5，我們也知 $\angle BCD \cong \angle BDC$。這是不可能的，因此，$C$ 點會與 D 點重合。

備註

1. 這個證明並不完備，同時，D 點相對於三角形 ABC 的位置，還有其他的可能性。例如，D 點可能在三角形的內部。**如果有好幾個可能性的話，歐幾里得只給出其中一種情況的證明，並且通常是最困難的一種。**（參見習題 6-7 的第 3 題）。

2. 我們注意到，在證明的過程之中，共使用了二個不等式的性質，第一個性質是：若 $\angle A \cong \angle B$，且 $\angle B > \angle C$，則 $\angle A > \angle C$。第二個性質是：若 $\angle A > \angle B$，且 $\angle B > \angle C$，則 $\angle A > \angle C$。歐幾里得並未納入可推導出上述結論的相關公理。今日，我們把這類公理稱為遞移性（transtivity）公理。

命題 8　如果一個三角形之三個邊與另一個三角形之三邊全等，則這兩個三角形全等。

證明　這個證明主要藉由將其中一個三角形疊合到另一個三角形上，使得其中二個對應的頂點重合（這裡是指底邊上的兩個頂點），並且第三個頂點落在共同邊的同一側，根據命題 7，第三個頂點也會重合，於是，這兩個三角形會全等。

命題 9　平分給定的任一個角。

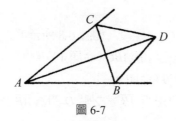

圖 6-7

作圖　假設 ∠A 為給定之任意角（如圖 6-7 所示）。
　1. 在邊上作 B 點與 C 點，使得 $\overline{AB} \cong \overline{AC}$（設準 III）。
　2. 作出等邊三角形 BCD（命題 1）。
　3. 連接線段 AD（設準 I）。
則，線段 AD 平分給定角。

證明 $\left.\begin{array}{l} \overline{AC} \cong \overline{AB} \\ \overline{CD} \cong \overline{BD} \\ \overline{AD} \cong \overline{AD} \end{array}\right\}$　所以，$\triangle ADC \cong \triangle ADB$（命題 8）。

由此，可得 ∠CAD ≅ ∠BAD。

命題 10 平分給定的任一線段。

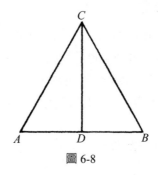

圖 6-8

作圖 假設 $\overline{AB}$ 為給定之線段（如圖 6-8 所示）。

1. 作一等邊三角形 ABC（命題 1）。
2. 平分 $\angle ACB$（命題 9）。

則角平分線與線段 $\overline{AB}$ 之交點 D 即為 $\overline{AB}$ 之中點。

證明
$$\left.\begin{array}{c} \overline{AC} \cong \overline{BC} \\ \angle ACD \cong \angle BCD \\ \overline{CD} \cong \overline{CD} \end{array}\right\} \quad \text{所以，} \triangle ACD \cong \triangle BCD \text{（命題 4）。}$$

由此，可得 $\overline{AD} \cong \overline{BD}$。

命題 11 給定直線上一點，作一條垂直線。

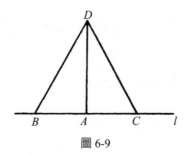

圖 6-9

作圖 假設 L 為給定之直線，A 為直線上之一點（如圖 6-9 所示）。

　　1. 在 L 上取 B 點與 C 點，使得 $\overline{AB} \cong \overline{BC}$（設準 III）。

　　2. 作一等邊三角形 BCD（命題 1）。

　　3. 連接 $\overline{DA}$ 線段（設準 I）。

　　則 $\overline{DA}$ 為所求之垂線。

證明 $\left.\begin{array}{l}\overline{AB} \cong \overline{AC} \\ \overline{BD} \cong \overline{CD} \\ \overline{AD} \cong \overline{AD}\end{array}\right\}$ 所以，$\triangle ABD \cong \triangle ACD$（命題 8）。

　　由此，可得 $\angle BAD \cong \angle CAD$。因此，$\overline{DA}$ 即為與 L 垂直於 A 點之直線（定義 X）。

命題 12 從給定直線外之一點，作一垂直線。

作圖 假設 L 為給定之直線，A 為直線外之一點（如圖 6-10 所示）。

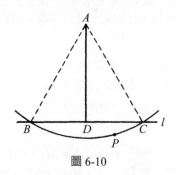

圖 6-10

　　1. 選取一點 P，使得 A 與 P 點落在直線 L 之異側。

　　2. 作圓 $(A, \overline{AP})$（設準 III），交直線 L 於 B 點和 C 點。

　　3. 作線段 $\overline{BC}$ 之中點 D（命題 10）。

　　4. 連接 $\overline{AD}$（設準 I）。

　　則 $\overline{AD}$ 即為所求之垂線。

證明 $\triangle ABD \cong \triangle ACD$（命題 8），因此，$\angle ADB$ 為一個直角。

備註

　　上述四個作圖題皆為存在性之證明。命題 11 證明了直角的存在性，歐幾里得並未以現今的方式來定義「直線異側」（diffent sides of a line）或「介於⋯之間」（between）等關係。

習題 6-7

1. 請在不延長 $\overline{CA}$ 與 $\overline{CB}$ 的情況之下，證明命題 5（提示：證明 △ $ABC \cong$ △ BAC）。

2. 請在假設 $\overline{AC} < \overline{BC}$ 的情況下，證明命題 6。

3. 請在下列各個的情況下，證明命題 7。

   (a) D 點落在 $\overline{AC}$ 邊上。

   (b) D 點落在 $\overline{AC}$ 之延線上。

   (c) D 點落在△ ABC 之內部（提示：使用命題 5 的第二部分）。

4. 允許使用圖形，請重複命題 8 的證明過程。

5. 參見命題 9 的證明，並改變證明的過程，以非等邊之三角形取代 △ BCD。

6. 參見圖 6-8，其中，$\overline{AC} \cong \overline{BC}$，且 $\overline{CD}$ 平分 $\angle ACB$。令 P 是 $\overline{CD}$ 上不同於 C 與 D 的點，試證明 $\overline{PA} \cong \overline{PB}$。

7. 給定一線段 $\overline{AB}$，在不延長 $\overline{AB}$ 的情況下，試作一線段 $\overline{BC}$，使得 $\overline{BC}$ 垂直於 $\overline{AB}$。

8. 給定一線段 $\overline{AB}$，作線段 $\overline{AC}$ 與線段 $\overline{BD}$，使得線段 $\overline{AC}$ 與線段 $\overline{BD}$ 皆垂直於 $\overline{AB}$、$\overline{AC} \cong \overline{BD}$，並且 C 點與 D 點落在直線 AB 之不同側。試證明 $\overline{AD} \cong \overline{BC}$。

9. 重複習題 8 的過程，但假設 C 點與 D 點落在直線 AB 之同一側。

10. 參見習題 8 以及相對應的圖形，作 $\overline{CD}$，試證明 $\angle ACD \cong \angle BDC$。

11. 參見習題 9 以及相對應的圖形。

    (a) 試證明 $\angle CAD \cong \angle DBC$。

    (b) 令 P 點是 $\overline{AD}$ 與 $\overline{BC}$ 之交點，試證明 $\overline{AP} \cong \overline{BP}$ 以及 $\overline{CP} \cong \overline{DP}$。

6-8 全等

命題 13　如果從一線上的一點作一射線（ray），則這個線段與該射線形成兩個角，而這二個角之和等於兩個直角之和。（我們有時會使用「射線」來代表歐幾里得所用的「線」。）

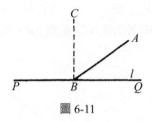

圖 6-11

證明　假設 l 是給定之線，而 $\overrightarrow{BA}$ 為給定之射線（如圖 6-11 所示）。如果 $\angle PBA \cong \angle ABQ$，則這兩個角都是直角（定義 X）。如果 $\angle PBA \neq \angle ABQ$，在 L 相對於 $\overrightarrow{AB}$ 的同一側作一射線 $\overrightarrow{BC} \perp L$（命題 11）。如果 $\overrightarrow{BC}$ 位在 $\angle PBA$ 的內側，則我們可以得到：

$$
\begin{array}{rl}
\angle CBQ & \cong \angle CBA + \angle ABQ \\
+\quad \angle PBC & \cong \angle PBC \\
\hline
\angle PBC + \angle CBQ & \cong \angle PBC + \angle CBA + \angle ABQ\,(\text{公理 II})
\end{array}
$$

並且，

$$
\begin{array}{rl}
\angle PBA & \cong \angle PBC + \angle CBA \\
+\quad \angle ABQ & \cong \angle ABQ \\
\hline
\angle PBA + \angle ABQ & \cong \angle PBC + \angle CBA + \angle ABQ\,(\text{公理 I})
\end{array}
$$

由此可得：

$\angle PBA + \angle ABQ \cong \angle PBC + \angle CBQ\,(\text{公理 I})$

因為 $\angle PBC$ 與 $\angle CBQ$ 都是直角，於是我們證明了 $\angle PBA$ 與 $\angle ABQ$ 之和等於兩個直角之和。

備註

　　因為希臘人並不使用平角（straight angle）的概念，所以，他們需要這個命題。在接下來的命題之中，兩個直角之和將以 $2R$ 來表示。

　　命題 13 的逆命題如下：

命題 14　如果兩個角有一個共同邊，且它們的非共同邊落在共同邊之異側，如果這兩個角之和為 $2R$，則非共同邊會在彼此的延長線上。

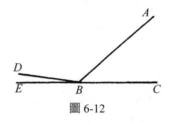

圖 6-12

證明　假設 $\angle CBA + \angle ABD \cong 2R$（如圖 6-12 所示）。$\overline{BD}$ 並非 $\overline{CB}$ 之延線，則有另一條射線 $\overline{BE}$，為 $\overline{CB}$ 之延線（設準 II）。
根據命題 13，
$\angle CBA + \angle ABE \cong 2R$，
並根據我們的假設，
$\angle CBA + \angle ABD \cong 2R$。
因為設準 IV 與公理 II，第一式之中的 $2R$ 會等於第二式之中的 $2R$，所以，由公理 I，
$\angle CBA + \angle ABE \cong \angle CBA + \angle ABD$，
由此可得：
$\angle ABE \cong \angle ABD$（公理 III）。
然而，這與公理 VIII 矛盾。因此，$\overline{BD}$ 的確在 $\overline{CB}$ 之延線上。

命題 15　對頂角相等。

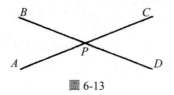

圖 6-13

證明　考慮對頂角 *APB* 與 *CPD*（如圖 6-13 所示）。根據命題 13，

$\angle APB + \angle BPC \cong 2R$，

$\angle BPC + \angle CPD \cong 2R$。

則由設準 IV，公理 II 與公理 I，

$\angle APB + \angle BPC \cong \angle BPC + \angle CPD$。

由此可得：

$\angle APB \cong \angle CPD$（公理 III）。

在命題 1 至命題 15 的證明之中，我們指明了所應用到的公理、設準、定義與命題。至此，讀者們應該已經熟悉歐幾里得所提供的參照依據之方式。在下文中，有些時候我們將省略之，以增進證明的可讀性。

命題 16　三角形的外角大於每一個不相鄰的內角。

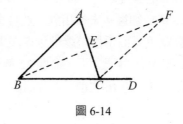

圖 6-14

證明　假設 $\angle ACD$ 是三角形 *ABC* 之一個外角（如圖 6-14 所示）。我們將證明 $\angle ACD > \angle A$。

令 E 是 $\overline{AC}$ 之中點（命題 10）。延長 $\overline{BE}$ 得到與 $\overline{BE}$ 等長之線段 $\overline{EF}$。作 $\overline{CF}$。現在，我們可得：

$$\left.\begin{array}{l} \overline{AE} \cong \overline{CE} \\ \overline{BE} \cong \overline{FE} \\ \angle AEB \cong \angle CEF \text{（命題15）} \end{array}\right\} \text{所以，} \triangle ABE \cong \triangle CFE \text{（命題4）。}$$

由此可得：

$\angle ACF \cong \angle A$。

由公理 VII，

$\angle ACD > \angle ACF$。

因此，

$\angle ACD > \angle A$。

備註

1. 在本證明之中，歐幾里得從公理 VIII 得到 $\angle ACD > \angle ACF$ 這個結論。為了達成這個目的，他假設 F 點位於 $\angle ACD$ 的內部。就現代數學的處理方式而言，這是可以被證明的。

2. 歐幾里得如果可以使用三角形內角和等於 $2R$ 的這個定理，他大可以使用較不費力的方式，來證明命題 16。然而，至此為止，這個定理仍未被證明，它屬於命題 32 的一部分。

　　為何歐幾里得在證明命題 16 之前，不先證明命題 32 呢？當我們檢視命題 1 至命題 16 的證明過程，我們會發現第 I 至第 IV 個設準常常被使用。然而，設準 V 卻遲遲未被用到，並且直到命題 28，才終於利用到設準 V。歐幾里得似乎儘可能地延遲設準 V 的使用時機。也因此，在不借助設準 V 的情況之下，命題 32 無法被證明。這也許正是歐幾里得為什麼不在命題 16 之前，就先證明命題 32 的理由。

命題 17　三角形之中，任兩個角之和小於兩個直角（2R）。

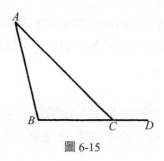

圖 6-15

證明　（如圖 6-15 所示）我們將證明 $\angle B + \angle ACB < 2R$。

延長 $\overline{BC}$，根據命題 16，$\angle ACD > \angle B$，因此，我們可得：

$$\angle B < \angle ACD$$

$$+\quad \angle ACB \cong \angle ACB$$

$$\overline{\angle B + \angle ACB < \angle ACD + \angle ACB}$$

由命題 13，

$\angle ACD + \angle ACB \cong 2R$，

由此可得：

$\angle B + \angle ACB < \angle 2R$。

備註

　　我們注意證明之中用到了下列性質：如果 $\angle A < \angle B$，則 $\angle A + \angle C < \angle B + \angle C$。歐幾里得的系統並未包含任何能得到此結論的公理。

命題 18　如果一個三角形的某一邊大於另一邊，則第一邊所對的角會大於第二邊所對的角。

命題 19　三角形中如果其中一個角大於另一個角，則第一個角所對應的邊會大於另一個角所對應的邊。

命題 20　三角形之中，兩邊之和大於第三邊。

命題 21　如果一個點在三角形的內部，則這個點與其中一邊兩端點之連線段和會小於另外兩邊之和，這個點所在之角會大於此邊的對角。

　　上述四個命題，我們將不提供其證明，這些命題本身對於證明我們最終的目標畢氏定理（參見習題 6-8 之第 2 至第 5 題）而言，並不需要。

命題 22　給定三邊，作一個三角形。

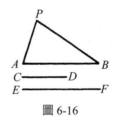

圖 6-16

作圖　（如圖 6-16 所示）假設 $\overline{AB}$，$\overline{CD}$ 和 $\overline{EF}$ 是三條給定之線段。
　　1. 作圓（$A, \overline{CD}$）。
　　2. 作圓（$B, \overline{EF}$）。
　　3. 令 P 是兩圓之交點。
　　則△ ABP 即為所求之三角形。

　　上述作圖只有當給定三邊之任一邊小於其他兩邊之和時，才有可能完成（命題 20）。

命題 23 　以給定射線作為一邊，作一個角等於一給定之角。

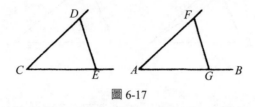

圖 6-17

作圖　假設 $\overrightarrow{AB}$ 為給定之射線，而 $\angle C$ 為給定之角（如圖6-17所示）。
1. 在 $\angle C$ 的其中一邊上作一點 D，並在另一邊上作一點 E。
2. 作 $\overline{DE}$。
3. 作一個三角形 AFG（G 落在 $\overrightarrow{AB}$ 上），使得 $\overline{AF} \cong \overline{CD}$，$\overline{AG} \cong \overline{CE}$ 且 $\overline{GF} \cong \overline{ED}$（命題 22）。

則 $\angle FAG$ 為所求之角。

證明　根據命題 8，$\triangle AFG \cong \triangle CDE$，因此，$\angle A \cong \angle C$。

　　我們省略命題 24 與命題 25，它們討論的是有關下列性質：在兩個三角形之中，若其中一個三角形有兩邊與另一個三角形之兩邊相等，但第一個三角形之兩邊所夾的角，卻不全等於第二個三角形那兩邊所夾之角。

命題 26 　滿足下列任一條件的兩個三角形全等：
1. 其中一個三角形的一邊與其兩相鄰角，全等於另一個三角形的一邊與其兩相鄰角。
2. 其中一個三角形的一邊、一相鄰角及其對角，全等於另一個三角形的一邊、一相鄰角及其對角。

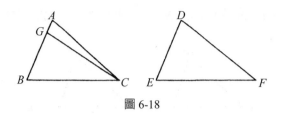

圖 6-18

1. 之證明　（如圖 6-18 所示）假設 $\overline{BC} \cong \overline{EF}$，$\angle B \cong \angle E$，以及 $\angle BCA \cong \angle F$。如果

$\overline{AB} \neq \overline{DE}$，

則 $\overline{AB}$ 與 $\overline{DE}$ 其中之一會比較大，假設 $\overline{AB} > \overline{DE}$，在 $\overline{AB}$ 上選取一點 G，使得 $\overline{BG} \cong \overline{ED}$，連接 $\overline{GC}$。則

$\triangle\, GBC \cong \triangle\, DEF$（命題 4）。

因此，

$\angle BCG \cong \angle F$，

又因為已知：

$\angle F \cong \angle BCA$，

由此可得：

$\angle BCG \cong \angle BCA$，

這與公理 VIII 相矛盾。於是，

$\overline{AB} \cong \overline{DE}$，

也因此，

$\triangle\, ABC \cong \triangle\, DEF$（命題 4）。

2. 之證明　（再一次，如圖 6-18 所示）。假設 $\overline{BC} \cong \overline{EF}$，$\angle B \cong \angle E$，以及 $\angle A \cong \angle D$。這個證明類似於 (a) 之證明。再一次地，$\triangle\, GBC \cong \triangle\, DEF$，由此可得：

$\angle BGC \cong \angle D$，

因此，

$\angle BGC \cong \angle A$，

這與命題 16 相矛盾。因此,再一次地,$\overline{AB} \cong \overline{DE}$,且 $\triangle ABC \cong \triangle DEF$。

備註

1. 如果我們利用下列定理:三角形的內角和等於二個直角($2R$)(命題 32,參見命題 16 之備註第 2 點),則這個命題的第二個部分,會是第一個部分的一個直接結論。

2. 命題 26(a) 可以利用與命題 4 類似的平移方式,很快地得到證明。歐幾里得並不如此處理,反而給了一個較複雜的證明。因此,他似乎反對在證明中使用平移,於是,儘可能避免它。(參見命題 4 之備註 1)

3. 命題 4、8、26(a) 與 26(b) 是現代教科書之中,大家所熟知的三角形全等定理,它們分別稱為邊角邊(SAS),邊邊邊(SSS),角邊角(ASA)與邊角角(SAA)。

習題 6-8

1. 參考命題 16 之證明,證明 $\angle ACD > \angle ABC$。

2. 證明命題 18。

3. 證明命題 19。

4. 證明命題 20。

5. 證明命題 21。

6. 給定三角形 ABC 與三角形 $A'B'C'$,滿足 $\angle A \cong \angle A'$,$\overline{AC} \cong \overline{A'C'}$,$\overline{BC} \cong \overline{B'C'}$ 以及 $\overline{BC} > \overline{AC}$ 或者 $\overline{BC} \cong \overline{AC}$。試證明這兩個三角形全等。

7. 同習題 6。如果 $\overline{BC}$ 小於 $\overline{AC}$ 的話,這兩個三角形一定會全等嗎?

8. 給定 $\triangle ABC$,D 是 $\overline{AC}$ 上介於 A 點與 C 點之間的一個點,E 是 $\overline{BC}$ 上介於 B 點與 C 點之間的一個點。試證明:$\overline{AD} + \overline{DE} + \overline{EB} < \overline{AC} + \overline{CB}$。

9. 給定三角形 ABC 與三角形 $A'B'C'$,滿足 $\overline{AB} \cong \overline{A'B'}$,$\overline{AC} \cong \overline{A'C'}$ 且 $\angle A > \angle A'$。試證明:$\overline{BC} > \overline{B'C'}$(命題 24)。

10. 給定三角形 ABC 與三角形 $A'B'C'$，滿足 $\overline{AB} \cong \overline{A'B'}$，$\overline{AC} \cong \overline{A'C'}$ 且 $\overline{BC} > \overline{B'C'}$。試證明：$\angle A > \angle A'$（命題 25）。

11. 假設 ABC 是一個等邊三角形，D 是 $\overline{BC}$ 上介於 B 點與 C 點之間的一點。試證明：$\overline{AD}$ 小於 $\triangle ABC$ 之其中一邊。

12. 假設 ABC 是一個等邊三角形，D 是 $\overline{AB}$ 上介於 A 點與 B 點之間的一點，E 是 $\overline{BC}$ 上介於 B 點與 C 點之間的一點。試證明：$\overline{DE}$ 小於 $\triangle ABC$ 之其中一邊。

13. 假設 ABC 是一個等邊三角形，D 是三角形內部的一個點，E 是 $\overline{AB}$ 線段上的一個點。試證明下列不等式：$\overline{AD} + \overline{DE} < \overline{AC} + \overline{CB}$。

14. 對於任意的三角形 ABC，D 是三角形內部的一個點，E 是 $\overline{AB}$ 線段上的一個點。習題 13 之中的不等式，永遠會成立嗎？

15. 給定：一直線 L 以及不在 L 上之一點 P。試證明：從 P 點到直線 L 之垂直線段長小於 P 點到 L 之其他連線段長。

6-9 平行線相關之理論

命題 27 至命題 31 討論平行線之相關理論（theory of parallels）。

命題 27　如果兩直線被第三條直線所截，使得內錯角相等，則兩直線平行。

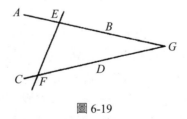

圖 6-19

證明　令 $\angle AEF \cong \angle DFE$（如圖 6-19 所示），則我們必須證明直線 AB 平行於直線 CD。

　　假設直線 *AB* 與直線 *CD* 並不平行，則它們會在 *B* 點與 *D* 點的方向或是 *A* 點與 *C* 點的方向相交，假設它們會在 *B* 點與 *D* 點的方向相交，並令 *G* 是它們的交點。則△ *EFG* 之外角 *AEF* 比內角 *GFE* 大（命題 16）。這與已知相矛盾。因此，直線 *AB* 與直線 *CD* 並不會在 *B* 點與 *D* 點的方向相交。

　　同理，可以證明它們也不會在 *A* 點與 *C* 點的方向相交。因此，直線 *AB* 平行於直線 *CD*。

命題 28　如果兩直線被第三條直線所截，則當滿足下列條件之一時，兩直線平行：
1. 同位角相等。
2. 同側內角之和等於兩個直角（2*R*）。

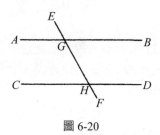

圖 6-20

1. 之證明　（如圖 6-20 所示）。假設給定 ∠*EGB* ≅ ∠*EHD*，由命題 15，我們可得 ∠*EGB* ≅ ∠*AGF*，因此，∠*AGF* ≅ ∠*EHD*。這兩個角是內錯角，所以，直線 *AB* 平行於直線 *CD*（命題 27）。

2. 之證明　（再一次地，如圖 6-20 所示）。假設給定 ∠*FGB* + ∠*EHD* ≅ 2*R*，由命題 13，我們可得 ∠*FGB* + ∠*FGA* ≅ 2*R*，因此，∠*FGB* + ∠*FGA* ≅ ∠*FGB* + ∠*EHD*（設準 IV，公理 II 與公理 I）
∠*FGA* ≅ ∠*EHD*（公理 III）

$\overrightarrow{AB} \,/\!/\, \overrightarrow{CD}$（命題 27）。

命題 29　如果兩平行直線被第三條直線所截，則：

1. 內錯角相等。
2. 同位角相等。
3. 同側內角之和等於兩個直角（2R）。

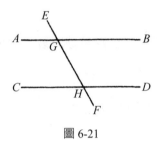

圖 6-21

1. 之證明　（如圖 6-21 所示）。假設給定直線 AB 與直線 CD 為平行線，且直線 EF 是第三條直線。我們將證明內錯角 AGF 與 DHE 相等。

如果它們不相等，那麼其中之一會比較小，令 ∠DHE 是比較小的角。則我們可得：

$$\angle DHE < \angle AGF$$
$$+ \quad \quad \angle BGF \cong \angle BGF$$
$$\overline{\angle DHE + \angle BGF < \angle AGF + \angle BGF}$$

或者，由命題 13，

∠DHE + ∠BGF < 2R。

因此，由設準 V，直線 AB 與直線 CD 有一個交點，這與假設相矛盾。由此可得 ∠AGF 與 ∠DHE 相等。

我們把 2 與 3 的證明留給讀者。（參見習題 6-9 之第 3 與第 4 題）。

備註

　　我們注意到在前述之證明之中，用到了設準 V。命題 29(a)（以及 29(b)、29(c)）若不用到設準 V 的話，是無法被證明的。這是歐幾里得第一次使用了設準 V。因為它涉及了平行的概念，設準 V 通常被稱為平行設準或平行公設。

命題 30　平行於同一直線的兩直線彼此平行。

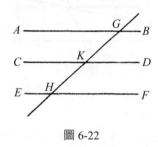

圖 6-22

證明　（如圖 6-22 所示）。假設給定直線 *AB* 與直線 *EF* 平行，且直線 *CD* 與直線 *EF* 平行，我們將證明直線 *AB* 與直線 *CD* 平行。作截線 *GK*，其中 *G* 在直線 *AB* 上，且 *K* 在直線 *CD* 上。則我們可得：

$\angle AGH \cong \angle FHG$（命題 29(a)）。

$\angle FHG \cong \angle DKG$（命題 29(b)）。

由此可得：

$\angle AGH \cong \angle DKG$（公理 I）。

因此，直線 *AB* 與直線 *CD* 平行（命題 27）。

備註

1. 我們在之前已指出，歐幾里得顯然企圖不經由圖形來進行演繹，但是，他並不總是能如願。命題 30 是歐幾里得利用圖形來進行推論的另一個例子。在這個證明之中，歐幾里得假設，如果一直線

　　GK 與兩平行直線之中的 *AB* 直線相交，則它也會與另一條直線
　　EF 相交。然而，這並不是之前已經被證明的定理。
2. 我們將敘述並證明備註 1 之中所提到的定理。

命題 A　如果一直線與兩平行線的其中一直線相交，則它也會與另一
　　　　　條相交。

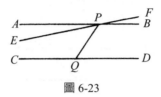

圖 6-23

證明　如下：（如圖 6-23 所示）。
　　　令 *AB* 直線平行於 *CD* 直線，並且令 *EF* 直線截 *AB* 直線於 *P*
　　　點。我們將證明 *EF* 直線會與 *CD* 直線相交。假設 *EF* 直線平
　　　行於 *CD* 直線，在 *CD* 直線上選取一點 *Q*，並作 *PQ* 直線。因
　　　為 *AB* 直線平行於 *CD* 直線，
　　　$\angle APQ \cong \angle DQP$（命題 29(a)）。
　　　因為 *EF* 直線平行於 *CD* 直線，
　　　$\angle EPQ \cong \angle DQP$（命題 29(a)）。
　　　所以，
　　　$\angle APQ \cong \angle EPQ$。
　　　這與公理 VIII 相矛盾。因此，*EF* 直線不平行於 *CD* 直線，也
　　　就是 *EF* 直線會與 *CD* 直線相交。

3. 從命題 A 之中（如圖 6-23 所示），我們可以知道，不會有兩條
　　直線通過 *P* 點，同時平行於直線 *CD*。因此，我們可知：

命題 B　過給定直線外一點，不超過一條直線會與給定直線平行。

4. 在證明命題 A 與命題 B 時，我們使用了命題 29(a)，而命題 29(a) 是以設準 V 為基礎。因此，命題 A 與命題 B 都是設準 V 的必然結果。

5. 從前述的註記之中，顯示出我們已經有了設準 V 與命題 29(a)、命題 A、命題 B 之間的連結。下述之中的「⇒」符號代表的是「蘊涵」：

$$V \Rightarrow 29(a) \Rightarrow A \Rightarrow B \tag{1}$$

反過來，我們也會有下列連結：

$$B \Rightarrow 29(a) \Rightarrow 29(c) \Rightarrow V \tag{2}$$

（參見習題 6-9 之第 5 題）

命題 1 至命題 28 皆可以在不使用設準 V 的情況下證明。在第 (1) 式之中，我們在假設設準 V 是對的（同時使用了設準 I 至設準 IV）情況之下，利用命題 1 至命題 28 來證明命題 B。在第 (2) 式之中，我們使用命題 1 至命題 28 並且假設命題 B 是對的（同時也使用了設準 I 至設準 IV 情況之下），來證明設準 V。無論是 (1) 與 (2)，我們都可以得到相同的幾何架構。

從上述討論過程，我們發現可以以不同的假設作為出發點，建立出相同的幾何系統。

6. 在上述備註 5 之中，我們證明當平行設準被命題 B 取代之後，幾何結構並不會因此改變。由於命題 B 比設準 V 來得容易理解，因此，在現代的教科書之中，通常會以命題 B 取代歐幾里得的平行

設準。

7. 一代又一代的數學家企圖要證明第 V 設準，而此意圖背後的原因，也許是因為設準 V 的逆命題——那就是命題 27——可以被證明。這是《幾何原本》第 I 冊之中，唯一定理本身正確，但其逆定理卻無法被證明的例子。在十八世紀與十九世紀，數學家開始意識到設準 V 也許不能被證明，但如果改變這個設準的話，將可以發展出全然不同的幾何學，也就是以新的設準作為基礎的幾何學。薩卡里（Saccheri）對於第 V 設準失敗的證明，成就了第一個非歐幾何學的誕生。獨立於薩卡里與其他人的研究，高斯（Gauss）與羅巴秋夫斯基（Lobatchevski）以及波利耶（Bolyai）各自發展出另一套非歐幾何學，他們假設了下列設準來取代第 V 設準：過給定直線外一點，存在超過一條以上的直線過這個點，且與給定直線平行。選擇了這個設準，似乎背離我們的一般常識，卻也深深地影響了往後數學家面對設準時的態度。設準從此不再被視為顯然而不證自明的真理，反而是作為數學結構所奠基之假設。

命題 31　給定一直線和直線外一點，作一直線通過這個點並與已知直線平行。

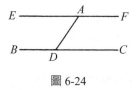

圖 6-24

作圖　令 A 是給定的點，而 $\overleftrightarrow{BC}$ 為給定之直線（如圖 6-24 所示）。
1. 在 $\overleftrightarrow{BC}$ 選一點 D，
2. 連接 $\overleftrightarrow{AD}$，
3. 過 A 點作 $\overleftrightarrow{EF}$，使得 $\angle EAD \cong \angle CDA$。

則，$\overline{EF}$ 為所求之直線。

證明　由 $\angle EAD \cong \angle CDA$ 可知直線 EF 平行直線 BC（命題 27）。

備註

1. 將命題 B 與命題 31 結合後，可如下表示：過給定直線外一點，恰存在唯一的一條直線，平行於給定之直線。這個敘述有時被稱為普雷菲爾設準（Playfair's postulate）（依 John Playfair（1748-1819）命名）。

2. 這個作圖證明了平行線的存在性，呼應了亞里斯多德的要求。

命題 32　(a) 三角形的外角等於不相鄰的內角和。(b) 三角形的內角和等於兩個直角（2R）。

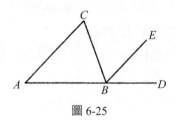

圖 6-25

(a) 之證明　令 ABC 為一三角形（如圖 6-25 所示）。延長 $\overline{AB}$ 至 D 點。作直線 BE 平行直線 AC（E 點與 C 點在 AC 直線的同一側）。則我們可得：

$$\angle CBE \cong \angle C \quad （命題 29(a)）$$
$$+ \quad \angle DBE \cong \angle A \quad （命題 29(b)）$$
$$\overline{\hspace{5cm}}$$
$$\angle CBD \cong \angle A + \angle C$$

(a) 之證明：（再一次地，如圖 6-25 所示）。因為：
$\angle CBD + \angle CBA \cong 2R$，
同時，我們已知：

$\angle A + \angle C + \angle CBA \cong 2R$，

因此，在任一個三角形 ABC 之中，

$\angle A + \angle B + \angle C \cong 2R$。

命題 33　如果四邊形的兩對邊等長且平行，則其他兩邊也會等長且平行。

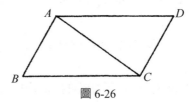

圖 6-26

證明　令 $\overline{AD} \cong \overline{BC}$ 且 $\overline{AD} /\!/ \overline{BC}$（如圖 6-26 所示）。連接 AC 線段，則

$\angle BCA \cong \angle DAC$(命題29a) ⎫

　$\overline{AC} \cong \overline{CA}$　　　　　⎬　所以，$\triangle ABC \cong \triangle CDA$ (SAS)。

　$\overline{BC} \cong \overline{DA}$　　　　　⎭

因此，$\overline{AB} \cong \overline{CD}$ 且 $\angle BAC \cong \angle DCA$，由此，可得 $\overline{AB} /\!/ \overline{DC}$（命題 27）。

命題 34　在平行四邊形之中：

(a) 對邊相等。

(b) 對角相等。

　　此命題之證明留給讀者（參見習題 6-9 之第 7 題，歐幾里得並未給予平行四邊形明確的定義，但從他在命題 34 的證明過程中，顯示出他使用了下列的定義方式：一個平行四邊形是一個具有兩雙平行對邊的四邊形）。

習題 6-9

1. 試證明下述定理：兩直線被第三條直線所截，若內錯角相等，則這兩條直線平行。(a)利用命題28(a)證明，(b)利用命題28(b)證明。

2. 試證明下述定理：兩直線被第三條直線所截，若同側內角和等於兩個直角（$2R$），則這兩條直線平行。(a)利用命題28(a)證明，(b)利用命題 28(b) 證明。

3. 試證明命題 29(b)。

4. 試證明命題 29(c)。

5. 參考第 221 頁之 (2)，試證明：

   (a) 命題 B ⇒ 命題 29(a)。

   (b) 命題 29(a) ⇒ 命題 29(c)

   (c) 命題 29(c) ⇒ 設準 V。

6. 參見命題 31 後面的備註 2，歐幾里得有辦法在依據設準 V 來證明此命題之前，就先證明平行線的存在性嗎？

7. 試證明命題 34(a) 與命題 34(b)。

8. 試證明四邊形的內角和等於四個直角（4R）。

9. 試證明平行四邊形的兩條對角線彼此平分。

10. 試證明菱形的對角線相互垂直。

11. 試證明：如果一個四邊形的對角線彼此平分，則這個四邊形為平行四邊形。

12. 試證明：如果一個四邊形的對角線彼此平分，並且相互垂直則這個四邊形為菱形。

13. 反證：如果四邊形 $ABCD$ 之中，角 A 與角 C 相等，則四邊形 $ABCD$ 為平行四邊形。

14. 試證明等腰梯形的底角相等。

15. 試證明：如果一個梯形的底角相等，則這個梯形為等腰梯形。

16. 試證明：如果梯形 $ABCD$ 的對角線 $\overline{AC}$ 等於 $\overline{BD}$，則 $ABCD$ 為等腰梯形。

（提示：過 *C* 點作一直線平行 $\overline{BD}$）。

17. 試證明：三角形 *ABC* 之 $\overline{AC}$ 邊中點 *D* 與 $\overline{BC}$ 邊中點 *E* 之連線段平行 $\overline{AB}$（提示：延長 $\overline{DE}$，並取線段 $\overline{EF}$ 等於 $\overline{DE}$）。

6-10 面積之比較

命題 34(c) 到命題 41 處理了面積比較的問題，其中大部分為畢氏定理之證明所需要。

命題 34(c)　一個平行四邊形被對角線分成兩個等面積的三角形。

證明　我們已經知道平行四邊形被對角線分成兩個全等的三角形（參見習題 6-9 之第 7 題）。由於這兩個三角形的全等，他們面積亦會相等（公理 VII）。

命題 35　兩個具有相同的底，並且落在相同平行線之間的平行四邊形，面積會相等。

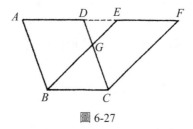

圖 6-27

證明　（如圖 6-27 所示）。令 *ABCD* 與 *EBCF* 為平行四邊形，並且令 $\overline{AD}$ 與 $\overline{EF}$ 落在平行於 $\overline{BC}$ 的直線上。則 $\overline{AD} \cong \overline{BC}$（命題 34(a)），且 $\overline{EF} \cong \overline{BC}$。因此，$\overline{AD} \cong \overline{EF}$。由此可得 $\overline{AE} \cong \overline{DF}$。現在我們已知：

$$\left.\begin{array}{l} \overline{AE} \cong \overline{DF} \\ \angle A \cong \angle CDF \,(\text{命題29b}) \\ \overline{AB} \cong \overline{DC} \quad (\text{命題34a}) \end{array}\right\} \text{所以,} \, \triangle ABE \cong \triangle DCF(\text{SAS})\text{。}$$

因此,

$$\triangle ABE = \triangle DCF \,(\text{公理 VII})$$

$$- \quad \underline{\triangle DGE = \triangle DGE}$$

$$ABGD = EGCF$$

$$+ \quad \underline{\triangle GBC = \triangle GBC}$$

$$ABCD = EBCF$$

備註

1. 在前述證明之中,我們注意到歐幾里得所提到的相等圖形,其中「相等」指的並不是「可以完全疊合」(參見命題 1 之備註 1)。這裡歐幾里得對於有界圖形所包圍之面積(amount of space),必定採取了直觀上的想法,他並不以數值來表示面積。

2. 這個證明依賴圖 6-27。它並不包含 E 落在 A 與 D 之間的情況(參見習題 6-10 的第 1 題)。

命題 36　兩個具有等長的底,並且落在相同平行線之間的平行四邊形,面積會相等。

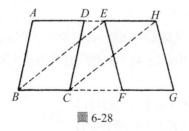

圖 6-28

證明　(如圖 6-28 所示)。假設 ABCD 與 EFGH 是平行四邊形,則 $\overline{AD}$ 與 $\overline{EH}$ 落在同一條直線上,$\overline{BC}$ 與 $\overline{FG}$ 落在另一條直線上,

並且這兩條直線平行。再者，$\overline{BC} \cong \overline{FG}$。我們將證明 $ABCD$ 之面積等於 $EFGH$ 之面積。

作 $\overline{BE}$ 與 $\overline{CH}$，則

$$\left.\begin{array}{l}\overline{FG} \cong \overline{EH}\,(命題34a)\\[4pt]\overline{BC} \cong \overline{FG}\end{array}\right\}\quad 所以，\overline{BC} \cong \overline{EH}。$$

因為 $\overline{BC} \,//\, \overline{EH}$，所以 $EBCH$ 是一個平行四邊形（命題 33）。因此，

$$\left.\begin{array}{l}EBCH = ABCD\,(命題35)\\[4pt]EBCH = EFGH\,(命題35)\end{array}\right\}\quad 所以，ABCD = EFGH。$$

命題 37　兩個有相同的底，並且落在相同平行線之間的三角形，面積會相等。

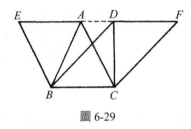

圖 6-29

證明　（如圖 6-29 所示）。假設 ABC 與 DBC 是三角形，而且 $\overleftrightarrow{AD} \,//\, \overleftrightarrow{BC}$。

作 $\overline{BE} \,//\, \overline{CA}$ 以及 $\overline{CF} \,//\, \overline{BD}$（命題 31），則 $EBCA$ 與 $DBCF$ 為平行四邊形。由命題 35，它們的面積相等。因為 $\overline{AB}$ 與 $\overline{CD}$ 都是對角線，

$$\left.\begin{array}{l}EBCA = 2(\triangle ABC)\,(命題34c)\\[4pt]DBCF = 2(\triangle DBC)\,(命題34c)\end{array}\right\}\quad 所以，\triangle ABC = \triangle DBC。$$

命題 38 　兩個有等長的底，並且落在相同平行線之間的三角形，面積會相等。

證明　本命題的證明類似於命題 37，並且必須用到命題 36。（參見習題 6-10 的第 2 題）。

　　命題 39 與 40 分別是命題 37 與命題 38 的逆命題，這裡將不進一步討論（參見習題 6-10 的第 3 題與第 4 題）。

命題 41 　如果一個平行四邊形和一個三角形有相同的底，並落在相同的平行線之間，則平行四邊形的面積會是三角形的兩倍。

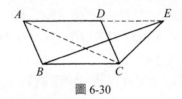

圖 6-30

證明　（如圖 6-30 所示）。假設 $ABCD$ 是一個平行四邊形，且 EBC 是一個三角形，其中，E 落在 $\overline{AD}$ 上。連接 $\overline{AC}$ 則：

$$\left.\begin{array}{l} \triangle ABC = \triangle EBC \text{ (命題37)} \\ ABCD = 2(\triangle ABC) \text{ (命題34c)} \end{array}\right\} \quad \text{所以，} ABCD = 2（\triangle EBC）。$$

習題 6-10

1. 參考命題 35 以及其附帶的插圖（圖 6-27），試就 E 點落在 A 點與 D 點之間的情況，證明該命題。

2. 請給出命題 38 的證明細節。

3. 試證明：有相同底以及相同面積，同時落在底邊同一側的三角形，會落在相同的平行線之間（命題 39）。

4. 已知兩三角形滿足下列之條件：

(1) 面積相等，

(2) 底相等，

(3) 底為相同直線上的線段，

(4) 兩三角形落在直線的同一側。

試證明：兩三角形落在相同的平行線之間（命題 40）。

5. 試證明三角形的中線將三角形分成兩個面積相等的部分。

6. 在△ ABC 之中，D 是 $\overline{AC}$ 邊的中點，而 E 是 $\overline{BC}$ 邊的中點。試證明：四邊形 ABED 的面積為△ DEC 面積的三倍（提示：參考習題 6-9 的第 17 題）。

7. 作一個三角形，使其面積為給定三角形之三倍。

8. 在平行四邊形 ABCD 之中，給定下述之條件：P 是對角線 $\overline{BD}$ 上的一個點；$\overline{EF}$ 通過 P 點並平行 $\overline{AB}$（E 在 $\overline{AD}$ 上，F 在 $\overline{BC}$ 上）；$\overline{GH}$ 通過 P 點並平行 $\overline{AD}$（G 在 $\overline{AB}$ 上，H 在 $\overline{DC}$ 上）。試證明：$AGPE = PFCH$（命題 43）。

9. 給定一平行四邊形 ABCD 以及一線段 $\overline{PQ}$。在 $\overline{PQ}$ 上作一平行四邊形 PQRS，使其面積等於 ABCD（提示：參考習題 8）。

10. 給定一平行四邊形 ABCD、一線段 $\overline{PQ}$ 以及角 KLM，在 $\overline{PQ}$ 上作一平行四邊形 PQRS，使其面積等於 ABCD，同時滿足 $\angle SPQ \cong \angle KLM$。

6-11 畢氏定理

其他涉及了面積比較的相關定理（命題 42 到命題 45），對於我們最終的目標—畢氏定理的證明而言並不需要。希臘人表達這個定理的方式與現代的表達方式不盡相同。我們一般會說直角三角形邊的平方（意即，表示邊長的那個數值的平方）。然而，希臘人則是說在三角形邊上作出來的正方形。

因此，由於畢氏定理討論的是幾何正方形（geometrical squares），我們先在此給出歐幾里得對於正方形的定義：一個正方形是一個所有

邊都等長，而且，所有角都是直角的四邊形。

　　在證明有關正方形的定理之前，我們必須先證明正方形存在。這即是命題 46 的目的。

命題 46　　在給定線段上，求作一個正方形。

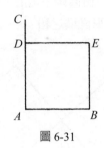

圖 6-31

作圖　令 $\overline{AB}$ 為給定之線段。（如圖 6-31 所示）。
　　1. 作 $\overline{AC} \perp \overline{AB}$（命題 11）
　　2. 在 $\overline{AC}$ 上找一個點 D，使得 $\overline{AD} \cong \overline{AB}$。
　　3. 過 D 點作一直線平行 $\overline{AB}$（命題 31）。
　　4. 過 B 點作一直線平行 $\overline{AD}$（命題 31）。
　　5. 令 E 是這些直線的交點。
　　則 $ABED$ 即為所求之正方形。

證明　我們首先證明所有的邊都等長。
　　$\overline{BE} \parallel \overline{AD}$（基於作圖）
　　$\overline{EE} \parallel \overline{AB}$（基於作圖）
　　所以，$\overline{AD} \cong \overline{BE}$ 且 $\overline{AB} \cong \overline{DE}$（命題 34(a)）。
　　再者，$\overline{AD} \cong \overline{AB}$（基於作圖）。
　　因此，$\overline{AB} \cong \overline{BE} \cong \overline{ED} \cong \overline{DA}$。
　　接著，我們證明所有的角都是直角。因為 $\overline{DE} \parallel \overline{AB}$，我們可知
　　$\angle A + \angle ADE \cong 2R$（命題 29(c)）

∠*A* 是一個直角（根據作圖），所以，∠*ADE* 也是一個直角。

∠*ADE* ≅ ∠*B* 且 ∠*A* ≅ ∠*E*（命題 34(b)）

因此，∠*A*、∠*B*、∠*E* 及 ∠*ADE* 都是直角。由此可得 *ABED* 是一個正方形。

命題 47　「畢氏定理」在一個直角三角形，斜邊上的正方形面積等於另兩股上的正方形面積之和。

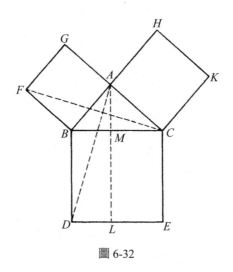

圖 6-32

證明　（如圖 6-32 所示）。令 *ABC* 是一個以 ∠*A* 為直角的三角形。作正方形 *AGFB*、*BDEC* 以及 *CKHA*（命題 46）。過 *A* 點作一直線平行 $\overline{BD}$（命題 31），使其與 $\overline{DE}$ 交於 *L*，與 $\overline{BC}$ 交於 *M*。作 $\overline{AD}$ 與 $\overline{CF}$，則，我們可得

∠*BAC* + ∠*BAG* ≅ 2*R*。

因此，$\overline{AG}$ 是 $\overline{CA}$ 的延長線。我們現在得到：

$$\angle DBC \cong \angle ABF$$
$$+ \quad \underline{\angle CBA \cong \angle CBA}$$
$$\angle DBA \cong \angle CBF$$
$$\overline{BA} \cong \overline{BF}$$
$$\overline{BD} \cong \overline{BC}$$

所以，$\triangle DBA \cong \triangle CBF$ (SAS)。

同時，我們也有：

$DBML = 2$（$\triangle DBA$）（命題 41）

$ABFG = 2$（$\triangle CBF$）（命題 41）

因此，$DBML = ABFG$。 (1)

同理，我們可以證明 $ECML = ACKH$。 (2)

從 (1) 與 (2)，可以得到 $DBCE = ABFG + ACKH$。

習題 6-11

1. 請參考命題 47 之證明。證明敘述 (2)：$ECML = ACKH$。
2. 試證明命題 47 之逆命題：如果三角形兩邊上的正方形面積之和等於第三邊上的正方形面積，則這個三角形是直角三角形（命題 48，《幾何原本》第一冊的最後一個命題）。
3. 請參考圖 6-32，證明 $\overline{AD}$ 垂直 $\overline{CF}$。
4. 請參考圖 6-32，令 S 是直線 FG 與直線 KH 之交點，連接 $\overline{AS}$。

   (a) 證明 $\triangle AHS \cong \triangle CAB$。

   (b) 證明點 S，點 A 與點 M 三點共線。

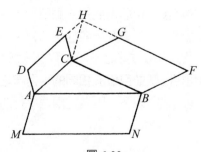

圖 6-33

5. 這個問題之中包含的定理，主要源於帕布斯（Pappus），同時，它也是畢氏定理的一般化延拓。它也說明了某些知名數學問題的一般化過程之中，是如何引導數學家發現有趣的新數學。在圖 6-33 之中，四邊形 *ACED*、*CBFG* 及 *ABNM* 都是平行四邊形。直線 *DE* 與直線 *FG* 交於 *H* 點，$\overline{AM}$ 平行並等長於 $\overline{HC}$。試證明：*ACED* + *CBFG* = *ABNM*（提示：延長 $\overline{HC}$、$\overline{MA}$ 以及 $\overline{NB}$，直到他們分別與 $\overline{MN}$、$\overline{DE}$ 以及 $\overline{FG}$ 相交）。

6. 作一個平行四邊形，使其面積等於兩給定平行四邊形的面積和（提示：請參考習題 5）。

7. 請使用習題 5 的方法，證明命題 47。

8. 請參考命題 46 之作圖過程，證明 *E* 點存在。

6-12 歐幾里得的比較面積法與現代之差異

從命題 34 之後，我們注意到，歐幾里得比較面積的方式與當代的處理方式，可說是大異其趣。就現代的處理方式而言，我們會用一個數值，來表示整個圖形的面積（就如同用數值來表示線段之長度）。我們同時也敘述了不同圖形的面積。舉例來說，我們發現平行四邊形的面積等於 $b \cdot h$。也就是說，這個用來表示平行四邊形面積的平方單位數（number of square units），正好等於底邊長的單位數以及高的單位數之乘積。

然而，歐幾里得既不用數值來表示線段的長度，也不用來表示圖形的面積。如果他想要證明兩個圖形有相等的面積，他所作的工作，便是演示其中一個圖形可以被分割成諸多部分圖形，再將這些部分圖形經過某種方式重拼之後，可以得到另一個圖形。（事實上，他的過程往往更加複雜，但這並不影響其一般性想法）。

為了清楚地說明這兩種方法之不同，我們選擇命題 35 的現代證明方法為例：兩個有相同底並且位於相同的平行線之間的平行四邊形面積相等。這個命題的證明如下：因為這兩個平行四邊形位於相同的

平行線之間，其高會等長，並且，底也等長，因此，對於這兩個平行四邊形而言，$b \cdot h$ 的乘積會相等，也因此，它們有相同的面積。歐幾里得並未提出平行四邊形面積等於底與高之乘積的命題，因此，他必須給出了另一個證明。請比較第228頁以及本頁上述所給出的證明。

為什麼歐幾里得不用一個數值來指定（或賦予）線段的長度，或者圖形的面積呢？為了尋求這個問題的答案，我們再一次回顧希臘數學思維的發展。畢氏學派發現自然數在數學以外的學科（音樂）扮演重要的角色，這也導致他們將神祕的力量附在數目上。所有的事物皆可以化約為數目。然而，他們所謂的數，只限於自然數。同時，隨著柏拉圖的影響力，自然數遂成為許多不同領域之中的重要基礎。對他而言，么元（unit）是一種理念（idea），也是一種基本的哲學概念。在物質世界中，我們常會發現某些事物可視為一個么元（請回想么元的概念）。針對這些事物的量，有一個數（值）被指定（或賦予）。但如此一來，那個數永遠是自然數，因為絕對的么元是不可分割的。自然數之外的其他數之使用，則因為哲學的理由，而被柏拉圖所摒棄。

讓我們暫時假設希臘人已經知道可取某一線段來作為度量的單位，並進一步用它來與其他線段進行比較。我們把這個線段叫作 e。於是，為了決定另一個線段 a 的長度，我們只要決定 a 與所取單位長 e 的比（值）即可。因此，如果線段 a 與線段 e 的比（ratio）為有理數時，那並不會產生什麼問題。舉例來說，我們會說線段 a 的長度等於3/4。希臘人會說線段 a 與線段 e 成比例於（proportional to）3 與 4。[6]本質上來看，上述兩種說法並沒有什麼不同。然而，一旦線段長之比為無理數時，他們便遭遇無法克服的困難。例如，當線段 a 的長度等於 $\sqrt{2}$ 時，則不存在兩自然數的比（值）會等於 a 與 e 的比（值）。因此，希臘人沒辦法利用數目來標記這種線段的長度。於是，對於某些線段而言，他們可利用數目來表徵其長度，然而，對其他線段而

---

[6] 譯按：現代寫法如 $a : e = 3 : 4$。

言，他們卻無法做到。基於上述理由，他們放棄使用數目來表示線段長度的企圖，是可以理解的，即使線段與么元之比可以用自然數之比來表示。希臘人不只無法將所有線段的長度都用數目來表示，也無法利用數目來表示每塊圖形之面積。因此，他們的面積理論（theory of areas），只能完全訴諸面積之比較（comparison of areas），而未曾使用數目。

現在，我們已經清楚地了解為什麼希臘人要利用和現代截然不同的方式，來建構畢氏定理。一個典型的現代公式如下所示：如果三角形 ABC 之中的 $\angle C$ 是直角，則 $a^2 + b^2 = c^2$。在此公式中，a、b、c 都是數目，三角形 ABC 的三邊長。由於希臘人並不利用數目來表示長度，所以，他們必定要以不同的方式，來表示此定理。歐幾里得的公式如下：在一個直角三角形之中，斜邊上的正方形面積等於兩股上的正方形面積之和。其證明也以面積比較的方式來處理。[7]

在以下兩節之中，我們將繼續討論《幾何原本》其他冊的某些主題。雖然，如我們在第 I 冊之中所見，歐幾里得以嚴密的方式，寫下了《幾何原本》全書的內容。然而，我們從現在開始，將省略大部分的命題，並以較非正式的方式來書寫。

6-13 幾何代數與正多邊形

在今日，《幾何原本》第 II 冊的第 1 個命題，會被視為代數（恆）等式。而命題 II-1（意指第 II 冊的第 1 個命題）如下：如果有兩條線段，其中一條被截成任意幾段，則原來兩條線段構成的長方形面積，等於各個小段和未截的那條線段構成的長方形面積之和。（參見圖 6-34）

---

[7]　譯按：這也是歐幾里得證法被稱為「面積證法」的原因。

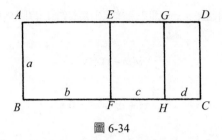

圖 6-34

　　上述命題的一個現代形式如下：如果長方形 *ABCD* 的一邊長為
a，而另一邊由長為 *b*、*c*、*d* 的三個線段組成，則 $a(b + c + d) = ab + ac + ad$。這個等式表示了乘法對於加法的分配律性質，我們可以
把變數 *a*、*b*、*c*、*d* 視為可以用實數取代的符號。（然而，如同我們
在前面章節之中所見，歐幾里得並未利用數目來表示一個線段的長
度，也沒有利用數目來表示一個區域的面積）。其他類似的幾何代數
（geometric algebra）例子，也見之於習題 6-13 的第 1 題和第 2 題。

　　命題 II-11 涉及另一類的幾何代數的問題，主要關聯到具有無理
根的二次方程式。此命題如下：將給定線段分成二個部分，使得由整
個線段和其中一個部分線段所形成的長方形面積，等於另一個部分線
段所形成的正方形的面積。意即，如果 $\overline{AB}$ 是給定的線段（如圖 6-35
所示），我們必須在 $\overline{AB}$ 上找一個點 *X*，使得以 $\overline{AB}$、$\overline{XB}$ 長為邊的長
方形，等於以 $\overline{AX}$ 為邊的正方形的面積。

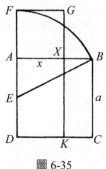

圖 6-35

令 $AB = a$ 且 $AX = x$，則上述作圖在本質上等同於解下列方程式：

$$a(a-x) = x^2$$

或 $$x^2 + ax - a^2 = 0 \qquad (1)$$

這個二次方程式有二個根：

$$\frac{1}{2}a(-1+\sqrt{5}) \, , \, \frac{1}{2}a(-1-\sqrt{5}) \, 。$$

歐幾里得對於此命題的解法，等同於作出方程式的第一個根（第二個根是負的）。

作正方形 $ADCB$ 以及 $\overline{AD}$ 之中點 E。再作出圓（$E, \overline{EB}$）與 $\overline{DA}$ 延長線之交點 F。作出正方形 $AXGF$。則 X 即為所求之點。

歐幾里得的證明方法如下（簡化的形式，並使用現代的符號表示）：

$$AE = \frac{1}{2}AD = \frac{1}{2}a$$

因此，在直角三角形 EAB 之中，我們可得：

$$EB = \sqrt{a^2 + (\frac{1}{2}a)^2} = \frac{1}{2}a\sqrt{5}$$

於是，

$$\begin{aligned} AF &= EF - EA \\ &= EB - EA \\ &= \frac{1}{2}a\sqrt{5} - \frac{1}{2}a = \frac{1}{2}a(-1+\sqrt{5}) \end{aligned}$$

等式 (1) 是一個二次方程式的特殊形式，在《幾何原本》後面的幾冊之中，包含了一些等價於解一般二次方程式的尺規作圖。

在命題 IV-11，歐幾里得提供了正五邊形的尺規作圖方法。為此，他首先證明（在命題 IV-10）如何**作一個底角等於（度量上）頂角兩倍的等腰三角形**。我們將使用現代的符號以及角度的測量，來提供命題 IV-10 的證明。（歐幾里得從不測量角度，請參見命題 I-1 後面的備註）。

假設 *ABC* 是滿足條件的三角形，其中 *AC* = *BC*（如圖 6-36 所示）。則角 *A*、角 *B* 與角 *C* 的角度分別為 72°、72°、36°。

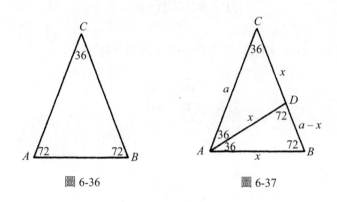

圖 6-36　　　　　圖 6-37

令 $\overline{AD}$ 為角 *A* 的平分線（如圖 6-37 所示），則

$$m\angle BAD = 36° = m\angle C。$$

由此可得，$\triangle ABC \sim \triangle DBA$（角度全等），
因此，

$$AB = AD。$$

又因為

$$m\angle CAD = 36° = m\angle C，$$

我們可得

$$CD = AD。$$

令 $AC = a$ 且 $AB = x$，則

$$AB = AD = CD = x$$
$$BD = BC - CD = a - x。$$

再由三角形 ABC 相似於三角形 DBA，我們可得：

$$\frac{AB}{CB} = \frac{DB}{AB}$$

也因此，

$$\frac{x}{a} = \frac{a-x}{x}。$$

這個比例式，可進一步導出方程式 (1)

$$x^2 + ax - a^2 = 0，$$

其正根為：

$$\frac{1}{2}a(-1+\sqrt{5})，$$

如果給定線段 a 的長度，則可以利用尺規作圖作出此正根（如圖 6-35 所示），由此可知，我們可以作一個滿足 $AC = BC$ 且 $m\angle C = 36°$ 的

三角形 ABC，也就是命題 IV-10 之中所求的三角形。

　　為了作出正五邊形，我們觀察如下：如果五邊形 ABCDE 為圓內接正五邊形（如圖 6-38 所示），則此圓被分成的五段弧，所對之圓心角皆為 360°/5 = 72°。作 AD 與 BD，則 AD = BD（等弧所對之弦），且 $m\angle ADB = \dfrac{1}{2} m(arcAB) = 36°$。

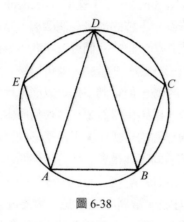

圖 6-38

　　因此，正五邊形的作圖方法如下所示：

1. 任取一線段，並令其長度為 a。

2. 作另一長為 $x = \dfrac{1}{2} a(-1 + \sqrt{5})$ 的線段。

3. 作一個三邊長為 x、a、a 的等腰三角形 ABD。

4. 作此三角形之外接圓。

5. 完成此正五邊形。

　　在正五邊形 ABCDE 的作圖過程之中，我們首先選取一條長度為 a 的對角線 AD；接著再作出三內角分別為 36°、72°、72° 的三角形 ABD；最後，便完成了正五邊形的尺規作圖。歐幾里得則是首先選定外接圓，然後，再作一圓內接正五邊形。

　　希臘人之所以對正五邊形作圖感興趣，有兩個主要的理由。正五邊形，或者由連接正五邊形各對角線所得的五角星形（five-pointed star），是畢氏兄弟會的神祕符號。再者，圓內正五邊形的作圖以及其邊長的計算，是得到圓的弦長表的基本步驟（請參考本書之 7-5 節），這些表對於希臘的天文學是相當重要的，並且經過數個世紀的發展，至今日成為我們所使用的三角函數表。

除了正三角形、正方形以及正五邊形的作圖之外，歐幾里得還討論了正六邊形（hexagon）、正十邊形（decagon）以及正十五邊形（quindecagon）的作圖。上述的最後一個圖形，是利用結合正三角形以正五邊形的方法來作圖。也許我們會有疑問：為什麼歐幾里得不討論其他邊數的正多邊形作圖呢？當然，他可以納入正八邊形、正十二邊形與正十六邊形的作圖，但它們都是可以簡單地利用正四邊與正六邊形直接作出，所以，歐幾里得並未在《幾何原本》之中討論這些圖形的作圖。利用尺規作圖的方式作出正多邊形的這個問題，變得和古希臘「三大著名難題」同等地重要。解答這個問題的一個重要貢獻，是高斯（Karl Friedrich Gauss）於西元 1796 年的研究成果，他發現了正十七邊形的作圖方法。當高斯完成此一重要成就時，他年僅十九歲。同時，這個成果也激勵他決定成為數學家，實際上，他最終也成為史上最偉大的數學家之一。

在發現了正十七邊形的尺規作圖方法之後，高斯也發現了判斷任意正 n 邊形是否可以尺規作圖的規則。他並區分了 n 是質數與 n 是合成數的兩種情況。

他首先證明了如果 n 是質數，則正 n 邊形可尺規作圖的充要條件為 n 可以表示成 $2^m + 1$ 的形式，其中 m 是自然數。下表所示為代入連續的 m 之後所得到的 n 值。因為 3，5，17 都是質數，高斯的定理告訴我們，其所對應的正 n 邊形都是可以尺規作圖的。

m	n	n 是否為質數？
1	3	是
2	5	是
3	9	否

4	17	是
5	33	否
·	·	·
·	·	·
·	·	·

高斯接下來證明了如果 *n* 是合成數，則正 *n* 邊形可尺規作圖的充要條件為 *n* 可以表示成相異質數與 2 的冪次（其冪次可以是 0）之乘積，而這些質數必須形如 $2^m + 1$。舉例來看，因為 15 = 5・3，而且 3 和 5 都是形如 $2^m + 1$ 的不同質數，所以正十五邊形是可以尺規作圖的。然而，正九邊形並不能尺規作圖，這是因為 9 = 3・3，而 3 與 3 重複了。正三十三邊形亦無法尺規作圖，因為 33 = 3・11，而 11 並非形如 $2^m + 1$ 的質數。

　　特別值得一提的是，高斯的這項成果在數學史上深具意義，不僅是因為年紀輕輕就解決了困擾數學家們兩千年的難題，更是因為他利用了數論的方法，解決了這個幾何學上的難題。

習題 6-13

1. 第 II 冊的命題 4 如下（以現代的符號表示）：$(a + b)^2 = a^2 + 2ab + b^2$。歐幾里得證明這個命題的方法，如圖 6-39 所示：
   (a) 利用該圖形所示，給出此命題的證明。
   (b) 仿照歐幾里得的方式，試寫出此命題之文字敘述。
2. 第 II 冊的命題 2 如下所示：如果任意二分一個線段，則這個線段與分成的兩個線段分別構成的兩個長方形面積之和，等於在原線段上作成的正方形面積。試寫出一個等價於這個命題的代數等式，並作一個能表示此命題的圖形。
3. 試證明：圓內接正六邊形每一邊長度皆等於圓之半徑。試作一個正六邊形。為什麼螺帽以及螺栓頭的形狀要不是正方形就是正六邊形，而不是三角形或正五邊形呢？

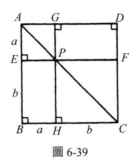

圖 6-39

4. 試作一個正 12 邊形。

5. 我們已證明（在第 4 章之中）60° 角不能使用直尺與圓規來三等分。利用這個事實，來證明正九邊形無法尺規作圖。

6. (a) 試證明正七邊形無法尺規作圖。

 (b) 試證明正十四邊形無法尺規作圖。

7. 有一個傳說，為什麼美國國旗上的星星是五角星形，是因為 Betsy Ross 知道如何從布料裁切下五角星形的簡單方法。取一張寬與長為 $8\frac{1}{2}$ 與 11 的紙，然後，如圖 6-40 所示的順序摺疊並裁切，便能裁下一個五角星形（或可能是五邊形，或是一個凸十邊形，由最後裁切的角度來決定）。然而，這個方法並不是精確與嚴密的。

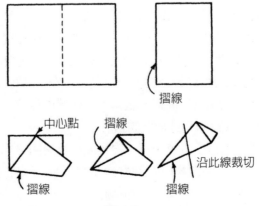

圖 6-40

8. (a) 試作一個第 241 頁所提到，三個內角分別為 36°、72°、72° 的三角形，並使得其中的 a 線段長為 3 英吋。

   (b) 在給定的圓裡，作一個三個內角分別為 36°、72°、72° 的內接三角形。

   (c) 在 (b) 之圓內，作一個正五邊形。

9. 尋找正十七邊形的尺規作圖法，並實際作一個正十七邊形。

6-14《幾何原本》中的數論

　　歐幾里得通常被視為一個幾何學家，然而，在第 VII 冊、第 VIII 冊以及第 IX 冊的內容之中，主要有關於數論方面的研究，其中部分的重要定理如下：

1. 有無窮多個質數。（命題 IX. 20）

2. 針對一大類正整數的算數基本定理。（命題 IX. 14）

3. 找出兩正整數之最大公因數的輾轉相除法。（命題 VII. 2）

4. 如果 $2^n - 1$ 是一個質數，則 $2^{n-1}(2^n - 1)$ 是一個完全數（perfect number）。（命題 IX. 26，參見 3-6 節）

　　在證明 (1) 之前，我們需要第 VII 冊之命題 31：**每一個合成數都可以被一個質數來量盡（measure）**。（歐幾里得所謂的「量盡」（measure）即為「可整除」（divisible））。歐幾里得的證明過程如下：如果 a 是一個合成數，則 a 有一個因數 b，這個數 b 可能是質數，不然就是一個合成數。如果 b 是質數，則得證此定理。如果 b 是合成數，則 b 會有一個因數 c，同時，c 也會是 a 的因數。這個整數 c 不是質數就是合成數。若是第一個情況中，則得證此定理。在第二個情況之中，c 會有一個因數 d，於是 d 會是 b 的因數，並且也是 a 的因數。我們可以持續上述過程，如果我們無法得到一個質因數，我們將會得到一個無限的數列，其中每一項都比前一項來得小，這在正整數（全數）之中是不可能發生的事，因此，在 b 是合成數的情況之中，a 也會有一個質因數。

　　歐幾里得將第 IX 冊命題 20 表示如下：**質數的個數比任何的給定數量（preassigned）的質數都來得多。**[8] 為了證明這個命題，歐幾里得選擇三個質數 a、b、c 來作為給定數量的質數，現在，必須證明存在一個不同於 a、b、c 的質數。考慮被 a、b、c 整除的最小整數 s（這當然是 $a \cdot b \cdot c$ 這個數），然後再加上 1，這時得到 $s+1$ 這個數，如果 $s+1$ 是質數，則證明了這個定理（$s+1$ 比 a、b、c 都來得大），如果 $s+1$ 不是質數，則它可以被一個質數 d 所除盡（第 VII 冊之命題 31），我們現在必須證明 d 與 a、b、c 皆不相等。假設 $d = a$，則 d 不整除 $s+1$。這是因為 a 不整除 $s+1$（a 整除 s）。同理，d 也不等於 b 或 c，因此，d 是一個不等於 a、b、c 的質數。

　　雖然上述只給出了三個質數的證明，但我們可以立刻發現，相同的論證過程可以被用來證明：永遠有一個比給定任意數量的質數來得更大的質數。因此，這的確可以證明質數的個數有無限多個。

　　關於第 IX 冊命題 14 之算術基本定理（Fundamental Theorem of Arithmetic）的現代敘述為：**每個大於 1 的整數都是質數或者在不考慮因數次序的情況下，可以被以唯一的方式寫成質數的乘積。**歐幾里得僅證明了可被分解為**相異**質數乘積的這類數目，我們在此將不提供這個定理的證明。

　　下面，我們接著將說明第 VII 冊的命題 2。假設我們希望找出 72 和 20 的最大公因數，對這二個數使用除法運算，我們會得到：

$$72 = 20 \cdot 3 + 12 \, \text{。} \tag{1}$$

繼續地，我們對 20 與 12 使用除法：

$$20 = 12 \cdot 1 + 8 \, \text{；} \tag{2}$$

8　譯按：由此可見，歐幾里得的原版並未述及無限，此一概念乃是推論的結果。

再對 12 與 8：

$$12 = 8 \cdot 1 + 4 ; \tag{3}$$

然後對 8 與 4：

$$8 = 4 \cdot 2 + 0 \text{。} \tag{4}$$

從第 (1) 式，可得到 72 和 20 的最大公因數與 20 和 12 的最大公因數相等。同理，從第 (2)，(3)，(4) 式，20 和 12、12 和 8、8 和 4，以及 4 和 0 的最大公因數都會相等。因此，72 和 20 的最大公因數會與 4 和 0 的最大公因數相等。4 和 0 的最大公因數是 4，因此，72 和 20 的最大公因數也是 4。

　　在第 (1)，(2)，(3)，(4) 式之中，除數分別為 20，12，8 和 4，我們發現最後一個除數 4 為 72 與 20 的最大公因數。

　　這個找出兩個數最大公因數的程序被叫作「輾轉相除法」或「歐幾里得算法」（Euclidean algorithm），它可以寫成下列形式：

$$
\begin{array}{r}
3 \\
\hline
20\,)\,72
\end{array}
$$

$$
\begin{array}{r}
60 \quad\ 1 \\
\hline
12\,)\,20
\end{array}
$$

$$
\begin{array}{r}
12 \quad\ 1 \\
\hline
8\,)\,12
\end{array}
$$

$$
\begin{array}{r}
8 \quad\ 2 \\
\hline
4\,)\,8
\end{array}
$$

$$
\begin{array}{r}
8 \\
\hline
0
\end{array}
$$

於是，最後一個除數 4 即為 72 與 20 的最大公因數。

　　輾轉相除法是下列現代定理的證明基礎：**如果 *a* 和 *b* 是正整數，且最大公因數為 *d*，則存在整數 *x* 與 *y*，使得**

$$a\,x + b\,y = d。$$

套用此定理於我們的例子之中，可以發現方程式：

$$20\,x + 72\,y = 4$$

有一個整數解。實際上，藉由簡單的試驗，我們可以發現 (–7, 2) 是一組滿足此方程式的整數解。

　　讓我們回到第 6-13 節之中所提到的正十五邊形問題，因為 15 = 5 · 3，且 3 和 5 是具有 $2^m + 1$ 形式的不同質數，所以，正十五邊形可以利用尺規作圖作出來。我們將利用上述定理來展示如何畫出這個正多邊形。

　　5 和 3 的最大公因數是 1，因此，$3x + 5y = 1$ 有整數解。稍微檢查一下，我們便可以發現 $x = 2$，$y = -1$ 是一組解，因此：

$$3(2) + 5(-1) = 1$$

同除 15，我們得到：

$$\frac{3(2)}{15} + \frac{5(-1)}{15} = \frac{1}{15}$$

或者：

$$\frac{2}{5} - \frac{1}{3} = \frac{1}{15} \tag{5}$$

（如圖 6-41 所示）。在一個圓之中畫一個等邊三角形（以 $\overline{AB}$ 為邊），以及一個正五邊形（以 $\overline{AC}$ 為邊）。則我們會有：

AD 弧長 $= \dfrac{2}{5}$ 周圓。

AB 弧長 $= \dfrac{1}{3}$ 周圓。

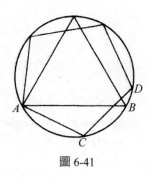

圖 6-41

因此，由第 (5) 式，

AD 弧長 $- AB$ 弧長 $= BD$ 弧長 $= \dfrac{1}{15}$ 周圓。

現在，我們就可以完成正十五邊形的作圖了。

我們已經討論了一些歐幾里得《幾何原本》中的重要內容。他同時也留下其他的數學工作成果。在他之後，阿基米德（287?-212 B. C.）與阿波羅尼斯（225 B. C.）延續了數學的發展。直到最遲西元 470 年為止的這段期間內，其他另外一些數學家擴展了希臘時期的數學成果。歐幾里得之後的部分希臘數學家，將在第 7 章提到。

習題 6-14

1. 試說明 496 是一個完全數。
2. 試找出兩個整數 x 與 y，滿足 $3x + 17y = 1$。使用此結果，並藉由結合同一圓之中的內接正三角形與正 17 邊形的方式，說明如何作出正 51 邊形。

3. 試利用輾轉相除法找出下述整數的最大公因數：
   (a) 30 和 105　　(b) 52 和 2730　　(c) 312 和 396　　(d) 24，180 和 7260

4. 找出兩個整數之最大公因數的第二個方法如下：將每個數寫成質因數之乘積，並取出共同因數之中，所有冪次較小項之乘積。請應用上述方法來解習題 3 的 (a) 與 (c)。

參考書目

針對《幾何原本》的一個完整的（英文）翻譯與分析，請參見書目 [21]（該書第 3 章）。

對於平行公理的等價形式之討論，請參考下列：

[31]　Bunt, Lucas N. H., "Equivalent Forms of the Parallel Axiom," *The Mathematics Teacher*, vol. 40（1967）, pp. 641-652.

對於非歐幾何學的討論，請參考下列：

[32]　Eves, Howard, *A Survey of Geometry*, rev. ed. Boston: Allyn and Bacon, Inc., 1972.

[32]　Wolfe, H. E., *Intorduction to Non-Euclidean Geometry*. New York: Holt, Rinehart and Winston, Inc., 1945.

CHAPTER 7
後歐幾里得時代的希臘數學：
歐幾里得 vs. 現代方法

7-1 希臘數學的跨度

隨著我們遠離一個物體的同時，該物體看起來會愈顯渺小，最終，我們再也看不見它的細節，也無法確定各部位之間的所有關係。不管從時間上或是空間上的觀點來看，這都是千真萬確的事實。我們所談論的希臘數學就宛如是一個整體，它曾經存在過一段時間。而實際上，希臘數學活動總共橫跨了一千多年，從大約西元前 600 年的泰利斯（Thales），到大約是西元 470 年的普勞克斯（Proclus）。

阿基米德（Archimedes，西元前 287-212 年）和阿波羅尼亞斯（Apollonius，約西元前 225 年）是緊接在歐幾里得（Euclid）之後的一世紀內的數學家。這三位是希臘數學史上最偉大的數學家。其他許多幾近偉大的數學家，不單是他們對歐幾里得作品的評論、註解以及相關的延伸研究而聞名，同時也因為他們個人的定理以及自身的延伸作品而為人所知。數學系的學生多半也曾聽過埃拉托斯特尼（Eratosthenes，約西元前 230 年）篩法，海龍（Heron，約西元 75？年）的三角形面積公式，丟番圖（Diophantus of Alexandria，約西元 250？年）方程式，托勒密（Ptolemy，約西元 150 年）的宇宙系統，以及帕布斯（Pappus，約西元 320 年）旋轉體的表面積和體積的定理。查爾斯金斯利（Charles Kingsley）寫了一本有關希帕蒂亞（Hypatia）的小說，她是第一位女性數學家，亦是席翁（Theon of Alexandria，約西元 390 年）的女兒。

就如同忽略希臘數學所橫跨的漫長時間一樣，一般人也容易忽略希臘數學家在地理位置上的分布狀況。許多希臘學者一生居住的地方，皆遠離現今的希臘半島。住在尼羅河河口的亞歷山卓的數學家，共包含了歐幾里得、埃拉托斯特尼、海龍、丟番圖、托勒密、帕布斯以及席翁。而畢達哥拉斯（Pythagoras）居住於義大利的克羅托納（Crotona），阿基米德居住在西西里島，以及阿波羅尼亞斯居住在帕加（Perga）及帕加曼（Pergamum），它們位於現在的土耳其。

幾千年來，數學家的研究興趣及數學活動一直在變化。我們與希

臘數學之間的時代差距，反而是研究上的一大助益。我們可以宏觀地「看見整片森林」，看見其寬廣的趨勢，這或許是生存於該時代的人們所無法洞悉的。早期希臘人是純粹主義者、哲學家、理論家，而後期，阿基米德則是對物理原理的實際應用感到極大的興趣，並且創造出一些重要的發明，但他卻相信他的重要成就，都是純理論的部分。海龍是更後期的希臘數學家，他曾經撰寫過關於氣體的和水力的機械，以及關於測量問題和儀器等著作。至於托勒密，則如同其數學成就一般，他的天文學、地理學以及地圖之製作，亦為人所熟知。

　　然而，並非所有後期的希臘數學家都從事有關幾何的研究，或者直接以實用為目標。丟番圖的作品即是關於數字理論的本質，他甚至引進一些初步的代數符號法則。當時，對畢氏學派的哲學觀及其數字神祕主義的興趣也再次興起，這種主張被稱為「新畢達哥拉斯主義」（neo-Pythagoreanism），其典型的著作為**尼克馬庫斯**（Nicomachus of Gerasa，約西元 100 年）和**伊亞姆布利科斯**（Iamblichus，約西元 300 年）。

　　針對後期希臘數學家在數學與科學上的多方面成就，本書範圍有限無法納進詳細的研究成果。然而，我們將討論一些近期出現、且有時依舊會出現在教科書上的主題。在此討論之後，我們將回來對公設方法進行分析，特別是這關聯到亞里斯多德及歐幾里得。

7-2 阿基米德及埃拉托斯特尼

　　阿基米德在亞歷山卓接受教育，但他大半輩子都居住在他的家鄉——西西里島。他是史上偉大的數學家之一，他的一些想法遠超越他生存的時代。1906 年，考古學家發現並破解阿基米德寄給埃拉托斯特尼——居住在亞歷山卓港的老朋友——的一封信件，就如同偵探故事般的情節。[1]在信裡，他告訴了埃拉托斯特尼他用來發現關於面

---

[1] 譯按：有關阿基米德如何發現公式的《方法》，先是在 1906 年，由丹麥的考古學家海伯格（Heiberg）在君士坦丁堡圖書館發現。後來該文本隨即失

積、體積以及重心理論的方法，而阿基米德的發現方法，很接近十七世紀牛頓和萊布尼茲在發展微積分時所用的方法。然而，當他發表他的結論時，使用了傳統的希臘式證明，而且並未解釋自己是如何發現這些理論。幾世紀以來，他的結論和證明始終為數學家和天文學家們保存與使用著，習題 4-7 第 9 題正是他影響了約翰尼斯 · 克卜勒（Johannes Kepler）的一個例子。假使他的發現方法，早在他有生之年就被人們知道且理解，今日的數學可能會有更大的進步！

　　藉由證明「球體體積 = 球的外切圓柱的體積 − 內接於該圓柱的圓錐體積」（見習題 7-2 之第 2 題），阿基米德推導出球的體積公式。這個定理中的相關圖形，被認為是他要求銘刻在自己的墓碑上。證明的方式包含比較三個立體圖形的橫截面，這個方法與卡瓦列利（Cavalieri, 1598-1647）的想法是極為相似的。

　　此外，有很多關於阿基米德的為人以及他的機械發明的傳說，這包括他發明的戰爭機械被用來防禦他的家鄉 —— 敘拉鳩斯（Syracuse），抵抗從海上來的羅馬入侵者。這些機械包含槓桿、滑輪、抓取裝置以及燃燒鏡。他的螺線可被用來將角度三等分（見習題 7-2 第 3 題），而且也造出一套類似現代的離心幫浦模型。他的《數沙者》（*Sand-Reckoner*）則是一本討論如何寫出以及計算大數的專論，例如，求出全世界的沙子的顆粒數。藉由將正九十六邊形分別內接和外切於一圓，他計算出 π 是介於 $3\frac{1}{7}$ 和 $3\frac{10}{71}$ 之間。我們已經討論過他用來將角度三等分的一種裝置（參見第 4-6 節），這與剛才提到的螺線方法不同。一個數學公設也以他的名字來命名，[2] 而這個公設對於實數系與實數線的拓樸性質等近代數學發展而言，有著根本的重要性。

　　埃拉托斯特尼則以測量地球的周長而聞名。而**埃拉托斯特尼篩**

蹤，直到 1998 年紐約佳士得拍賣市場重新現身。《方法》的重現江湖，歷程曲折也不亞於偵探故事。參考，內茲、諾爾，《阿基米德失落羊皮書》，天下文化出版，2007。

[2] 譯按：這即是所謂的阿基米德公設。

法則是尋找質數的一個簡單的方法。埃拉托斯特尼考慮整數數列 2，
3，4，5，…，在第一個質數 2 之後，他刪除掉其他所有的 2 的倍數，
也就是 4，6，8，10，…，在第二個質數 3 之後，他刪除掉所有 3 的
倍數，6，9，12，15，…，在 5 之後，他刪除掉所有 5 的倍數，7 之
後則是 7 的倍數，以此類推。剩餘的數字

$$2，3，5，7，11，13，17，19，23，\cdots$$

都是質數。

　　數學家已經找到其他尋找質數的方法，但並未找到一個能用以判
斷任一個給定的大數是否是質數的實用程序，也沒有發現可以用來製
造出所有質數的公式。歐幾里得證明沒有最大的質數；高斯和其他人
則證明隨著整數愈大，質數在整數數列裡就愈顯稀少。

習題 7-2

1. (a) 請使用埃拉托斯特尼篩法找出小於 100 的所有質數。
   (b) 解釋為什麼只需要刪除到 7 的倍數就可以找出小於 100 的質數。
   (c) 要找出小於 n 的質數之過程中，其倍數必須要被刪除的最大質
       數為何？
2. 圖 7-1 表示的是阿基米德的圓柱、球以及圓錐為一平面 P 所截。
   (a) 證明對那些由 P 所截出的圓而言：被球所截出的面積＝被圓柱
       所截出的面積－被圓錐所截出的面積。
   (b) 利用 (a) 的結果證明：球的體積＝圓柱的體積－圓錐的體積。
       （提示：假設圓柱可看成一疊很薄的圓盤。）
   (c) 以現代的球、圓柱以及圓錐的體積公式檢查 (b) 的結果。

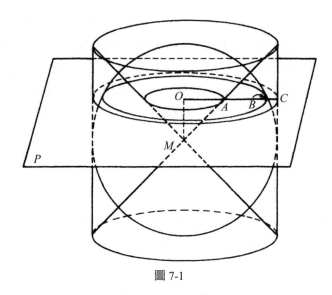

圖 7-1

3. 阿基米德螺線在極座標系中的方程式被定義為 $\rho = a\theta$。

   (a) 選定長度單位並描繪出阿基米德螺線。

   (b) 試說明這個螺線如何被用以將一給定角三等分。

4. 請閱讀阿基米德的傳記並對此提出報告。

5. 請閱讀埃拉托斯特尼的傳記並對此提出報告。以一圖表解釋他測定地球的半徑及其周長的方法。

7-3 阿波羅尼亞斯

　　阿波羅尼亞斯最重要的貢獻，在於他對圓錐曲線的研究。我們在之前的章節之中，已經知道（請參見第 4-5 節）梅內克繆斯（Menaechmus）將立方體放大兩倍的問題化簡為尋找兩個拋物線之交集的問題；而三等分問題則透過雙曲線的使用得以解決（參見習題 4-7 第 15 題）。歐幾里得所寫過有關圓錐曲線的著作早已失傳。不過，阿波羅尼亞斯將早期希臘數學家的研究，加以組織及綜合，並且大大地延伸。在他的七冊圓錐曲線的書中，前面四冊被認為是依據歐

幾里得的作品而寫。阿波羅尼亞斯將這些圓錐曲線分別命名為**橢圓**、**雙曲線**以及**拋物線**，並且發展出如何作出它們的切線及法線的方法。

　　阿波羅尼亞斯解決了困擾古代幾何學家已久的十道相切的問題。這些問題是處理如何作出一個和其他三個給定的圓相切的圓，而這三個給定的圓允許個別獨立退化成點（透過收縮）或直線（透過無限擴張）。舉例來說，給定三點，作出一圓同時通過那三點；或給定三直線，作出一圓同時與那三直線相切；或給定一點、一直線及一個圓，作出一圓通過該點，同時與給定的直線和給定的圓相切。

　　阿波羅尼亞斯也寫過關於二刻尺解法（verging constructions，參見 4-6 節）的研究；然而，在圓錐曲線方面的研究是他最偉大的成就，而這些成就也為天文學家及數學家，如克卜勒、伽利略（Galileo）、哥白尼（Copernicus）、笛卡爾（Descartes）以及牛頓（Newton）等人所熟知。

習題 7-3

1. 透過列出點、直線、圓這三個元素所畫出的可能組合，定義出這十道相切的問題。並為每個問題描繪出其圖形。
2. 給定不共線的三個點 A、B 和 C。作一通過 A、B、C 三點的圓。
3. 給定三直線，其中任兩條直線皆互不相平行，且此三直線不共點。作圓與此三直線相切。（提示：有四個解。）
4. 給定三直線，其中兩條直線互相平行。作圓與此三直線相切。
5. 在什麼樣的情況下，尋找一個與三給定直線相切的圓不會有解？是否存在三直線使得僅能畫出一個且僅有一個圓與它們相切？
6. 其中一道相切的問題是：給定三個圓，作一圓與它們相切。給定的圓有很多種可能的組合。
   (a) 描繪出一個沒有解存在的組合情形。
   (b) 描繪出一個存在八個解的組合情形。
7. 以下的定理已經被認為是阿波羅尼亞斯所完成的（見圖 7-2）。

假若 $\overline{CM}$ 是 △ ABC 的一條中線，且若 $AB = c$、$BC = a$、$CA = b$ 以及 $CM = m$，則：

$$a^2 + b^2 = 2m^2 + 2\left(\frac{c}{2}\right)^2 \text{。}$$

(a) 試證明此公式。（提示：由 C 點作高，並應用畢氏定理。）

(b) 證明若 $\angle ACB$ 為一個直角，這個定理可以化簡為畢氏定理。

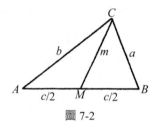

圖 7-2

7-4 海龍及丟番圖

海龍的名字會常常被聯想到與三角形的邊長有關的三角形面積公式：

$$A = \sqrt{s(s-a)(s-b)(s-c)}$$

其中 $s = \frac{1}{2}(a + b + c)$。

雖然這公式可能實際上是源自於阿基米德，但它會被聯想到海龍是很自然的事情，這是因為他的證明方法，是我們目前所發現證明之中最古老的一個。海龍熱衷於研究測量、求積法以及光學等問題，他的著作包含了關於水力和蒸汽驅動的儀器，並且發明了第一部噴射引擎。相較於古早希臘數學家們在哲學上的探討興趣，他對這些主題的興趣代表著一項轉變。

　　至於丟番圖，大家對他的生存是存疑的，然而，多數學者認為他大約生活在西元250年的亞歷山卓。丟番圖的《數論》（*Arithmetica*）這本書收集了 150 個已被解決的問題，每個解法都依賴一個多項式方程式，有時候會多於一個未知數，而其有理根即為待尋找的解。這個對於有理解的限制，正是現在習慣稱為「丟番圖方程式」（Diophantine equations）——專門求解多變數方程式整數解的這類方程式——問題的源頭。

　　或許丟番圖最重要的數學成就，在於他對代數符號使用上所帶來的貢獻。他使用了下列縮寫符號，以表示未知數（x）的次方：

$$\overset{\text{o}}{M} \qquad 一（x^\circ）$$

$$\varsigma \qquad 數目（x）$$

$$\Delta^Y \qquad 平方（x^2）$$

$$K^Y \qquad 立方（x^3）$$

$$\Delta^Y\Delta \qquad 平方－平方（x^4）$$

$$\Delta K^Y \qquad 平方－立方（x^5）$$

$$K^Y K \qquad 立方－立方（x^6）$$

　　丟番圖依下列規則寫出多項式：

1. 係數是以希臘數字寫在未知數之後方（見第87頁的希臘數碼表）。
2. 所有被減去的項寫在此符號 "⋀" 之後。
3. 被加的項全部寫在一起，不需要任何的加號，對於被減的項亦是如此。

　　例子

$$\Delta^Y \overline{\gamma}\ \overset{\text{o}}{M}\ \overline{\iota\varepsilon} = 3x^2 + 15$$

$$\Delta^Y\Delta\overline{\alpha}\ \overset{\text{o}}{M}\ ϡ⋀\Delta^Y\overline{\xi} = x^4 - 60x^2 + 900$$

$$K^Y\overline{\alpha}\ \varsigma\ \overline{\eta}\ ⋀\ \Delta^Y\overline{\varepsilon}\ \overset{\text{o}}{M}\ \overline{\beta} = x^3 - 5x^2 + 8x - 2$$

這些例子顯示丟番圖幾乎和我們現代的書寫方式一樣，可以簡潔地寫出多項式。

由於丟番圖作品的原創性，以及《數論》在文藝復興時期及其後期的西方歐洲的唾手可得，使得丟番圖比起其他希臘數學家而言，更能在代數符號和數論上帶來更大的影響。

習題 7-4

1. 海龍公式可被視為下述由婆羅門笈多（Brahmagupta，印度，西元七世紀）所推導出，關於內接圓中的凸四邊形面積公式之特例：

$$A = \sqrt{(s-a)(s-b)(s-c)(s-d)}$$

其中 A 表示面積；a、b、c 和 d 為其邊長；且 $s = \dfrac{1}{2}(a+b+c+d)$。

試證明如果圖 7-3 中的 A、B 和 C 點保持固定，當 D 點沿著圓靠近 A 點時，此四邊形會逼近一個三角形，而且婆羅門笈多公式會逼近海龍公式。

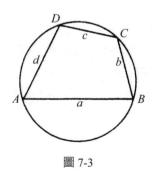

圖 7-3

2. 試證明海龍公式。

3. 以下問題是源自於丟番圖的《數論》：請找出兩數使得它們的和為 20，且它們的平方和為 208。在解決此問題時，他假設這兩數

為 $10 + x$ 和 $10 - x$（因為這兩個數的和為 20；請參見第 66 頁的例題 2，巴比倫人所使用的類似方法）。試求出這道問題的答案。

4. 另一個源自於《數論》的問題是：找出兩數使得它們的和為 10 且它們的立方和為 370。利用上述第 3 題的解法解決此問題。

5. 請查閱參考文獻 36（本章末）以及參考文獻 7（第 1 章末）裡，關於丟番圖符號使用的相關討論。

6. 請將下列各題翻譯成現代的符號：

(a) $\Delta^Y \overline{\xi} \overset{o}{M} \overline{,\beta \varphi \kappa}$

(b) $\Delta^Y \Delta \overline{\alpha} \overset{o}{M} \overline{\lambda \varsigma} \wedge \Delta^Y \overline{\iota \beta}$

(c) $\Delta K^Y \overline{\gamma} \Delta^Y \overline{\iota \gamma} \varsigma \overline{\mu \varepsilon} \wedge \Delta^Y \Delta \overline{\delta} \overset{o}{M} \overline{\sigma \kappa \eta}$

7. 請將下列各題翻譯成丟番圖的符號：

(a) $32x + 9$

(b) $41x^2 - 3$

(c) $2x^3 - 3x^2 + 48$

7-5 托勒密及帕布斯

除了前述的數家學之外，還有許多晚期的其他希臘數學家，他們的研究變得更講究實用性與計算性。然而，在延伸他們前輩們想法的同時，他們也持續預示後世在微積分、解析幾何以及投影幾何這些研究上的新展望。

我們對於托勒密的生平幾乎一無所知，但我們知道他住在西元第二世紀的亞歷山卓港，而那裡就是他進行天文觀測的地方。他的主要著作《天文學大成》（*Almagest*，阿拉伯語，是「最偉大的」（the greatest）的意思）被保存了下來，《天文學大成》的第一冊包含欲建立圓心角所對應之弦長表時，所需用到的相關定理。這份表格就等同於現代的正弦函數表，托勒密建立了從 $\frac{1}{4}$。到 90° 並且間隔為 $\frac{1}{4}$。的所有角度的表格，而這份表格正是他用來發展他的宇宙系統的數學工

具之一。

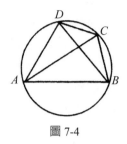

圖 7-4

托勒密定理，即建立此份表格的基本定理（如圖 7-4）：若 *ABCD* 是一個內接於一圓的（凸）四邊形，則

$$AB \cdot CD + AD \cdot BC = AC \cdot BD$$

習題 7-5 的第 6 題將會要求讀者進一步證明此一定理。

托勒密使用上述的定理，建立了一些與現代的三角學等價的公式，例如，他可以證明下列等式：

$$\sin(\alpha - \beta) = \sin\alpha \cos\beta - \cos\alpha \sin\beta \ (\text{請參見習題 7-5 之第 8 題})$$

接著，利用這些公式來建立他的表格。

居住在亞歷山卓的最後一位偉大數學家是帕布斯。帕布斯的主要作品被稱為《數學匯編》（*Collection*），其大部分已被保存下來，而這就是我們得以知曉阿基米德、歐幾里得、阿波羅尼亞斯以及其他數學家貢獻的重要來源。帕布斯自己的貢獻包含了透過高層次論述三等分問題，也包含了解析幾何的基本原理、等周問題（在此他分析了蜜蜂的六角形巢穴的效能），以及圓錐曲線（包含焦點─準線（the focus-directrix property）命題）。

帕布斯最引以為傲的定理如下：若一封閉的平面曲線以一平面上

未通過該曲面的直線為中心軸旋轉，則此固體的體積，為該曲線所圍成的面積與截面的質心所繞的路徑長的乘積（見圖 7-5）。他也給了上述定理的伴隨定理（companion theorem）：若一曲線以一平面上未通過該曲線的直線為中心旋轉，則此曲面的表面積，為該曲線的長度與該曲線的質心所繞的路徑長的乘積。習題 7-5 的第 2 題將要求讀者實際應用這些定理。

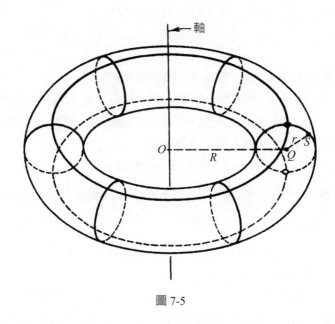

圖 7-5

　　我們一再重複地指出，希臘幾何學與現代幾何學觀點之間的對比與連結。在離開希臘幾何學之前，我們將會在下一節裡更深入地檢視這些問題。

習題 7-5

1. 尼克馬庫斯（Nichomachus）將畢達哥拉斯關於平方數的定理推廣到立方數。這定理是：前 n 個奇數和為 n^2（見習題 3-6 第 7

題）。尼克馬庫斯發現吾人可透過將連續的奇數數列相加（第一個奇數、下兩個奇數、接著的三個奇數，以此類推），可以得到連續的立方數（1^3、2^3、3^3、… ），意即：

$$1 = 1^3$$
$$3 + 5 = 8 = 2^3$$
$$7 + 9 + 11 = 27 = 3^3$$
以此類推

當 $n = 5$ 和 $n = 7$ 時，試檢視尼克馬庫斯的定理。

2. 圖 7-5 表示一個環面〔或輪胎面（torus）〕。這是一個甜甜圈形狀的立體，它是由一個半徑為 r 的圓形區域圍繞一直線旋轉而成，而其圓心與該直線距離為 R。

   (a) 使用帕布斯的定理找出此環面的體積。

   (b) 找出一環面的體積，其中它的孔洞的直徑為 $\frac{1}{2}$ 英吋且穿過此環面的最大距離為 $2\frac{1}{2}$ 英吋。

   (c) 找出孔洞半徑為 r 且圓心與該直線距離為 R 的環面的表面積。

   (d) 找出 (b) 中的環面的表面積。

3. 以下定理是源自於帕布斯：假設 A、C 和 E 為一直線上的三點，且 B、D 和 F 為第二條直線上的三點，則 $\overline{AB}$ 和 $\overline{DE}$、$\overline{BC}$ 和 $\overline{EF}$ 以及 $\overline{FA}$ 和 $\overline{CD}$ 的交點是共線的。請以作圖的方式核證此一定理。

4. 試證明假設一個圓內接四邊形為一個長方形，則畢氏定理是托勒密定理的一個特例。

5. 帕布斯證明了下列的定理（如圖 7-6）：假若 $\overline{AB}$ 是一圓心為 O 的圓的直徑，C 點為 $\overline{AB}$ 上不同於 O 的點，$\overline{DC} \perp \overline{AB}$，且 $\overline{CE} \perp \overline{OD}$，則 OD、CD 以及 DE 分別為 AC 和 CB 的算術平均數、幾何平均數以及調和平均數。

   (a) 試證明此定理（請參考 3-5 節關於上述各平均數的定義）。

(b) 試證明：$DE < CD < OD$。

6. 如圖 7-4。試證明托勒密定理。（提示：找出 $\overline{AC}$ 上一點 E 使得 $\angle ABE \cong \angle DBC$，考慮△ ABE 和△ DBC，以及△ EBC 和△ ABD 的相似性。）

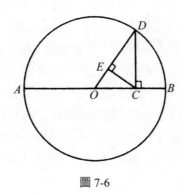

圖 7-6

7. 試證明：在半徑長為 R 的圓中，若角度為 α 的圓周角，其所對應弦長為 k，則 $k = 2R \sin\alpha$。

8. 令四邊形 $ABCD$ 內接於一半徑為 R 的半圓並使得 $\overline{AB}$ 為其直徑。令 $m\angle BAD = \alpha$ 且 $m\angle BAC = \beta$。試利用托勒密定理證明 $\sin(\alpha - \beta) = \sin\alpha \cos\beta - \cos\alpha \sin\beta$。（提示：見上述第 7 題。）

7-6 希臘方法的回顧

根據亞里斯多德，演繹法不同於其他方法的特色主要為下述二點：

1. 概念必須被定義。釐清它們的意義時，不能只是透過源自經驗的例子，而加以模糊地描述。

2. 命題必須被證明。它們不能只是看起來好像是真的，或是只依據經驗上的資料就被認為是正確的。

然而，若沒有一個起始點，便無法給出定義或證明。因此，亞里

斯多德以下列敘述為起始點：

1. 一些用來表示那些未定義的基本概念之存在性敘述（特殊概念）。
2. 一些用來釐清基本概念性質的敘述（亦是特殊概念）。
3. 一些普遍地真實且被用以推導出新命題的敘述（共有概念）。

　　當我們討論歐幾里得的《幾何原本》時，我們發現亞里斯多德的觀點和歐幾里得的方法之間，有明顯的相似之處。

1. 歐幾里得以一些基本的概念作為起始點：點、直線和圓，而在設準 I 到設準 III 之中，則揭示了這些概念的存在性。
2. 在定義 1 到定義 4 以及定義 15 之中，我們發現其陳述了概念之基本性質，它們的目的在於闡明這些概念的意義。
3. 歐幾里得的公理陳述了證明之中會用到的一般性質。

　　目前為止，這些相似之處是顯然的；然而，歐幾里得的系統也依據了：

4. 設準 IV 及設準 V。這兩個設準並不是用來陳述基本概念的存在性，或是闡明它們的意義，亦不具普遍的特性。因此，它們並不屬於亞里斯多德所接受、那三類可用作為演繹系統基礎的任何一個。歐幾里得接受它們是對的，因為它們對於建構歐幾里得公理系統而言，相當重要，但歐幾里得卻未能成功地給出它們的證明。

7-7 歐幾里得系統的反對見解

　　在本書第 6 章之中的好幾個地方，我們已經提過歐幾里得公理系統在現代的觀點之下所產生的缺點，在此，我們再次將它們列出。

1. 此系統的建構是從並非顯而易見的基本知識出發。為了要理解公理，那麼，吾人必須知道「等量」（equal things）、「加」（adding）、「減」（subtracting）、「餘項」（remainder）、「整體」（whole）以及「部分」（part）的意義。
2. 定義 1 到定義 4，以及定義 15 都具有相同的缺點。在這些定義之中，有幾個術語是沒有給定意義的：舉例來說，「部分」（定

義 1）的意義、「沒有寬度」、「長度」（定義 2）、「端」（定義 3）、「平齊」（定義 4）、「平面圖形」、「圍住」、「等同於」（定義 15）。因此，這些定義無法適當地解釋點、直線和圓這些概念的意義。

這導致歐幾里得在建構其系統的過程之中，未曾在任何地方使用到這些定義。因此，它們是可以被省略的（對定義 5 到定義 7 也是如此）。更甚的是，在定義 8 中的平面角之中，也以不被允許的方式，使用「傾斜度」（inclination）來定義。

3. 在一些證明之中，某些得自觀察圖形的性質被視為理所當然，也就是，這些性質並未被證明。我們來回想以下幾個例子：

a. 在命題 1 的證明中，兩圓之交點的存在性。

b. 在命題 2 的證明中，通過圓心的一直線與一圓之交點的存在性。

c. 在命題 4 和命題 8（SAS 和 SSS）的證明中，使用了「平移」（motion），即使「平移」的意義並未被加以定義。

d. 在命題 30 的證明中，直線 $\overline{GK}$ 和 $\overline{EF}$ 之交點的存在性。

因此，歐幾里得接受了許多除設準 IV 和設準 V 之外，也未加以證明的性質。

如果我們想要改進歐幾里得的系統，顯然我們必須提出以下兩點要求：

1. 起始點的嚴格建構。
2. 證明的過程避免產生任何的邏輯缺口；亦即，避免使用任何僅是依賴圖形而建立其正確性的性質。

7-8 演繹法的意義

為了顯示出歐幾里得的系統可以如何加以改進，我們將先解釋演繹（證明）的意義。

例子 1

我們從下列兩個敘述開始：

> 蘇格拉底是人
> 所有人都會死。

由此，我們可以推斷出一個結論：

> 蘇格拉底會死。

　　參考此一例子，我們提出一個問題，而此問題乍看之下似乎很奇怪，但它卻是相當基礎而重要的。這問題就是：我們需要知道「人」（man）、「會死的」（mortal）以及「蘇格拉底」的意義，才能推斷出這個敘述的結論嗎？

　　假設有一個訪客最近抵達我們的國家，他對於我們所用的語言並不太了解，不過，他學過一些單字，而「會死的」（mortal）這個（英文）單字對他而言，是陌生的。當我們告訴他：

> 蘇格拉底是一個人。
> 所有人都…（一個不能理解的單字）

並且我們要求他推斷出一個結論。那麼，他是否擁有足夠的資料回答出：

> 蘇格拉底…（相同的單字）

假若他不知道「人」（man）這個單字，他依舊可以理解：

> 蘇格拉底是一個————
> 所有————都是…

因此，

蘇格拉底是⋯

是一個**有效的論證**（valid argument）。

而且，即使「蘇格拉底」這個單字對他而言，是不能理解的，他依舊可以理解

—.—.— 是一個 ————
所有 ———— 都是⋯

因此，

—.—.— 是⋯

是一個有效的論證。

因此，不需要知道這些指示事情的單字的意義，也不需要理解這敘述所指涉的性質，他就可以判斷這論證的有效性。

備註

1. 關於敘述（句），我們使用形容詞「真的」（true）和「假的」（false）；關於論證，我們則使用形容詞「有效的」（valid）和「無效的」（invalid）。

2. 為了要核證一個論證的有效性，當然，需要知道至少某些辭項（terms）的意義，在上述例子中，「所有」、「是」以及「是一個」的意義必須當作是已知的。一門關心那些辭項（在其他之中），而且這些辭項的意義必須為我們所知，以便判斷一個論證有效性的科學，被稱為**邏輯學**。在這門科學中，必須研究諸如「是一個」（is a）、「所有」（all）、「存在」（exists）、

「一些」（some）、「結果」（consequently）、「且」（and）、「或」（or）以及「不是」（not）等辭項的意義。

例子 2

家裡的電燈突然熄滅了，我想知道是否因為電路短路所造成。我知道：

如果是發生短路，那麼，保險絲會被燒斷。

我檢查保險絲並且發現：

沒有保險絲被燒斷。

因此，我得到結論：

沒有短路發生。

在此例子中，我們處理下列的敘述

有短路發生（敘述 A）
保險絲是被燒斷的（敘述 B）

我們知道：

若 A，則 B

而且我們知道　　　　　B 不是真的。

因此，我們得到結論：

A 不是真的。

　　要推斷出結論，理解敘述 A 和敘述 B 的內容是多餘的，我們並不需要知道「短路」、「保險絲」和「被燒斷」的意義是什麼。

　　這兩個例子描繪了推斷出一個結論是什麼意思。**推斷出一個結論**表示從其他的敘述演繹出一個敘述，而這個方式，是我們並不需要知道這些敘述裡的概念之意義。演繹必須按這樣的方式實施，即假若原本的敘述為真，那麼，演繹出來的敘述亦為真。

　　原本的敘述被稱為**前提**；演繹出來的敘述被稱為**結論**。舉例來說，

$$\left.\begin{array}{l}\text{所有 A 都是 B} \\[1em] \text{所有 B 都是 C}\end{array}\right\}\quad（前提）$$

因此，

$$\text{所有 A 都是 C}（結論）$$

是一個有效的論證。這裡無論 A、B 和 C 的意義是什麼，如果前提是真的敘述，那麼，結論也會是一個真的敘述（例如把 A 替換成「母牛」，把 B 替換成「哺乳類」，把 C 替換成「生物」）。

　　假如我們從假的前提出發，那麼，很可能發生推導出假的敘述的情況。舉例來說：

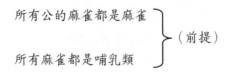

$$\left.\begin{array}{l}\text{所有公的麻雀都是麻雀} \\[1em] \text{所有麻雀都是哺乳類}\end{array}\right\}\quad（前提）$$

因此，

$$\text{所有公的麻雀都是哺乳類。}（結論）$$

　　我們使用了上述的架構；因此，得以正確的方式演繹出結論。
（我們不被允許反思「公的麻雀」、「麻雀」和「哺乳類」這些單字
的意義。）然而，第二個前提是假的，也因此我們對於結論也是假的
並不驚訝。從假的前提，我們以正確的方式演繹出假的結論。

　　關於錯誤的論證的一個例子是：

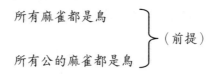

因此，

　　　　　　　一些麻雀是公的麻雀。（結論）

　　這結論看起來是值得信賴的；它是一個真的敘述。然而，這個敘
述是以一個無效的論證演繹出來的。仔細考慮這裡的架構：

　　　　　　　所有 A 都是 C　⎤
　　　　　　　　　　　　　　　 ⎬（前提）
　　　　　　　所有 B 都是 C　⎦

因此，

　　　　　　　一些 A 是 B（結論）

　　我們簡單地指出即使前提是真的，結論也未必會是真的。舉例來
說，我們選擇母牛來取代 A，馬來取代 B，以及哺乳類來取代 C；那
麼，我們會得到

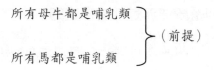

所有母牛都是哺乳類
所有馬都是哺乳類
（前提）

因此，

一些母牛是馬（結論）

而這絕對不會是真的。

最後的兩個例子則是上述架構的特殊情形，而這個架構的敘述都具有如下的結構：

所有 A 都是 C
所有 B 都是 C
一些 A 是 B

第一個例子中的結論是真的；第二個例子中的結論是假的。當我們從真的前提出發，這個形式的論證方式將會導出假的結論，因此，這個形式的所有論證都被稱為**無效的**。

在判斷一個論證的有效性時，我們知道我們只需專注於這個論證裡的**敘述的結構**（structure of the statements）即可，我們可以忽略這些敘述之中**概念的意義**（meaning of the concepts）。

一門科學，若其中每個新敘述的真實性，必須藉由已經被接受為真的敘述，透過演繹的方式推導得到，則我們稱之為**演繹科學**。

經驗科學（例如物理學）本質上與演繹科學是截然不同的。在物理學之中，我們是先從觀察開始，接著再建立理論，但這個理論的結果必須和觀察結果相符；否則，這個理論會被否決。

7-9 歐幾里得的系統並非是純演繹式的

我們將再一次分析命題 1 的證明（參見第 6-5 節）。這個證明是依據以下兩個設準：

若有兩點 P 和 Q，則存在一線段 $\overline{PQ}$。 (1)

若有兩點 P 和 Q，則存在一個以 P 點為圓心且 $\overline{PQ}$ 為半徑的圓。(2)

歐幾里得的原因如下

1. 有兩點 A 和 B；
   因此，存在一個以 A 點為圓心且 $\overline{AB}$ 為半徑的圓（根據設準(2)）。

2. 有兩點 B 和 A；
   因此，存在一個以 B 點為圓心且 $\overline{BA}$ 為半徑的圓（根據設準(2)）。

3. 這些圓有共同的的交點 C（由圖形可知）。

4. 有兩點 A 和 C；
   因此，存在一線段 $\overline{AC}$（根據設準 (1)）。

5. 有兩點 B 和 C；
   因此，存在一線段 $\overline{BC}$（根據設準 (1)）。

步驟 1、2、4 和 5 明顯地包含了結論。即使我們不知道「點」、「線段」、「圓」、「圓心」、「半徑」的意義，我們依舊可以知道所獲得結果的真實性。然而，步驟 3 並不是一個符合邏輯的結論，只有參考圖形我們才會相信這個敘述。假若我們不知道什麼是圓，那我們就沒辦法從相關資訊中，得到存在交點 C 的結論。

因此，我們可以知道，發現這個推理方法上的缺陷，正意味著已經證明了歐幾里得的系統並非全然是演繹的。為了讓幾何學以純演繹的方式發展，那麼在設準中必須明確地提及，所有無法在沒有圖形的幫助下完成證明的情況，而這正就是歐幾里得為設準 IV 和設準 V 裡的某些性質所做的工作。

現在，我們也可以明白為什麼定義 1 到定義 4 並沒有在歐幾里得的系統裡扮演任何角色了，因為我們知道在我們的演繹過程中，並不會使用到「點」以及「線段」的意義。也因此，說明這些單字的意義

是多餘的，而這本來是列出定義 1 到定義 4 的目的。

7-10 幾何學如何以單純演繹的方式建立？

直到歐幾里得之後的 2000 多年，第一次試圖純演繹式地建構的幾何學才終於達成。這個系統的設計者是大衛・希爾伯特（David Hilbert），他是一位德國的數學家（1862-1944）。他的系統首見於 1899 年，且在其著作《幾何的基礎》（英文書名：*Foundations of Geometry*；請見本章參考書目 [39]）的後續版本逐漸改進。

希爾伯特從一些他接受且不需要證明的基本性質作為出發點，他稱它們為公理。（在此，「公理」一詞與歐幾里得系統裡的意義並不全然相同，希爾伯特的公理更像是歐幾里得的設準。）所有更進階的幾何命題，都是從這些公理以純演繹的方式推導得到。

在此探討希爾伯特的幾何學系統可能離題太遠。但是，我們可以以較為簡單的方式，來洞見幾何學的純演繹結構。為此，我們將從簡單的一組公理開始，並滿意於依此演繹出一些命題。

我們選擇以下為公理：

公理 1：一條直線通過兩個點。

公理 2：不超過一條直線通過兩個點。

公理 3：存在三個點使得一直線通過其中兩個點，但不通過第三個點。

公理 4：若直線 l 不通過 P 點，則存在一直線平行 l 且通過 P 點。

公理 5：若直線 l 不通過 P 點，則存在不超過一條直線平行 l 且通過 P 點。

藉由這些公理，我們現在要演繹出一些性質。我們知道進行演繹時，是不參考圖形的，因此，也不會使用任何公理中所出現單字的幾何意義。首先，讓我們先列出推導結論的過程中，不使用其意義的各

個辭項（term），它們是：

> 點，
> 直線，
> 通過。

假若我們使用到點和直線的概念，我們會想到幾何圖形，但在演繹結論時，我們可能不會使用「點」和「直線」的幾何意義。又假如討論一點和一直線時，我們使用了「通過」這個關係，我們恐怕會聯想到一直線通過那個點。在推導結論時，我們也不會使用這個直覺上的意思。

在此，我們稱「點」和「直線」為此系統的**基本概念**，並稱「通過」為**基本關係**。我們需要針對此系統裡會出現的其他所有概念和關係，給予一個定義。在現代，要下這些定義時，我們並不會全然執著於亞里斯多德的要求。舉例來說，我們不會要求證明每一個被定義的概念之存在性，但我們會要求說明新概念和新關係的意義時，除了使用基本概念、基本關係以及先前已定義的概念和關係之外，別無他物。依此方式，例如，我們可以定義「平行」這個關係如下：

> 定義：直線 *l* 平行於直線 *m* 表示沒有直線 *l* 和 *m* 同時通過的點。

我們也需要另一個關係——「相交」，我們將定義如下：

> 定義：直線 *l* 與直線 *m* 相交表示直線 *l* 和 *m* 同時通過一個點。這個點被稱為直線 *l* 和 *m* 的交點。

根據公理1和2可知，存在一條且不會超過一條直線通過 *A* 和 *B*。

> 定義：通過點 *A* 和 *B* 的直線被稱為直線 *AB*。

　　由我們前述的公理，我們將推導出一些結論。為此，我們將設定一個適當的目標，即證明這個命題：**給定一直線，至少存在三點在此直線上。**

命題 1　至少存在三條直線。

證明　依據公理 3，存在三個點使得一直線通過其中兩個點，但不通過第三個點。假設 A、B 和 C 是這三個點。那麼，直線 BC、CA 和 AB 是三條不同的直線，例如說，若 BC 和 CA 是一樣的，那麼，BC 就會通過 A、B 和 C 三點。這和沒有直線通過 A、B 和 C 三點的假設是互相矛盾的。

備註

　　在一個證明裡，我們不被允許使用「點」、「直線」和「通過」的相關圖形意義，也就是說，我們不可以使用圖形。然而，如果有附圖，通常會比較容易進行推理，因此，圖 7-7 應該被視作為依循證明過程的一個輔助工具。我們並不參考這個圖形，它基本上是多餘的。類似的評註適用於此小節中，接下來所列的每個圖形。

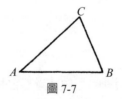

圖 7-7

命題 2　至少存在六條直線。

證明　令 A、B 和 C 為三個點，使得沒有一直線同時通過這三個點。過 A、B、C 分別作直線 $l_A \parallel BC$、$l_B \parallel CA$ 以及 $l_C \parallel AB$（公理 4）。我們現在即將證明直線 AB、BC、CA、l_A、l_B 以及 l_C 是不同的直線。

1. 我們已經知道直線 AB、BC 和 CA 是不同的直線（見命題 1 的證明）。

2. l_A 和 BC 是不同的直線，這是因為 l_A 通過 A 點而 BC 並沒有。同樣地，我們證明了 l_B 和 CA，以及 l_C 和 AB 皆是不同的直線。

3. l_A 和 AB 是不同的直線，這是因為 l_A 平行於 BC 且 AB 與 BC 相交。同樣地，我們證明了 l_A 和 CA、l_B 和 AB、l_B 和 BC、l_C 和 CA，以及 l_C 和 BC 都是不同的直線。

4. l_A 和 l_B 是不同的直線，這是因為 l_A 平行於 BC 且 l_B 與 BC 相交。同樣地，我們證明了 l_B 和 l_C，以及 l_C 和 l_A 都是不同的直線。

這證明了上述六條直線為六條不同的直線。

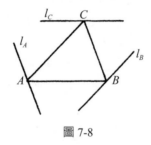

圖 7-8

備註

從今以後，每個證明裡的每個字母都會和命題 2 證明裡的字母有相同的意義；也就是說，A、B 和 C 永遠都會是滿足沒有一直線同時通過它們的三個點，l_A 會是通過 A 且平行於 BC 的直線；l_B 會是通過 B 且平行於 CA 的線；以及 l_C 會是通過 C 且平行於 AB 的直線。

命題 3　至少存在四個點。

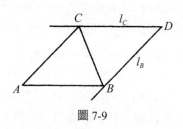

圖 7-9

證明　首先，我們要證明 l_B 與 l_C 相交。

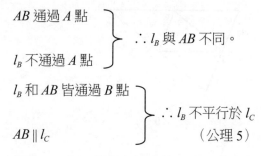

因此，l_B 和 l_C 是相交的直線。令 D 為此交點。

接下來，我們要證明 D 與 A、B 和 C 為相異點。

l_C 通過 D 點 ⎫
　　　　　　　⎬ ∴ D 與 A 和 B 為相異點。
$l_C \parallel AB$ ⎭

以同樣的方法，我們證明了 D 與（A 和）C 是相異點。

因此，D 與 A、B 和 C 為相異點。

備註

我們證明了 l_B 和 l_C 相交。以同樣的方法，我們可以證明：

l_C 和 l_A 相交於一點 E。

l_A 和 l_B 相交於一點 F。

此時，看起來似乎我們已經證明了存在六個相異的點；然而，只要我們不能確定 D、E 和 F 是不同的點，那就不會成立。若我們參看圖 7-10，一切看起來似乎是相當明顯的，但這樣的論證沒有價值，因為我們只認同演繹式的證明。這裡值得注意的是，若想從我們的五個公理推導出 D、E 和 F 是不同的點，是辦不到的。

為了獲得我們在第 279 頁所敘述的目標（即證明定理：給定一直線，至少存在三點在此直線上），依據 D、E 和 F 是不同的點這個事實，新增一個公理是必要的。

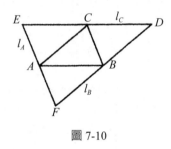

圖 7-10

公理 6：假若沒有直線同時通過 A、B 和 C，而且若

一直線 $l_A \parallel BC$ 通過 A 點
一直線 $l_B \parallel CA$ 通過 B 點
一直線 $l_C \parallel AB$ 通過 C 點
l_B 和 l_C 相交於 D 點
l_C 和 l_A 相交於 E 點
l_A 和 l_B 相交於 F 點

則 D、E 和 F 是三個不同的點。

系理：至少存在六個點。

命題 4　至少存在四條直線通過 A 點。

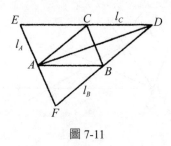

圖 7-11

證明　直線 AD 通過 A 和 D。因此，直線 AB、AC、AD 和 AE 皆通過 A 點。我們即將證明這些直線是相異的直線。

　　我們只需要證明 AD 是異於 AB、AC 和 AE 的直線，這是因為我們在命題 2 已經證明了 AB、AC 和 AE（即 l_A）是相異的直線。

1. 我們證明：AD 與 AB 是相異的直線。

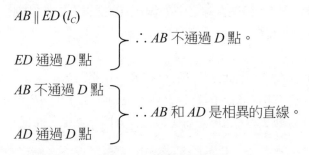

2. 同理可證，AD 與 AC 是相異的直線。

3. 我們證明：AD 與 AE 是相異的直線。

$$ED\,(l_C) \parallel AB$$

$$AB \text{ 通過 } A \text{ 點}$$

$\therefore ED$ 不通過 A 點。

因此，沒有直線通過 E、D 和 A，也因此 AD 和 AE 是相異的直線。

命題 5　給定一直線，至少存在三點通過這條直線。

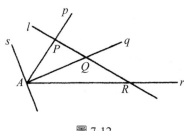

圖 7-12

證明　令 A、B 和 C 為三個點，且滿足沒有任一直線同時通過這三個點，且令 l 為一任意直線。由假設知，l 不可能同時通過 A、B 和 C 三個點，因此這三點之中至少有一點 l 不會通過；令此點為 A 點。

　　命題 4 說明存在四條直線通過 A 點，我們稱這些直線分別為 p、q、r 和 s。依據公理 5，這些直線之中至多一條直線與 l 平行；因此，l 與它們至少有三個交點。我們假設 l 與 p、q 和 r 的交點分別為 P、Q 和 R。

　　直線 l 不通過 A 點，因此 A 與 P、Q 和 R 為相異點。

　　另外，P 與 Q 為相異點，因為若 P 與 Q 是同一點，則 AP 和 AQ 會是同一直線（公理 2），也就是說，與直線 q 同一直線，而這並不是真的。

　　以同樣的方式，我們證明了 P 和 R，以及 Q 和 R 也都會是相異點。

　　因此，存在三個點通過直線 l。

　　持續這個方法下去，建立出平面幾何是有可能的。如此一來，我們將需要更多的公理。然而，我們只是企圖深刻地理解公理的演繹方法，而前述的理論便是為了服膺這個目標。

　　諸如前面段落的論證需要一定深度的抽象化，而這是希臘人尚未達到的。然而，如果我們比較希臘和現代的方法，我們會對於它們之

間的相似處，感到印象深刻。希臘人明白只有純演繹式的證明才是被
允許的。在使用這個原則時，他們有時候會失敗，就如我們先前數次
從他們對定理的相關證明中，所指出的那些缺陷，即是明顯的例子。
此外，他們在尋找演繹起點上亦未成功，然而，若以現代的觀點而
言，那仍是令人滿意的。這主要的原因是因為他們不明白，就此系統
的建構而言，基本概念的意義是不重要的，也因此並不需要將基本概
念的意義明確地描述出來。

為此而指責他們，或許並不公平。反而，我們對於他們為幾何學
發展成一門演繹科學，所提供的諸多重要貢獻，更應表達出深切的感
激之意。

7-11 一個四點的系統

我們現在回到有關圖 7-10 所作的備註。備註中不只提到，我們
並未證明 D、E 和 F 是不同的點這個事實，甚至，更強烈地說，我們
若要從先前那五個公理，證明這件事是不可能的。

「我們並不是說某些特定的論斷不是真的，我們只是堅稱這個論
斷不能被證明。」以上這句話可能聽起來很奇怪。這需要更進一步的
解釋，而我們也將會透過「無法由前五個公理推出多於四個點存在」
的理由來說明之。

「多於四個點存在是可以被證明的」這個敘述是什麼意思呢？這
個敘述意味著以下這件事可以被邏輯地推導出來：假若一個由稱為
「點」和「直線」這兩種物件所組成的系統，而且滿足這五個公理，
那麼，它會有多於四個「點」。然而，這樣的結果會是，我們輕易地
證明出一個滿足那五個公理的「點」和「直線」的系統，卻包含剛好
四個點。

我們將指稱「點」為四個（任意的）物件，以下列這些符號來表
示：

$$□ , ○ , + , - 。$$

並且指稱「直線」為六個（任意的）物件，以下列這些符號來表示：

$$〔□ ○〕,〔□ +〕,〔□ -〕,〔○ +〕,〔○ -〕,〔+ -〕$$

其中，如果直線的符號中包含了點的符號表示該直線通過該點。舉例來說，直線〔□ ○〕通過點□和點○。

前面所給定的「平行」和「相交」的定義依然有效，因此，直線〔□ ○〕平行於直線〔+ -〕，因為這兩條直線並未同時相交於□，○ , + , 或 - 之中的任一點。直線〔□ +〕與直線〔+ -〕相交；它們的交點為+。

我們現在繼續說明，這個點和直線的系統滿足了前述五個公理。

1. 兩個點，例如□和○，通過一直線，〔□ ○〕。
2. 不存在其他直線通過這兩個點：例如，直線〔□ +〕不會同時通過□和○。
3. 存在三個點，例如□、○和+，使得不存在一直線同時通過這三個點。每條直線只通過兩個點。
4. 例如，直線〔□ ○〕不通過點+，則存在一直線〔+ -〕通過點+且平行於〔□ ○〕。
5. 不存在其他直線通過點+且平行於〔□ ○〕。

雖然此系統只有四個點，但它卻滿足這五個公理。因此，由一個確定的系統滿足這五個公理的假設，卻不能邏輯地推導出這個系統有多於四個點。也因此，多於四個點的存在性是不能被證明出來的。

這就是為什麼圖 7-10 裡的 *D*、*E* 和 *F* 是不同的點不能被證明的原因。

備註

　　前面這段論述是在沒有參考圖形的情況下完成的。這個例子說明我們可以選擇任何我們喜歡的物件，來表徵公理之中所提到的概念，讀者會發現這對建立例子中的幾何模型，具有很大的幫助。參見習題7-11。

習題 7-11

1. 考慮以下的四點幾何系統（如圖 7-13）。這些點分別為四面體的頂點 1，2，3 和 4；這些直線則為四面體的六個邊。有共同頂點的邊稱為**相交的直線**（*intersecting lines*）；不相交的邊稱為**平行的直線**（*parallel lines*）。

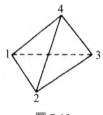

圖 7-13

(a) 完成以下表格。

(1) 點	(2) 通過(1)欄內的點 的直線	(3) 直線	(4) 平行於(3) 欄內的直線	(5) 與(3)欄內的直線相交的 直線
1	$(1,2)$，$(1,3)$，$(1,4)$	$(1,2)$	$(3,4)$	$(1,3)$，$(1,4)$，$(2,3)$，$(2,4)$
2	…	$(1,3)$	…	…
3	…	…	…	…
4	…	…	…	…
	…	…	…	…
	…	…	…	…

(b) 說明這個幾何系統滿足 7-10 小節之中提到的公理 1 到公理 5。

(c) 將本問題所描述之四點幾何系統中的各點和直線，與內文所描述之四點幾何系統中的各點和直線，建立一個一對一的對應關係。

2. 考慮以下的四點幾何系統（如圖 7-14）。這些點分別為四邊形的頂點 A，B，C 和 D；這些直線則為四邊形的邊和對角線。有共同頂點的直線稱為相交的直線；不相交的直線稱為平行的直線。

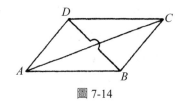

圖 7-14

我們假設對角線是不相交的。

(a) 仿照習題 1(a) 作出一個類似的表格。

(b) 說明這個幾何系統滿足 7-10 小節之中的公理 1 到公理 5。

(c) 針對此問題中的四點幾何系統之各點和直線，與內文裡的四點幾何系統之各點和直線建立一個一對一的對應關係。

3. 考慮以下幾何系統（見圖 7-15）。這些點分別為四邊形的頂點 P，Q，R 和 S；這些直線則為四邊形的邊、對角線 PR 以及曲線 QS。有共同頂點的直線稱為相交的直線；不相交的直線稱為平行的直線。說明這個系統是一個四點幾何系統且滿足 7-10 小節之中的公理 1 到公理 5。

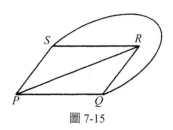

圖 7-15

參考書目

　　欲更深入討論希臘數學，可以參閱參考書目 7（第一章）和 19、20 以及 21（第三章）。在百科全書與科學傳記辭典（*Dictionary of Scientific Biography*）可以找到許多希臘數學家的傳記。

　　關於阿基米德與丟番圖的書如下

[34]　Dijksterhuis, E. J., *Archimedes*. Copenhagen: Munksgaard Ltd., 1956.

[35]　Heath, T. L., *The Works of Archimedes with the Method of Archimedes*.
　　　New York: Dover Publications, Inc., no date (paperback).

[36]　Heath, T. L., *Diophantos of Alexandria, A Study in the History of Greek Algebra*.
　　　New York: Dover Publications, Inc., 1964 (paperback).

　　欲知更多建立歐氏幾何所遭遇之困難的相關資料，可以參考

[37]　Moise, Edwin E., *Elementary Geometry from an Advanced Standpoint*. Reading,
　　　Mass.: Addison-Wesley Publishing Company, Inc., 1974.

[38]　Prenowitz, Walter, and Meyer Jordan, *Basic Concepts of Geometry*. Lexington,
　　　Mass.: Xerox College Publishing, 1965.

　　以下是希爾伯特著名且簡潔的著作之英文譯本，與依據希爾伯特的方式所編輯的高中課本：

[39]　Hilbert, David, *Foundations of Geometry*. Chicago: Open Court Publishing
　　　Company, 1902; La Salle, Ill.: Open Court Publishing Company, 1971.

[40]　Brumfiel, C. F., R. E. Eicholz, and M. E. Shanks, *Geometry*. Reading, Mass.:
　　　Addison-Wesley Publishing Company, Inc., 1960.

　　以下是一些關於有限幾何的記述。讀者可以在下列二個文獻的第二個，找到額外的參考資料。

[41]　Albert, A. A., "Finite Planes for the High School," *The Mathematics Teacher*, Vol.
　　　55 (1962), pp. 165-169.

[42]　Coxford, Arthur F., Jr., "Geometric Diversions: A 25-Point Geometry," *The
　　　Mathematics Teacher*, Vol. 57 (1964), pp. 561-564.

CHAPTER 8
後希臘時期的記數系統與算術

8-1 羅馬數碼

由於連續遭受軍事上的侵略，希臘人在歐洲、非洲與近東的統治優勢不再。按記載的年代次序來看，這些地方雖然先後被羅馬人、阿拉伯回教徒，以及西歐人統治，但文化並未因此遭受破壞，反而被這些征服者不斷地修正與採用。大致來說，文化發展的真實情況如何，在數學上亦是如此。本章中，我們將討論各種文化所使用的記數系統，如何促成了現代記數系統的發展。

現代版本的羅馬數碼（Roman numerals）所使用的多種符號，代表著早期羅馬記數系統的演變情況。最早期的記數系統中的記數符號如下：

$$| = 1，V = 5，X = 10，L = 50，C = 100，\text{ID} = 500，與 \text{CID} = 1000。$$

其中，代表 500 的符號是代表 1000 的符號之一部分。之後，印刷商找到方法簡化這些複雜的符號，代表 500 的符號遂演變成字母「D」。依據同樣的簡化方式，代表 1000 的符號則變成了字母「M」。然而，這種簡化方式卻失去了原始符號所呈現的一致性，像是利用代表 1000 的原始符號，可以輕易地發展出新的表示法，例如：

$$\text{CCIDD} 代表 10,000，以及 \text{CCCIDDD} 代表 100,000$$

為了能用新的符號來表示很大的數字，各種圖樣設計一一出籠。在羅馬數碼上頭加上一條橫線，代表此數乘上 1000；而在羅馬數碼兩側加上兩直線，則表示此數乘上 100。因此，

$$\overline{X} = 10,000，|X| = 1000，$$

此時，$|\overline{X}| = 10,000 \cdot 100 = 1,000,000$。

　　此外，減法法則也是早期羅馬數碼的重要基礎，例如：｜｜｜｜＝ 4
與 LXXXX ＝ 90，分別由 IV（5-1）與 XC（100-10）所取代。由此衍
生而來的羅馬數碼如以下例子所示：

XIX ＝ 19　　　　CDXCI ＝ 491

LIV ＝ 54　　　　MXV ＝ 1015

CXLVII ＝ 147　　MCMLXXVI ＝ 1976

　　羅馬人所使用的分數，其分母皆為 12 的倍數。這種用法和他們
的錢幣與重量的度量系統有關。羅馬的**阿司**（as）是重量為一磅的銅
幣，其值相當於 12 個**青銅幣**（unciae）。1 阿司可換得 12 個**青銅幣**
的這種分配方式，後來演變成 1 磅（pound）〔金銀寶石的度量單位
（troy）〕可換成 12 盎司（ounces），以及 1 呎（foot）可換成 12 吋
（inch）。「吋」與「盎司」這兩個字，就是衍生自青銅幣的換算法
則。

　　羅馬數碼的拉丁文命名方式與英文單字之間具有某些顯著的關聯
性。我們前面已經提過，例如英文的「十進位」（decimal），就是
由拉丁文「deam」衍生而來；而拉丁文當中代表 100 的「centum」，
則是英文字「分」（cent）、「一百年」（century）、「百年紀念」
（centennial）的字源；拉丁文中代表 1000 的「mille」則是英文字
「mile」的起源。另外，羅馬軍隊行軍時使用「mille passuum」，來
表示行走了「一千步」的距離。而「一羅馬步」（a Roman pace）等
於兩步（two steps）的距離，大約相當於 5 呎。因此，不只是「mile」
這個字，還有 1 哩（5280 呎）的長度大約為多少，都是傳承自羅馬人。

　　羅馬的記數系統並不適用於計算，為了達到方便計算的目的，人
們會使用**算盤**（abacus）。而羅馬數碼的主要功用，是用來記錄數值
資料與呈現計算後的結果。

習題 8-1

1. 請用羅馬數碼表示下列各小題的加法問題，並完成加法計算。

(a) 2345　(b) 2345　(c) 327

　　422　　　487　　495

　　　　　　　　　　601

2. 請用羅馬數碼表示下列各小題的減法問題，並完成減法計算。

(a) 2432　(b) 2432

　　1321　　1261

3. 請使用埃及數碼再練習一次習題 1 和習題 2 之中的計算。

4. 透過習題 1、習題 2 與習題 3 的計算經驗，請進一步討論羅馬、埃及以及現代符號中，我們所了解的加法、減法運算法則，並比較相關的事實與原理。

5. 請查詢相關資料並針對下列各問題完成一份報告：

(a) 羅馬符號起源之相關理論。

(b) 古代的其他記數系統，例如像：克里特人的米諾文明（Minoan）、格蘭特人（Gretan）、伊特魯里亞人（Etruscan）、腓尼基人（Phoenician）與敘利亞人（Syrian）（見本章末的參考文獻 [43]）。

(c) 請依據本章所列的內容，以及之前各章節中所提過的內容，分析尚存或早已經不存在的計數系統（包含討論它們的基底（base）、位值（place）、重複（repetitive）原理、加法原理、乘法原理、減法原理）。

8-2 算盤以及有形的算術

　　算盤以不同的形式在世界上的許多地方被人們使用著；在不同的地方，它也有不同的名稱，例如：*abacus*、*soroban*、*suan-pan*、*choty* 等。它被古埃及人、希臘人和羅馬人所用，甚至阿拉伯人和中世紀的西歐人也使用算盤。至於現代的算盤，則被用於小學的數學教學，作

為一種視覺輔助工具，藉以學習位值、借位和進位。

算盤（abacus）這個字源自於希臘字，它是一種布滿沙粒或塵土的桌子，藉著沙粒上可以輕易被拭去的印子，在它上面進行計算。羅馬人使用刻有溝紋的金屬製盤子或木板當作算盤，並以放在溝紋裡的小籌碼或石頭來代表數目。而拉丁文中的「石頭」（calx）衍生出我們熟悉的單字「粉筆」（chalk）和「鈣」（calcium），它的小的複數形為 calculi 則表示「小石頭」。這也就是我們的單字「計算」（calculate）和「微積分」（calculus）的字源。

在羅馬時代之後，計算板（counting-board）廣泛地被使用，它是一種近代算盤的形式。這種板子的樣式就如同圖 8-1 和圖 8-2 之中所呈現，其中，我們已經為它們標示上阿拉伯數碼。圖 8-1 的左邊所表示的數目是 2907；右邊的數目則是 43。另外，值得注意的是，任一直線上永遠不會超過四個籌碼。當需要一個 5、一個 50 或一個 500時，一個籌碼會被置於適當的直線之間。沒有籌碼的直線則代表了零。

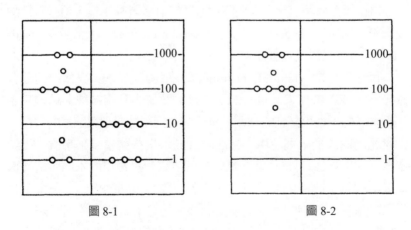

圖 8-1   圖 8-2

如果想要將數目 2907 和 43 相加，則將個位數直線上的所有籌碼推到左邊的線上，若它們有五個，就將那五個移除並且放置（進位）一個籌碼於個位數直線和十位數直線之間的位子。現在有兩個籌碼在

那裡，將它們移除並且將其中一個搬運到十位數直線。將所有十位數直線上的籌碼推到左邊得到 5，然後將它們移除，並且將其中一個放置到十位數和百位數直線之間的位子。至此，整個計算過程就已經完成了，因為板子右邊上的籌碼已經都被移走了，每條直線上都保持不超過四個籌碼，且任兩直線之間的位子，也都保持不超過一個籌碼。因此，圖 8-2 所呈現的數目 2950 即為其和。假若有另一個數要與這個總和作相加，它就得被放置在板子右邊的空白處，再重複執行剛剛的計算過程即可。減法以及「借位」這個單字的解釋，就如同減法中所使用的一樣，我們將它留給讀者自行思考（參見習題 8-2 的第 2 題）。

英文單字「籌碼」（counter）源自於將計算板當作商業交易處理的桌子的使用。

德國人將計算板稱為 *Rechenbank*，或是 *Bank*，由此我們衍生出「銀行」和「破產者」等字。後者的意思指的是一個銀行已經破產的商人，就好比是一種失敗的象徵一樣。

自從算盤發明之後，人們陸續發明了許多計算工具，這些包括納皮爾籌（Napier's bones）、比例規（sector compass）、計算尺（slide rule）、計算機以及電腦等。

有形的算術（tangible arithmetic）這個詞之意，與使用物理裝置來記錄或以數目來計算有關。古代的秘魯人利用被稱為**結繩文字**（quipu）的一束束打結的細繩，來保存並記載地方上與國家的數目。中世紀的商人們，則使用一種國際性的手指符號系統來議價。**符契木棒**（tally sticks）指的則是藉由刻凹痕來記錄數目的木條，這種木棒從英國到中國都曾被發現過。它們被刻上不同的代碼，用來記錄牛奶的份量、穀物的產量或借貸的錢。記錄借貸的木棒通常是以圖 8-3 所表示的方法被分開的。比較大塊並有把柄的那部分稱為**股票**（stock），為借出方所持有，他被稱為**股東**（stockholder）。借貸方會持有另一部分直到結算的時候。借出方和借貸方會透過將這兩部分合在一起，來證明他們的紀錄是**相符**的。「符契」（*tally*）這個單

字本身源自於相同的古老法國單字，意味著「切割」，就如同我們
的單字**裁縫師**（tailor）是指「切割布料的人」。同樣地，「刻痕」
（score）這個意指「二十」的單字，源自於使用較深的切割或「刻
痕」，在符契木棒上標記第二十個刻痕或記錄一組 20 個的數目。

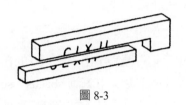

圖 8-3

習題 8-2

1. 請自行製作一個計算板，並完成下列的加法計算：

(a) 5280　(b) 6927　(c) 4789　(d) 1234

　　2316　　 2436　　 9678　　 5678

　　　　　　　　　　　　　　　 8765

2. 請使用此計算板完成下列的減法計算：

(a) 468　(b) 5280　(c) 402

　　321　　 2316　　 168

3. 請閱讀並針對符契木棒的種類以及他們在不同國家的使用情況，
提出相關報告。可參考本章末的參考資料 [44]。

4. 參考資料 [44] 之中載有**籌碼**（jetons 和 Rechenpfennige）的圖片。
曾經有一段時間裡，使用籌碼的能力可以使一位女孩子成為令人
滿意的妻子。針對這些有形的算術提出報告，包括它們在哪裡被
使用與如何被使用，以及它們和婚姻之間的關係。

5. 在百科全書上或本章末的參考資料 [43] 或 [44]，找出一篇關於結
繩文字的報導。製作一個結繩文字的模型，並針對它是何時被使
用與如何被使用提出一份報告。

6. 請參考本章節的參考資料 [45]，其中有一系列關於有形算術的短

文。並完成下列的計畫。

(a) 製作一個納皮爾籌的模型並使用它們來完成 234‧58 的乘法計算。

(b) 製作一個熱納爾尺（Genaille's rods）並使用它們以完成 58‧234 的乘法計算。

(c) 說明如何使用比例規來解出方程式 $\dfrac{x}{4} = \dfrac{3}{5}$。

(d) 說明如何使用手指符號表示出小於 100 的自然數。

7. 在百科全書（或其他來源）上查詢 abacus、soroban、suan-pan、choty（或 s'choty）的不同形式，並描述它們的不同之處。哪一種是最簡單的呢？為什麼？

8-3 阿拉伯數碼

現今大部分的國家都使用阿拉伯記數系統來表示數目。但值得注意的是，這個完備系統的發展，遠比我們迄今所討論過的各個系統都來得晚。

在史前時代，印度人（Hindus）就已經定居在印度。最早的印度數碼，**婆羅門數碼**（Brahmi numerals）早在西元前第三世紀的銘文已經出現。這個系統和希臘人的計數系統類似，它不只具有用來表示 1 到 9 的數碼，並且具有用來表示 10，20，30，…，90，100，200 等數目的數碼。又因為他們用不一樣的符號來表示 10 與 20 等數字，因此，他們似乎並未比希臘人還了解位值記號（positional notation）的意義。也因此，古印度人不需要也不會使用到「零」的符號。

前九個婆羅門數碼看起來如下：

這個具有 10 個符號（包括「零」）的位值系統，可能早在西元

500 年，大約是數學家阿耶波多（Aryabhata）活躍的年代就已經發展。但也有學者追溯其普遍使用的時間則可能是在西元 700 年之後。我們無法肯定印度人是否就是這個系統的發明者，但是毫無疑問的是，他們曾經接觸過希臘文化，並且引用了天文學家托勒密（使用零並且以六十進位計算分數）的符號。當時，他們所使用的符號如下形式：

$$\gamma \quad 2 \quad 3 \quad \gamma \quad 4 \quad (\quad 7 \quad \gamma \quad 9 \quad \circ$$

$$1 \quad 2 \quad 3 \quad 4 \quad 5 \quad 6 \quad 7 \quad 8 \quad 9 \quad 0.$$

這些數碼被稱為印度數碼（*Indian numeral*），我們可以假設這些數字出自於婆羅門數碼。

由印度數碼發展而來的另外兩種符號，第一種稱之為西阿拉伯數碼（West Arabic numerals）或哥巴數碼（Gobar numerals），其表示法如下：

$$1 \quad 2 \quad 3 \quad 4 \quad 5 \quad 6 \quad 7 \quad 8 \quad 9$$

$$1 \quad 2 \quad 3 \quad 4 \quad 5 \quad 6 \quad 7 \quad 8 \quad 9$$

而第二種則為東阿拉伯數碼（East Arabic numerals），表示法如下：

$$1 \quad \gamma \quad \mu \quad \mu \quad \varrho \quad \gamma \quad \vee \quad \wedge \quad 9 \quad \cdot$$

$$1 \quad 2 \quad 3 \quad 4 \quad 5 \quad 6 \quad 7 \quad 8 \quad 9 \quad 0.$$

第一種表示法明顯可看出就是我們現今所用的表示法的影子，而第二種東阿拉伯數碼至今也在土耳其及阿拉伯各國通行。那麼，這就衍生出一個問題：西方世界的人們是如何開始使用哥巴數碼的呢？

西元 622 年之後，隨著穆罕默德（Mohammed）遷徒到麥地那（Medina）以及歸來，阿拉伯人逐展開了征服的行動。他們不僅成功

占領北非，更建立了一個從印度到西班牙的帝國。由於這個帝國之中各征服者採取寬容的態度，藝術和科學得以在非阿拉伯與阿拉伯之間交流。由哈里發**阿爾曼蘇爾**（Caliph Al'Mansur）建立於西元 766 年時的巴格達，成為當時的科學中心以及手稿文本的收藏地。世界各地的學者紛紛前往此地進行研究，我們現今關於希臘及印度的知識，都是經由巴格達的阿拉伯學者記錄與翻譯而來。

　　在遼闊的阿拉伯帝國，阿拉伯數碼成為了通用的數字。西元 820 年，更因為一本題名為《還原尋對消之法》（*Al-jebr w'al-muqabala*）的書籍而廣為人知，其作者便是數學家**阿爾 · 花剌子模**（Mohammed ibn Musa al-Khowarizmi 或 Mohammed, the son of Moses of Khowarizm）。我們之所以寫出他的詳細名字，是因為作者部分的名字後來轉變成了「演算法」（algorithm）這個字，而且書名也因為訛誤而被譯成了 *algebra et almucabala*，最後則縮短成代數（algebra）。

　　阿爾 · 花剌子模也在《印度算術》這一本小書裡，討論到關於零的概念。他說：「在作減法運算，如果沒有東西剩餘，就寫一個小圈，以免讓這個位置空白。這個小圈必須有一個位置，避免缺位，而讓（比如說）第一位被第二位占用。」這也表示零在位值進位系統中，是必須特別說明的一個符號。我們不難理解，零一方面可用來表示「沒有東西」，另一方面，它可用來改變一個數碼的非零數位所代表的數值。

　　阿拉伯人將哥巴數碼引進西班牙，也逐漸使得西歐世界開始使用。第一位企圖在西歐推廣哥巴數碼的人，是第 10 世紀的**吉伯特**（Gerbert，後來的教宗思維二世 Sylvester II）。他在西班牙的一次旅途中，熟悉了阿拉伯數碼，並體認到這種記號的優勢，接著在他所寫的小書裡，鼓勵讀者們使用這種新的符號，並描述如何在算盤上使用這些符號。他以**圓盤**（disk, apices）替代原本算盤上的算珠（counter），[1] 並在上面標記相對應的哥巴數碼。現在，為了在算盤上

---

[1]　譯按：有關 apices，可參考 Betty Mayfield, "Gerbert d'Aurillac and the March

表示出諸如 314 的數字，我們並不需要在百位、十位、個位的欄位上，分別擺上 3 個、1 個、4 個算珠，而只要在各欄的各圓盤位上，標記 3、1、4 這三個數碼即可。

　　然而，如果有人以為阿拉伯數碼從此開始被廣為使用，那就大錯特錯了。為什麼不然呢？這是因為利用算盤上的圓盤來計算，這並不比用「算珠」來得簡單。利用算珠來進行加法與減法時，僅需很簡單地將算珠移動即可，並不需要以心算的方式得到結果，這種計算方式是哥巴數碼所無法辦到的。也由於上述計算上的困難，吉伯特的方法沒有得到普遍的接受，當然哥巴數碼也就沒有被廣泛使用了。

　　毫無疑問地，有些聰明的人洞見到哥巴數碼便於紙上計算的優點。但無論如何，我們心裡應當知道，在當時的時空背景之下，書寫材料是很缺乏的，利用算盤只需要記錄結果，所以，僅需使用少量的紙張來作計算。

　　如果我們把缺乏書寫材料當作人們繼續使用算盤的一個原因，並不會偏離真實的情況。若只是為了記錄結果這個目的，古老而可靠的羅馬數碼就已足夠。總而言之，對於最初的哥巴數碼沒有獲得支持，我們不需感到訝異。

　　很有趣的一點是，當吉伯特持續推廣使用哥巴數碼（與算盤並用），卻沒有多大成效的同時，它們卻反而在阿拉伯得到普及。其中一個原因，也許是因為早在西元 794 年時，就有一家造紙廠設在巴格達，相較之下，直到西元 1154 年，西歐才有了第一家造紙廠（事實上它位於西班牙）。

　　西元 1000 年以後，一場珠算師（abacists）和算法師（algorists），這兩種計算方法之間的爭鬥在西歐展開，名稱就如同字面上的意思。這場爭鬥最終由算法師取得勝利。當時的貿易中心──義大利首先發現以紙張計算的優勢，其中一項就是能夠檢察計算過程的錯誤。

---

of Spain: A Convergence of Cultures", Convergence (August 2010). https://www.maa.org/press/periodicals/convergence/gerbert-daurillac-and-the-march-of-spain-a-convergence-of-cultures

西元 1202 年時，一本重要的書問世了，它是由**斐波那契**（Leonardo of Pisa，也被稱為 Fibonacci, "son of a good man"）所著的《計算書》（*Liber Abaci*）。這本書有著巨大的影響力，不僅對數學家，還有商人，也因此加速傳播了西阿拉伯數碼。另外，在 1299 年佛羅倫斯自治市（Florentine municipality），為了阻止新符號的使用，而以帳目可能被偽造的藉口，禁止使用新式符號，但是，毒蛇派的人則指出，負責查帳的公務員們根本不了解這種新方法，而試圖掩蓋無知的事實。然而，這種方法在計算上的優勢是很明顯的，所以，在 1200 年就傳進了德國，1275 年到了法國，進而在 1300 年進入英國。在十六世紀中期時，西阿拉伯數碼毫無疑問地獲得了全面性的支持。

　　一旦人們被迫用手寫下每一件事時，圖案的形式往往會隨著書寫的過程而改變。然而，自從印刷的發明之後，這些符號便得以維持它們的原貌。

　　讓我們來看看一個有趣的字 cipher，這是源自阿拉伯字彙 *al-sifr*，其意思是「零」。接著翻譯到拉丁文時變成了 *cephirum*，經由義大利又成了 *zevero*，最後，轉而到現在的 zero。Al-sifr 本是來自印度字 *sunya*，意義是空無（empty or void）。

　　阿拉伯人**庫什雅爾 · 艾本 · 拉本**（Kushyar Ibn Labban, 971-1029）曾寫過有關印度數碼的著作，充分表現其時代之特色——他使用以 10 為基底的數碼來表示整數，但在書寫分數時，卻改採六十進位制。他把整數稱為 degrees（度），$\frac{1}{60}$ 是一個 minute（分），$\frac{1}{60^2}$ 是一個 second（秒），$\frac{1}{60^3}$ 是一個 third，等等。並且以「°,′,″,‴」等當作記號。他寫道：「當度（degrees）和度（degrees）相乘時，結果也會是度（degrees）；如果度（degrees）和分數（fractions）相乘，則會是那些分數（fractions）；而度（degrees）和分（minutes）相乘會是分（minutes）；若和秒（seconds）相乘會是秒（seconds）。以分數（fractions）和分數（fractions）相乘來說，結合他們的記號即可，例如以分（minutes）和秒（seconds）相乘則會是 thirds，這是因

為 1 加 2 之故……」。現代的讀者可能在看到上述的最後一句話時，會隱約感覺到其類似十進位小數作相乘時，所運用的指數律規則。因此 3 minutes 乘上 2 seconds 可寫成 3′ 乘上 2″，答案是 6‴ 或者是 6 thirds。在現代我們會寫成：

$$\frac{3}{60^1} \cdot \frac{2}{60^2} = \frac{6}{60^3}$$

指數 3 的部分就是 1 和 2 的和。在國小階段的數學課程中，我們會教對應的演算法：0.2×0.03 = 0.006，並且告訴學童先將 2 和 3 的部分先相乘，然後標記小數點。而判斷小數點位置的方法，就是把乘數和被乘數位數相加。

　　拉本的作品說明了兩個值得注意的事實：他堅持使用從巴比倫至今仍存在的六十進位分數，以及延遲採用十進位分數的現象。

　　直到西元 1600 年，把分數寫成小數形式的概念才開始在西歐推廣開來。荷蘭數學家**史蒂文**（Simon Stevin, 1548-1620）率先明白地指出小數記號的優勢。在一本小書《十進算術》（*De Thiende*, The Dime）上，[2] 他提倡十進小數（decimal fraction）的使用。他強力主張政府應接受十進位制系統，並且在貨幣、重量、度量上，都應使用這個系統。然而，直到法國大革命之前，仍無法造成大規模的變革。

8-4 早期的美國位值記數系統

　　早在哥倫布來到西半球之前，中美洲和墨西哥的**馬雅人**（Mayas）已經發展出令人驚艷的文明。他們的記數系統是一個以 20 為基底，並且帶有零的位值系統。他們將數碼寫成一行，且最下面的位置是以 1 為單位。在這個系統裡，他們只使用了三個符號：一點代

---

[2] 譯按：本書也稱作 *La Theinde*（The Tenth）。請參考洪萬生，〈史帝文與數目的新概念〉，收入洪萬生主編，《窺探天機：你所不知道的數學家》（台北：三民書局，2018），頁 126-135。

表 1，一條短直線代表 5，一個蛋形符號則代表 0。

　　例子

$$= 16 = 3 \cdot 5 + 1$$

$$= 9 = 5 + 4$$

$$= 196 = 3 \cdot 5 + 1 + (5 + 4) \cdot 20$$

$$= 320 = 0 + (3 \cdot 5 + 1) \cdot 20$$

　　馬雅人把基底為 20 的系統分為三部分，從底部往上數的第三個位置的記號是以 360（360 = 18 · 20）為單位，而非 400（400 = 20 · 20），這可能與他們一年有 360 餘天相關。

　　例子

$$= 2586 = (5 + 1) + 3 \cdot 20 + (5 + 2) \cdot 360$$

$$= 320 = (5 + 4) + 0 \cdot 20 + (5 + 1) \cdot 360$$

　　第四個位置的記號是以 7200（7200 = 18 · 20^2）為單位，以此類推。

習題 8-4

1. 請用馬雅人的符號寫出下列數字：

   (a) 19

   (b) 412

   (c) 52,800

   (d) 12,489,781（此為出現在馬雅抄本之中最大數）

2. 下列符號分別代表哪個數字呢？

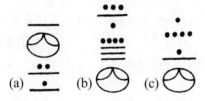

   (a)　　　　　(b)　　　　(c)

3. (a) 請在使用三個位置的情況下，找出馬雅符號所能表示的最大的數。

   (b) 請在使用三個位置的情況下，找出馬雅符號所能表示的最小的數。

   (c) 是否存在某一個整數，無法用馬雅符號來表示呢？

4. 將習題 3 之中的馬雅符號系統，改為第二個位置表示 20，第三個位置表示 $18 \cdot 20$，第四個位置表示 20^3，然後再表示出習題 3 所求的數。

8-5 位值記號的晚期發展

在第 2 章曾經提到，位值計數系統的某些性質與巴比倫的數碼有關。在本節之中，我們將討論與位值系統有關的更多細節。

所謂的位值計數系統理論，必須滿足下列要求：

1. 任何比 1 大的計數數（counting number）皆可以用來當作**基底**（base）。

2. 需要一組有區別性的**符號**（數位 digit），用來代表比基底小的所有整數，也包括 0。

3. **乘法位值法則**（multiplicative place- value principle）：被寫在特定位置的數位（digits）所表示的是：這個數位所代表的數目與基底對應於該位置的乘冪之乘積。

4. **加法法則**（additive principle）：被一個給定數碼所表示的數目，即為在上述 (3) 之中所有乘積之總和。

5. 該系統可進一步擴張來包含分數。

6. 使用符號（一個黑點（period））來區別任一個數碼的整數部分與分數部分的想法。

　　德國數學家**萊布尼茲**（Gottfried Wilhelm Leibniz, 1646-1716）是第一位將位值計數系統一般化的人。最近也有人發現，英國人**哈里奧特**（Thomas Harriot, 1560-1621）更早討論過這些概念，並且寫在一本未被出版的雜誌當中。

　　萊布尼茲特別感興趣的是，以 2 作為基底的二進位制。在這個系統中，各個位置依次代表了 2 的連續乘冪。因此，

$$1011_2$$

代表的是：

$$1 \cdot 2^3 + 0 \cdot 2^2 + 1 \cdot 2^1 + 1$$

也就是等於 11 。下表之中，展示了整數 1 到 7 的二進位制表示法。這說明了一個事實，在二進位制當中只需用到兩個數位符號，0 和 1 。任何整數都可以只用 1 和 0 來表示。

二進位（*Binary*）	十進位（*Decimal*）
1	1
10	2
11	3

100	4
101	5
110	6
111	7

　　萊布尼茲是一位哲學家以及神學家，同時也是一位數學家。他看到了二進位制與《創世記》裡有關宇宙起源之間的類比。他把這個有關於二進位制之中，所有正整數皆可以被僅僅兩個數位符號表示的事實，與宇宙是由上帝（1）從虛無（0）所創造出來的故事聯想在一起。圖 8-4 描繪出萊布尼茲死後所出版的某一本書的書名頁。從這個圖中，我們可以看到萊布尼茲要求其贊助者，布倫斯維克 - 呂尼堡公爵（Braunschweig-Lüneburg）製造的一個紀念幣或獎章。很顯然的，這個紀念幣從未真的被鑄造出來。不論如何，有趣的是，我們已注意到它已經包含了 0 到 17 的二進位表，並且分別在表中的左右兩邊，附有加法與乘法的例子。

圖 8-4　賓州大學的凡 · 派爾特
圖書館館藏某本書的書名頁。

　　我們無從得知萊布尼茲心中的二進位制，是否還有其他的應用，不過，他萬萬沒有想到這套系統，竟會被應用在現代的電腦當中。

　　二進位制常常被用於解謎以及遊戲的設計或說明（例如，Nim 數學遊戲）之中。請參考第 8-5 節習題之中的第 1 題，它即是一種讀心術。

習題 8-5

1. 以下是一個讀心術。
   (a) 請依據下圖所示，作出一組卡片。
   (b) 請某人選擇 1 到 15 之中的其中一個數字。
   (c) 依次給他看這些卡片，並且每一次都問他所選擇的數字是否在卡片上。
   (d) 將所有他回答「有」的這些卡片中的第一個數字加起來。
   那麼這些數字的總和就會是他心中所選的數字。

1	9
3	11
5	13
7	15

2	10
3	11
6	14
7	15

4	12
5	13
6	14
7	15

8	12
9	13
10	14
11	15

2. 請解釋在習題 1 之中的讀心術為什麼可以成立。
   （提示：將每一張卡片的數字用二進位符號寫出。）

3. (a) 試設計一個類似於習題 1 的讀心術，而其中的數字是從 1 到 31。
   （提示：總共需要五張卡片，然後第五張卡片的第一個數值必須是 16。）
   (b) 請解釋為什麼 (a) 小題所設計的讀心術會成立。

4. (a) 請查閱 Nim 數學遊戲中的規則。

(b) 設計一個Nim數學遊戲的成功策略，並且解釋為什麼會成立。

（提示：二進位制對於解開獲勝策略是有用的。）

5. 請閱讀萊布尼茲的傳記，並完成一篇報告。

6. 請閱讀哈里奧特的傳記，並完成一篇報告。

8-6 不同記數系統之間的轉換

任何比 1 大的數字，都可以被用來當作位值系統的基底（base）。當選定了基底 b 之後，我們需要 b 個不同的數位（digits）：其中以一個符號代表 0，另外的 b-1 個符號則用來表示比 b 小的所有正整數。在表示數字時，我們利用下標來記錄基底，如果沒有特別指明基底是多少時，我們通常假設其基底為 10。

在下列的例子之中，我們透過四種不同的進位系統，寫出前 14 個正整數，其中，這四個系統的基底都不同。

以 10 為基底：

| 1 | 2 | 3 | 4 | 5 | 6 | 7 | 8 | 9 | 10 | 11 | 12 | 13 | 14 |

以 7 為基底：

| 1 | 2 | 3 | 4 | 5 | 6 | 10 | 11 | 12 | 13 | 14 | 15 | 16 | 20 |

以 5 為基底：

| 1 | 2 | 3 | 4 | 10 | 11 | 12 | 13 | 14 | 20 | 21 | 22 | 23 | 24 |

以 2 為基底：

1　10　11　100　101　110　111　1000　1001　1010　1011　1100　1101　1110

如果基底比 10 大時，我們還必須發明一些新的符號，來表示比 9 大且小於基底 10 的數。因此，在 12 進位制系統（以 12 為基底）

之中，我們需要表示10與11的新符號。在十二進位制（Duodecimal）的社會之中，以「X」與「*dex*」作為10的符號與名稱，並以「E」與「*elf*」作為11的符號與名稱。在此系統中，前14個自然數可表示如下：

$$1 \quad 2 \quad 3 \quad 4 \quad 5 \quad 6 \quad 7 \quad 8 \quad 9 \quad X \quad E \quad 10 \quad 11 \quad 12$$

下面例子告訴我們，如何將某一進位系統中的數碼，轉換成另一個進位系統的數碼。

例題1　將 135_7 轉換成基底10的數碼。

$$135_7 = 1 \cdot 7^2 + 3 \cdot 7 + 5$$
$$49 \quad + 21 \quad + 5 = 75$$

例題2　將 $2XE98_{12}$ 轉換成基底10的數碼。

$$2XE98_{12} = 2 \cdot 12^4 + 10 \cdot 12^3 + 11 \cdot 12^2 + 9 \cdot 12 + 8$$
$$= 60,452$$

此外，還有第二種關於12進位制的數字表示法，利用我們基底十的符號來代表「十」與「十一」這兩個數，意即以「10」與「11」作為新的「數位」（digit）。在這個情況下，我們必須使用逗號來區別十二進位制的數字符號，就如同我們處理六十進位制系統時一樣（參考2-2節）。舉例來說，例題2裡的數目：

$$2XE98_{12}$$

將會被寫成下列形式：

$$(2, 10, 11, 9, 8)_{12}$$

下述例子則說明了如何將十進位系統中的數目，轉換成另一個基底的數目。

例題 3　將 198 轉換成基底 5 的數目。

考慮下列 5 的乘冪：

$$5^1 = 5 \mathbin{、} 5^2 = 25 \mathbin{、} 5^3 = 125 \mathbin{、} 5^4 = 625 \mathbin{。}$$

小於 198 的正整數之中，最大的 5 的乘冪為 125，因為 198 包含了 1 個 125，所以，我們從 198 減掉 1 個 125 可得：

$$198 - 1 \cdot 125 = 73$$

小於 73 的正整數之中，最大的 5 的乘冪為 25，因為 73 包含了 2 個 25，所以，再從 73 減掉 2 個 25 可得：

$$73 - 2 \cdot 25 = 23$$

小於 23 的正整數之中，最大的 5 的乘冪為 5，因為 23 包含了 4 個 5，所以從 23 減掉 4 個 5 可得：

$$23 - 4 \cdot 5 = 3$$

餘數 3 小於 5，因此，

$$198 = 1 \cdot 125 + 2 \cdot 25 + 4 \cdot 5 + 3$$
$$= 1 \cdot 5^3 + 2 \cdot 5^2 + 4 \cdot 5 + 3$$
$$= 1243_5$$

例題 4　將 135 轉換成基底 7 的數目。

7 的部分乘冪如下：

$$7^1 = 7，7^2 = 49，7^3 = 343。$$
$$135 = 2 \cdot 49 + 37$$
$$= 2 \cdot 49 + 5 \cdot 7 + 2$$
$$= 2 \cdot 7^2 + 5 \cdot 7 + 2$$
$$= 252_7$$

例題 5　將 735 轉換成基底 9 的數目。

$$735 = 1 \cdot 729 + 6$$
$$= 1 \cdot 9^3 + 0 \cdot 9^2 + 0 \cdot 9 + 6$$
$$= 1006_9$$

例題 6　將 5938 轉換成基底 12 的數目。

$$5938 = 3 \cdot 1728 + 754$$
$$= 3 \cdot 1738 + 5 \cdot 144 + 2 \cdot 12 + 10$$
$$= 3 \cdot 12^3 + 5 \cdot 12^2 + 2 \cdot 12 + 10$$
$$= 352X_{12}$$

習題 8-6

1. 請將下列數字以 10 進位制表示。

(a) 5_8　(b) 10_8　(c) 25_8　(d) 100_8　(e) 574_8

2. 請將下列數字以 5 進位制表示。

(a) 14　(b) 15　(c) 16　(d) 24　(e) 25　(f) 26

3. 請將下列數字以 5 進位制表示。

(a) 2378　(b) 750　(c) 3843

4. 請將下列數字以 6 進位制表示。

(a) 5　(b) 6　(c) 24　(d) 36　(e) 40　(f) 125　(g) 328　(h) 1296

5. 請將下列數字以 10 進位制表示。

(a) $39XE_{12}$　(b) 100101_2

6. 請將 3230 以 12 進位制表示。

7. 請將下列數字以 2 進位制表示。

(a) 5　(b) 15　(c) 22　(d) 32　(e) 81

8. 請將 234_5 寫成基底 8 的數目。

9. 請找出下列數目表示法的基底 (b)。

(a) $48 = 53_b$　(d) $93 = 233_b$

8-7 非十進位制之中的加法與減法算則

　　非十進位制之中的加法、減法運算法則與十進位系統之中的運算法則大致雷同，如果能進一步作出如下所示，以 6 為基底的「加法表」，那處理加法運算時將會大有幫助。在我們處理加法、減法的過程，執行滿 6「進位」與「借位」得 6 時，就好比十進位制之中滿 10 進位，以及借位得 10 一樣的情況。

基底 6：

+	0	1	2	3	4	5
0	0	1	2	3	4	5
1	1	2	3	4	5	10
2	2	3	4	5	10	11
3	3	4	5	10	11	12
4	4	5	10	11	12	13
5	5	10	11	12	13	14

例題　基底 6

$$
\begin{array}{r}
534 \\
+\ \ 423 \\
\hline
1401
\end{array}
\qquad
\begin{array}{r}
235 \\
-\ \ 41 \\
\hline
154
\end{array}
$$

習題 8-7

1. 請執行下列 6 進位制的加法運算。

   (a) 532　(b) 245　(c) 3542　(d) 413
   　　123　　　431　　　1134　　524
   　　　　　　　　　　　　　　　　123

2. 請執行下列 8 進位制的加法運算。

   (a) 632　(b) 675　(c) 4562　(d) 276
   　　553　　　454　　　1456　　142
   　　　　　　　　　　　　　　　　614

3. 請執行下列 5 進位制的減法運算。

   (a) 423　(b) 421　(c) 4310　(d) 34012
   　　221　　　234　　　3404　　23243

4. 請執行下列 7 進位制的加法運算。

   (a) 534　(b) 4201　(c) 54321　(d) 40001
   　　425　　　3322　　　12345　　15362

8-8 非十進位制之中的乘法算則

　　當我們列出某個特定基底的乘法表時，就可以輕易地得到兩數的乘積，這就如同我們熟悉的十進位制運算一樣。接下來，我們就在下述三種不同記數系統中，說明 138 乘 62 的積。

10 進位制：

×	0	1	2	3	4	5	6	7	8	9
0	0	0	0	0	0	0	0	0	0	0
1	0	1	2	3	4	5	6	7	8	9
2	0	2	4	6	8	10	12	14	16	18
3	0	3	6	9	12	15	18	21	24	27
4	0	4	8	12	16	20	24	28	32	36
5	0	5	10	15	20	25	30	35	40	45
6	0	6	12	18	24	30	36	42	48	54
7	0	7	14	21	28	35	42	49	56	63
8	0	8	16	24	32	40	48	56	64	72
9	0	9	18	27	36	45	54	63	72	81

相乘
```
  138
   62
 276
828
8556
```

7 進位制：

×	0	1	2	3	4	5	6
0	0	0	0	0	0	0	0
1	0	1	2	3	4	5	6
2	0	2	4	6	11	13	15
3	0	3	6	12	15	21	24
4	0	4	11	15	22	26	33
5	0	5	13	21	26	34	42
6	0	6	15	24	33	42	51

相乘
```
  255
  116
 2262
 255
 255
33642
```

2 進位制：

×	0	1
0	0	0
1	0	1

相乘

```
    10001010
      111110
   100010100
   10001010
   10001010
  10001010
 10001010
10000101101100
```

習題 8-8

1. 請造出 4 進位制的加法表與乘法表。

2. 將 14 與 30 以 4 進位制來表示，並利用習題 1 所造的表，計算出它們的乘積。

3. 請執行下列 4 進位制之乘法運算。

    (a) 32123　(b) 1212　(c) 2130
        23　　　123　　3121

4. 請執行下列 7 進位制的乘法運算。（首先造出乘法表）

    (a) 231　(b) 314　(c) 5432
       46　　123　　1653

5. 請執行下列 2 進位制的乘法運算。

    (a) 10110　(b) 10110　(c) 110110
       1001　　10111　　101111

6. 請執行下列 4 進位制的除法運算。

    (a) 21) 2303　(b) 23) 13233　(c) 223) 102021

7. 請執行下列 7 進位制的除法運算。

    (a) 23) 16426　(b) 65) 34326　(c) 111) 41625

8-9 分數、有理數與位值記數

當古巴比倫文明結束之後，巴比倫人書寫分數的系統仍然流傳了一段很長的時間。我們將在此更完整地描述此一系統的特色。在這之前，我們先討論如何將有理數表徵為位值分數的一般性原則。在書寫分數時，巴比倫人使用以六十為基底的位值系統，其方法就如同今日我們使用以十為基底的位值系統。接下來，我們將使用現代符號來表示六十進位制的分數。（參看第 58 頁）

例題 1

以十為基底的表徵　　　　　六十進位制之分數表徵

$$\frac{1}{12} = \frac{5}{60} \qquad\qquad 0 \,; 5$$

$$\frac{3}{5} = \frac{36}{60} \qquad\qquad 0 \,; 36$$

$$\frac{1}{3} = \frac{20}{60} \qquad\qquad 0 \,; 20$$

$$\frac{1}{6} = \frac{10}{60} \qquad\qquad 0 \,; 10$$

上述的轉換過程是簡單的，因為以十為基底的分數，其分母是 60 的因數。但如果分母不是 60 的因數，而是 60 的因數之乘積，則整個轉換過程會變得稍微困難些。

例題 2　將 $\frac{1}{9}$ 寫成六十進位之分數。

$$\frac{1}{9} = \frac{60 \cdot \frac{1}{9}}{60} = \frac{6\frac{2}{3}}{60} = \frac{6}{60} + \frac{\frac{2}{3}}{60} = \frac{6}{60} + \frac{60 \cdot \frac{2}{3}}{60^2} = \frac{6}{60} + \frac{40}{60^2} = 0 \,; 6 \,, 40$$

（六十進位表示法）

下面的例子將說明，如果我們把相同的程序應用到分母包含了非 60 因數的分數時，會發生什麼樣的問題。

例題 3　將 $\frac{1}{7}$ 寫成六十進位之分數。

$$\frac{1}{7} = \frac{60 \cdot \frac{1}{7}}{60} = \frac{8 + \frac{4}{7}}{60} = \frac{8}{60} + \frac{\frac{4}{7}}{60} = \frac{8}{60} + \frac{60 \cdot \frac{4}{7}}{60^2} = \frac{8}{60} + \frac{34 + \frac{2}{7}}{60^2}$$

$$= \frac{8}{60} + \frac{34}{60^2} + \frac{60 \cdot \frac{2}{7}}{60^3} = \frac{8}{60} + \frac{34}{60^2} + \frac{17 + \frac{1}{7}}{60^3} = \frac{8}{60} + \frac{34}{60^2} + \frac{17}{60^3} + \frac{\frac{1}{7}}{60^3}$$

如果我們不斷地繼續下去，最後一個分數可轉換為下列形式：

$$\frac{\frac{1}{7}}{60^3} = \frac{60 \cdot \frac{1}{7}}{60^4} = \frac{\frac{60}{7}}{60^4} = \frac{8}{60^4} + \frac{\frac{4}{7}}{60^3}$$

而這會推導出與我們之前所得到的分子相同，於是，$\frac{1}{7}$ 的表示法如下：

$$\frac{1}{7} = \frac{8}{60} + \frac{34}{60^2} + \frac{17}{60^3} + \frac{8}{60^4} + \frac{34}{60^5} + \frac{17}{60^6} + \frac{8}{60^7} + \ldots,$$

或者，$\frac{1}{7} = 0; 8, 34, 17, 8, 34, 17, \ldots,$

也就是，$\frac{1}{7} = 0; \overline{8, 34, 17}$。

這是一個循環的六十進位小數，類似於 $\frac{1}{3} = 0.333\ldots = 0.\overline{3}$，以及 $\frac{4}{37} = 0.108108\ldots = 0.\overline{108}$ 等。就跟我們一般所熟悉的十進位循環小數一樣。我們還可以把例題 3 之中的程序濃縮成下列之算則，其中包含

三個主要階段：

1. 將 $(\frac{1}{7}, \frac{4}{7}, \frac{2}{7})$ 等分數的分子（1，4，2）乘上 60。

2. 將乘積除以分母 7。

3. 以所得到的餘數（4，2，1）作為新分數 $(\frac{1}{7}, \frac{2}{7}, \frac{1}{7})$ 的分子。

其中的商（8，34，17）變成分數之分子，而其分母為 60 的連續乘冪。這些分子即為六十進位分數表徵之中的「數位」（digits）。

我們把這些步驟連結整理成如下之算則架構（scheme）：

$$
\begin{array}{l}
\quad 1 \\
\times\, 60 \\
\hline
7\,\lfloor\,60 \\
\quad 8 \text{ 餘 } 4 \\
\quad\quad \times\, 60 \\
\quad\hline
\quad 7\,\lfloor\,240 \\
\quad\quad 34 \text{ 餘 } 2 \\
\quad\quad\quad \times\, 60 \\
\quad\quad\hline
\quad\quad 7\,\lfloor\,120 \\
\quad\quad\quad 17 \text{ 餘 } 1 \\
\quad\quad\quad\quad \times\, 60 \\
\quad\quad\quad\hline
\quad\quad\quad 7\,\lfloor\,60 \\
\quad\quad\quad\quad 8 \text{ 餘 } 4 \text{ 以此類推}
\end{array}
$$

或者，$\frac{1}{7} = 0;\, \overline{8, 34, 17}$。

相同的程序可以用來找出每一個分數在任何基底的位值表徵（place-value representation）。在以十為基底時，這個程序即為我們一般所熟悉，利用長除法將分數轉換為小數的概念。為了進一步說明，我們先利用基本的方法，將 $\frac{1}{7}$ 轉換為十進位小數，再從中導出

相關的算則。

$$\frac{1}{7} = \frac{10 \cdot \frac{1}{7}}{10} = \frac{1 + \frac{3}{7}}{10} = \frac{1}{10} + \frac{\frac{3}{7}}{10} = \frac{1}{10} + \frac{10 \cdot \frac{3}{7}}{10^2} = \frac{1}{10} + \frac{\frac{30}{7}}{10^2}$$

$$= \frac{1}{10} + \frac{4 + \frac{2}{7}}{10^2} = \frac{1}{10} + \frac{4}{10^2} + \frac{\frac{2}{7}}{10^2} = \frac{1}{10} + \frac{4}{10^2} + \frac{10 \cdot \frac{2}{7}}{10^3}$$

$$= \frac{1}{10} + \frac{4}{10^2} + \frac{\frac{20}{7}}{10^3} = \frac{1}{10} + \frac{4}{10^2} + \frac{2 + \frac{6}{7}}{10^3}$$

$$= \frac{1}{10} + \frac{4}{10^2} + \frac{2}{10^3} + \frac{\frac{6}{7}}{10^3}$$

請注意，上述每個階段裡，我們相當於執行了下述步驟：

1. 將 ($\frac{1}{7}$，$\frac{3}{7}$，$\frac{2}{7}$，$\cdots$) 等分數的分子 (1，3，2，$\cdots$) 乘上 10。

2. 將乘積除以分母 (7)。

3. 使用所得到的餘數 (3，2，6，$\cdots$) 作為新的分數 ($\frac{3}{7}$，$\frac{2}{7}$，$\frac{6}{7}$，$\cdots$) 的分子。

其中的商 (1，4，2，$\cdots$) 變成分數之分子，而其分母則是 10 的連續乘冪。這些分子即為十進位表示法之中的「數位」（digits）。這個將 $\frac{1}{7}$ 寫成十進位小數的程序，可以濃縮成下列的程序算則，恰當地對比於前述將 $\frac{1}{7}$ 寫成六十進位小數的結構。因此，

$$1$$
$$\underline{\times\ 10}$$
$$7\underline{|\ 10}$$

$$1\ \text{餘}\ 3$$
$$\underline{\times\ 10}$$
$$7\underline{|\ 30}$$

$$4\ \text{餘}\ 2$$
$$\underline{\times\ 10}$$
$$7\underline{|\ 20}$$

$$2\ \text{餘}\ 6$$
$$\underline{\times\ 10}$$
$$7\underline{|\ 60}$$

$$8\ \text{餘}\ 4$$
$$\underline{\times\ 10}$$
$$7\underline{|\ 40}$$

$$5\ \text{餘}\ 5$$
$$\underline{\times\ 10}$$
$$7\underline{|\ 50}$$

$$7\ \text{餘}\ 1\ \text{以此類推}$$

　　上述的最後一個步驟所得到的餘數為 1，剛好與原本的分子相同，於是，我們發現整個過程開始循環，因此，我們得到下列結果：

$$\frac{1}{7}=\frac{1}{10}+\frac{4}{10^2}+\frac{2}{10^3}+\frac{8}{10^4}+\frac{5}{10^5}+\frac{7}{10^6}+\cdots$$

$$=0.\overline{142857}\ \circ$$

這個算則同義於我們熟悉的長除法：

```
         0.142857
  7 ) 1.000000
         7
        ──
        30
        28
        ──
        20
        14
        ──
        60
        56
        ──
        40
        35
        ──
        50
        49
        ──
         1
```

　　在此算則之中，我們補上 0，並把 0 放下來，這正隱含了把分子乘以 10，然後把得到的結果除以分母的想法。然而，這個補 0 再把 0 放下來的過程，使得整個算則變得更容易記憶，並可化約為我們所熟知的長除法。

　　在上述將 $\frac{1}{7}$ 寫成十進位小數的每一個步驟之中，我們都除以 7。當我們除以 7 時，可能的餘數為 0，1，2，3，4，5 和 6。一旦餘數為 0，整個演算的程序馬上結束（之後的商數皆為 0）。如果沒有任何餘數為 0，則在第 7 次除法運算之前，其他可能出現的餘數 1，2，3，4，5，6 之中必會有一個重複出現。因此，循環節（重複循環出現的數字）的長度必不會超過 6。而此討論過程也進一步地提示了下面的延拓：

1. 每個有理數不管以任何基底，都可被表示為一個有限小數或是循環的位值小數。

2. 如果分數的分母為基底的因數之乘積，則此位值（小數）表示法必會終止（0 循環重複出現）。

3. 循環小數之循環節的長度，必會小於位值小數之生成元的分母。

習題 8-9

1. 請將下列六十進位制的分數，寫成十進位分數。

(a) 4 , 21 ; 15   (b) 4 , 0 , 21 ; 30

(c) 4 , 21 ; 0 , 30   (d) 0 ; 45

(e) 0 ; 6   (f) 0 ; 0 , 6

(g) 261°15'   (h) 4°15'30"45'"

2. 請執行下列之加法運算。並轉換成以十為基底的分數，來檢查你的答案（提示：請參考下述例子的作法）。

相加：　42 ; 14 , 18

　　　　21 ; 30 , 45

　　───────────

　　　1 , 3 ; 46 , 3

檢查：$42 + \dfrac{15}{60} + \dfrac{18}{60^2}$

　　　$21 + \dfrac{30}{60} + \dfrac{45}{60^2}$

───────────

　　　$63 + \dfrac{45}{60} + \dfrac{63}{60^2}$

可得：

$$63 + \frac{45}{60} + \frac{63}{60^2} = 63 + \frac{46}{60} + \frac{3}{60^2} = 1 \cdot 60 + 3 + \frac{46}{60} + \frac{3}{60^2} = 1,3;46,3$$

(a) 6 ; 30   (b) 4 ; 15 , 25

　　2 ; 15   1 ; 44 , 50

(c) 2 , 37 ; 40   (d) 5°42' 3' 4'"

　　1 , 23 ; 30   184°25' 39"8'"

3. 請執行下列之乘法運算，並維持以六十進位制表示法來表示所有數字。最後，請轉換成以十為基底的分數，來檢查你的答案（提

示：請參考下述例子的作法）：

相乘：　　　42°15'

　　　　　　2°30'
　　　　　────────
　　　　　1260'450"

　　84°　30'
　────────────────
　　84°1290'450" = 105°37' 30"

檢查：$(42\frac{1}{4}) \times (2\frac{1}{2}) = \frac{169}{4} \times \frac{5}{2}$

$$= \frac{845}{8}$$

$$= 105\frac{5}{8}$$

這又等於 105°37'30"

(a) (0 ; 30)×(0 ; 15)　　　　　　(b) (26°45')×(5°20")

(c) (2 ; 6 , 30)×(12 ; 0 , 45)　　(d) (4°2'3")×(5°4")

4. 請將下列分數寫成六十進位表示的分數。

(a) $\frac{1}{2}$　　　(b) $\frac{3}{4}$

(c) $\frac{1}{5}$　　　(d) $\frac{5}{6}$

(e) $\frac{1}{10}$　　(f) $\frac{7}{12}$

(g) $\frac{8}{15}$　　(h) $\frac{1}{20}$

(i) $\frac{13}{30}$　　(j) $\frac{7}{60}$

5. 請將下列分數寫成六十進位表示的分數。

(a) $\frac{1}{8}$　　　(b) $\frac{1}{16}$

(c) $\frac{1}{18}$　　(d) $\frac{1}{24}$

(e) $\dfrac{1}{25}$　　(f) $\dfrac{1}{27}$

(g) $\dfrac{1}{32}$　　(h) $\dfrac{1}{36}$

6. 請將下列分數寫成六十進位表示的分數。

(a) $\dfrac{1}{11}$

(b) $\dfrac{1}{13}$

(c) $\dfrac{1}{14}$

試說明在每個循環節中,各有多少數位?並比較 $\dfrac{1}{14}$ 的循環節與 $\dfrac{1}{7}$ 的循環節,你是否發現它們之間的連結呢?如果你發現了某些關係,請試著構造出一些類似的分數數對,並將它們寫成六十進位制的分數,來檢驗你的猜測。

7. 試找出下列各數的六十進位表示。

(a) $\dfrac{2}{5}$　　(b) $\dfrac{2}{7}$

(c) $\dfrac{3}{5}$　　(d) $\dfrac{3}{7}$

(e) $\dfrac{3}{14}$

你是否能找到這些表示法與前面所提到 $\dfrac{1}{5}$、$\dfrac{1}{7}$、$\dfrac{1}{14}$ 的六十進位表式法之間的關係呢?

8. 分母小於下列指定基底的單位分數之中,哪一個可以被寫成有限小數呢?

(a) 十進位制分數。

(b) 六十進位制分數。

(c) 十二進位制(基底為 12)分數。

9. 試考慮所有分母小於 20 的單位分數,意即 $\dfrac{1}{2}$、$\dfrac{1}{3}$、$\cdots$、$\dfrac{1}{19}$ 等分

數。在十進位、十二進位以及六十進位等位值系統之中,哪一個
會存在最多可以表示成有限小數的分數呢?

10. 請列出下列每一個位值系統的優點與缺點,並與我們慣用的十進
位系統比較:二進位制、五進位制、十二進位制以及六十進位制。

11. 十二進位制的系統在英國與美國早期的算術之中,常被以特別
的方式來處理。這是因為它在實用上可與重量和長度等單位進行
連結。在此一連結之下,即使不是在測量的場合之中,關於英尺
(呎)和英寸(吋)的相關術語與符號也常被人們拿來使用。下
列的例子是來自於達伯爾(Daboll)學校的專業評量(習題 1-10
的第 3 題提到過)。試解釋第一個例子,並完成其他的部分。
最後,請使用以 12 的冪次為分母的分數,檢查你的工作成果。
(「F.」與「I.」分別代表英尺(呎)和英寸(吋))。

(a) F. I.

     7 3   被乘數

     4 7   乘數

    29 0

     4 2 9

    33 2 9 乘積

(b) F. I.

     4 6

     5 8

(c) F. I.

     9 7

     9 7

12. 圖 8-5(a) 與圖 8-5(b) 以及圖 8-5(c) 之中,標題頁以及其中的部分
內容,展示了早期與十二進位制有關的美國算術。

(a) 參考圖 8-5(b),請寫出第一個加法問題的答案。其中,請使用
英尺(呎)和英寸(吋)為單位,並以英寸(吋)為單位,表
示成分母為 12 之冪次的分數。

(b) 參考圖 8-5(c)，請完成該圖頂端所提到，關於減法的第二個問題。

(c) 參考圖 8-5(c)，請解釋其中第一個乘法有關的例子。

(d) 參考圖 8-5(c)，完成「十二進位制乘法」之中的第 2 個例題。

13. 參考第 300 頁之中，拉本所提出的問題。請應用他們的想法來執行六十進位制的乘法：$3°2'5''$ 和 $2°4'5''$。並使用以 60 之冪次為分母的分數，檢查你的答案。請注意，拉本使用了指數律來處理。

14. 圖 8-6 所示的是當年拉本手稿的其中一頁。在第 8，13 與 16 行的數字解釋了兩個數相加的步驟。當我們在沙土板上執行加法時，第二個加數在整個過程中被保留，但第一個加數卻一步一步地被除去，並被總和所取代。試以現代的符號寫下上述步驟，並解釋整個流程。若想了解各符號所代表的數字，請參考第 344 頁的表 8-1。

8-10 無理數

在前面的章節之中，我們已經證明過**每個有理數都可以表示成有限小數或循環小數**，因此，

$$\frac{1}{2} = 0.5$$

$$\frac{1}{3} = 0.333... = 0.\overline{3}$$

$$\frac{1}{7} = 0.\overline{142857}$$

$$\frac{1}{8} = 0.125$$

當然，0.5 可以寫成 $0.50000\cdots\cdots$ 或 $0.5\overline{0}$，而 $\frac{1}{8}$ 可寫成 $0.125\overline{0}$。這也說明了**每一個有理數都可以表示成循環小數**。現在，引申出下列兩個問題：每個循環小數都能表示某一個有理數嗎？有沒有可以表示成

不循環無限小數的數呢？這兩個問題的答案都是「是」。這在現代實數理論之中得到證實，而這理論也將有理數與無理數結合為一個統一的系統。

接下來，我們將以 $0.\overline{12}$ 這個循環小數為例，發展出一般化算則，以尋找其所對應的有理數 $\dfrac{a}{b}$。首先，令 N 表示這個有理數，則：

$$N = 0.121212\cdots$$

兩邊同乘 100 可得：

$$100\,N = 12.121212\cdots$$

現在，我們可得：

$$
\begin{array}{r}
100\,N = 12.121212\cdots \\
-\quad N = 0.121212\cdots \\
\hline
99\,N = 12.0000000\cdots \\
= 12
\end{array}
$$

因此，

$$N = \frac{12}{99} = \frac{4}{33}$$

反過來，我們可以將 $\dfrac{4}{33}$ 表示成小數的形式，並輕易地驗證這個結果。

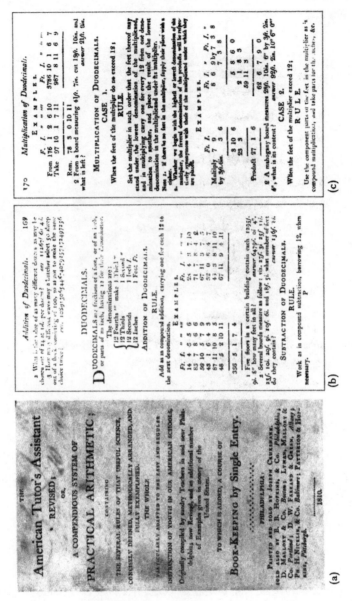

圖 8-5　1810 年版《美國教師助理》（*American Tutor's Assistant*）的標題頁以
　　　　及相關內文，討論十二進位制。[3]

---

[3]　本書第二版問世於 1791 年的費城，由 John Todd, Zachariah Jess, William
　　　Waring 及 Jeremiah Paul 等人所合寫。第一版的拷貝已不為人所知。

圖 8-6　Labban Ibn Kushyar 的手抄稿 Folio 268b，《印度測量法則》，1965 年
威斯康辛大學出版。

　　一個小數只要是循環小數，那上述的程序都能順利地執行。我們
永遠都可以根據該小數之循環節長度，來乘上相對應的 10 的冪次。
此時，小數點後面無限長的位數，都會往左「移動」等於循環節長度
的「數位數」。接著，兩式相減可以消去出現在這兩個小數那些重複
而無限長的「尾巴」。上述結果具有以下形式：

$$aN = b$$

（a 是不為零的整數，而 b 是整數或是有限小數），在將 a 與 b 乘上
10 的適當的冪次之後，

$$N = \frac{d}{c}$$

（c 和 d 都是整數，c 不為零）。

例題 1

令 $N = 0.\overline{123}$，則

$$1000\,N = 123.123123123\cdots$$
$$-\quad\quad N = \quad\; 0.123123123\cdots$$
$$999\,N = 123$$

$$N = \frac{123}{999} = \frac{41}{333}$$

檢查：以 41 除以 333 可得：$0.\overline{123}$。

例題 2

令 $N = 0.7\overline{72}$，則

$$100\,N = 77.272727\cdots$$
$$-\quad\quad N = \quad 0.772727\cdots$$
$$99\,N = 76.5$$

$$N = \frac{765}{990} = \frac{17}{22}$$

檢查：以 17 除以 22 可得：$0.7\overline{72}$。

　　例題 1 與例題 2 的結果引出了下列定理：**每一個循環小數皆表示一個有理數**。然而，上述的論證過程隱藏著一個缺陷：我們其實並不知道是否我們可以把諸如 0.121212⋯ 的無限小數視為一個單一的數，進行乘以 100 而將小數點往右移動兩位的常見運算規則。不過，接下來我們將提出另一個可將循環小數轉變為分數的程序，以避免遭遇上述之困難處。

　　循環小數：

$$N = 0.121212\cdots$$

可以採取下列的方式，寫成無窮級數：

$$N = \frac{12}{100} + \frac{12}{10,000} + \frac{12}{1,000,000} + \frac{12}{100,000,000} + \cdots$$

$$= \frac{12}{100} + \frac{12}{100}\cdot\frac{1}{100} + \frac{12}{100}\cdot(\frac{1}{100})^2 + \frac{12}{100}\cdot(\frac{1}{100})^3 + \cdots$$

我們寫出此級數的前 n 項的和，並稱為 S_n，於是：

$$S_n = \frac{12}{100} + \frac{12}{100}\cdot\frac{1}{100} + \frac{12}{100}\cdot(\frac{1}{100})^2 + \cdots + \frac{12}{100}\cdot(\frac{1}{100})^{n-1}$$

則

$$\frac{1}{100}S_n = \frac{12}{100}\cdot\frac{1}{100} + \frac{12}{100}\cdot(\frac{1}{100})^2 + \cdots + \frac{12}{100}\cdot(\frac{1}{100})^{n-1} + \frac{12}{100}\cdot(\frac{1}{100})^n$$

於是可得：

$$S_n - \frac{1}{100}S_n = \frac{12}{100} - \frac{12}{100}\cdot(\frac{1}{100})^n$$

$$\frac{99}{100}S_n = \frac{12}{100}\cdot(1 - \frac{1}{100^n})$$

$$S_n = \frac{12}{99}\cdot(1 - \frac{1}{100^n})$$

讀者可以發現，當 n 越來越大時，$\frac{1}{100^n}$ 越來越小，並趨近於 0。於是，當 n 越來越大時 S_n 趨近於 $\frac{12}{99}$。如果我們定義 N 為 S_n 所逼近的值，則我們可以發現：

$$N = \frac{12}{99} = \frac{4}{33}$$

同理，我們可以證明：**每一個循環小數皆表示一個有理數**。

於是，我們回答了本章節一開始所提出的第一個問題。至於我們的第二個問題：是否存在可以被表示成不循環無限小數的數呢？則尚未被回答。然而，完整的答案則屬於本書範圍之外。將有理數與無理數結合為單一系統的必要步驟，則如下所列：

1. 每個無限小數，無論循環與否，都表示了某個極限值存在的數列。
2. 這個極限值可視為實數的**定義**。
3. 由 (1) 和 (2) 可知，每個無限循環小數都是一個實數。
4. 由 (3) 可得 0.1010010001⋯ 為一個實數。
5. 每個有理數只能被有限小數或無限循環小數來表示。
6. 因為 0.1010010001⋯ 既非有限，亦非無限循環，從 (5) 可以知道它並不能表示某個有理數。
7. 由 (4) 與 (6) 可知，存在非有理數的實數。

實數系的結構將在下一節之中，進行更一般化的討論。

最後，我們回到畢氏學派的「醜聞」。畢氏學派證明了正方形的對角線長與其邊長是不可公度量的（參考 3-10）。我們現在會說：正方形其對角線與邊長的比是 $\sqrt{2}$，其為一個非有理數的實數，但可以利用不循環的無限小數 1.41421⋯ 來表示。當然，如果我們在特定的位置上切斷這個小數，我們將會得到一個接近但不等於 $\sqrt{2}$ 的有理數。

習題 8-10

1. 一個分數能夠表示成循環小數，是否與不同進位制有關？

   (a) 試給出兩種不同的位值系統，使得 $\frac{1}{3}$ 可以表示成有限小數。又

在這兩個位值系統之中，如何將 $\frac{1}{3}$ 表示成小數呢？

(b) 以 $\frac{2}{7}$ 取代 $\frac{1}{3}$，並重複 (a) 小題的步驟。

(c) 在給定的基底之後，一個分數是一個「循環小數」若且為若其分母有一個質因數且不為基底的因數（參考 8-9 節）。試完成第 332 頁的表格，其中 x 代表循環小數。

2. 請將下列分數以十進位表示法寫成小數。

(a) $\frac{1}{6}$ (b) $\frac{1}{7}$ (c) $\frac{2}{7}$ (d) $\frac{3}{11}$

(e) $\frac{6}{11}$ (f) $\frac{1}{12}$ (g) $\frac{1}{13}$ (h) $\frac{20}{15}$

(i) $\frac{21}{15}$ (j) $\frac{22}{15}$

3. (a) 如習題 2，如何由 (b) 小題的答案導出 (c) 小題的答案呢？

(b) 試從中找出另外兩個小題，使得第二個問題的答案可以由第一個問題的答案導出來。

基底 分數	2	5	7	10	12
$\frac{1}{2}$		×	×		
$\frac{1}{3}$	×	×	×	×	
$\frac{1}{4}$					
$\frac{1}{5}$					
$\frac{1}{6}$					
$\frac{1}{7}$					
$\frac{1}{8}$					
$\frac{1}{9}$					

基底 分數	2	5	7	10	12
$\frac{1}{10}$					
$\frac{1}{11}$					
$\frac{1}{12}$					
$\frac{1}{13}$					

(c) 試討論 (h)、(i)、(j) 這三小題答案的差異。

4. 試找出下列循環小數的分數表示。

(a) $0.14141414\cdots$

(b) $0.\overline{24}$

(c) $0.4\overline{9}$

(d) $1.27\overline{6}$

5. 最接近 $\sqrt{2}$ 的九位小數是 1.1414213562，因此，$\sqrt{2}$ 的最佳逼近整數是 1。

(a) 試找出逼近的一位小數、二位小數、三位小數。

(b) 試利用 2 減掉 (a) 小題之中各個逼近值之平方的方式，來檢查各逼近值的精確性。

(c) 找出的七位最逼近小數。

6. π 是一個無理數，其中一個逼近值為 3.141592653589793238462643 阿基米德藉由證明 $3\frac{10}{71} < \pi < 3\frac{1}{7}$ 的方式，給出兩個逼近值。（請參考第 256 頁）。請問阿基米德所提出的這兩個逼近值，各有多少位與 π 的正確值相同呢？

8-11 算術的現代理論基礎

我們已經知道，集合的一一對應概念隱約存在於原始文化的符契（primitive tally）之中（請參見 294 頁）。在最早期的加法過程之中，我們也可以發現有限集合的聯集概念隱藏於其中。然而，集合理論的系統性發展以及對於基數（cardinal number）概念的進一步澄清，都必須等到十九世紀後期康托爾（Georg Cantor）的相關研究之後，才會現身。在十七世紀，（無窮小量）微積分連結了面積、體積、曲線，以及重心與速度、加速度以及力學之間的研究。微積分的發展，最早得力於萊布尼茲以及牛頓（Isaac Newton, 1643-1727）的相關工作而展開。在整個十八世紀之間，機械化的算則以及微積分的應用快速發展，然而，這一門學科的邏輯基礎仍然停留於直觀與不完備的狀況。這也導致一些錯誤的發生，同時也受到哲學家與數學家們的抨擊。十九世紀初期，柯西（Augustin Cauchy, 1789-1857）、黎曼（Bernard Riemann, 1826-1866）、威爾斯特拉斯（Karl Weierstrass, 1815-1897）以及其他偉大數學家們，努力地為極限與微積分的相關理論，建立堅實的邏輯結構。康托爾與他的同時代數學家戴德金（Richard Dedekind, 1831-1916）的研究成果，為實數的概念以及實數與數線上點的對應關係之發展與澄清，填補了關鍵的位置。

透過少數的基本概念，**純邏輯式**地建構實數概念的一種方式，便是從最簡單、同時也是起源最早的自然數作為起始點，接著，擴展至整個數系，包括整數、有理數，最後則是實數。

但很有趣的是，自然數的集合反而是整個實數系家族之中，最晚得到數學家邏輯地分析與再建構的成員，儘管它是歷史上最早發展的數類。義大利的邏輯學家兼數學家皮亞諾（Giuseppe Peano, 1858-1932）為他的算術基礎建構了一組公設，其中，他假設了一些未定義元素——稱之為**自然數**（*natural number*）——的存在性；一個未定義元素「零」（zero）；以及未定義概念「後繼元素」（successor）。自然數的所有性質，都從這些公設演繹而得。

皮亞諾公設如下：

1. 零是自然數。

2. 如果 a 是自然數，則 a 的後繼元素也是自然數。

3. 零不是任何自然數的後繼元素。

4. 如果兩個自然數的後繼元素相等，則這兩個自然數相等。

5. 如果有一個自然數的子集 S 包含零，同時也包含 S 之中每一個元素的後繼元素，則每一個自然數都落在 S 這個集合之中。

今日，有些數學家傾向用「1」取代皮亞諾公理之中「零」的角色，於是，零就不是一個自然數。

發展皮亞諾公設的第一步，便是為自然數命名。根據公設，0（零）存在並且有一個後繼元素，數學家把這個後繼元素稱為「1」。1 是一個自然數並且有其後繼元素，把這個後繼元素稱為「2」，以此類推。於是，次序（order）以及計算（counting）的概念，終於在第一個數被記錄下的 5000 年之後，得以邏輯地從皮亞諾公設發展出來。

在此，皮亞諾的理論，連結了自古代延伸而來的的兩條數學軸線，並一起發展。一個是畢達哥拉斯的概念（正整數是所有事物的基礎），另一個亞理斯多德－歐幾里得的想法（定義與公理的基本角色），終於在十九世紀藉由自然數系的公設化，而相互結合。

至於算術與代數公理的發展，相對來說是較為晚近的。希臘人發展了公理系統（axiomatic system）的哲學想法，在西元前第五至第三世紀，歐幾里得以及其他數學家公理化了過去幾個世紀裡，一直是透過直觀以及經驗方式來發展的幾何學。當數學家藉由改變歐幾里得公理，而發展出非歐幾何學時，十九世紀的公理想法也跟著改變。

代數學也是在十九世紀才開始公理化。新代數（new algebras）的發明與新數目（new numbers）及其算術的發明，兩者並駕齊驅。

代數結構的研究，關心的是代數系統之間的共同性質及相異性質之探討。舉例來說，有理數系是代數系統之中，關於**有序體**（ordered field）的最簡單例子。此外，實數系與複數系也同樣是體，但是複數

體並非有序的。

　　對於上述理論的詳細討論，並不在本書的範圍之內，然而，我們已經提到諸多有關於體的概念，其中，部分相關內容近年來已經被安排在中小學的教科書之中。我們將提出兩個體的例子，並結束本章節，其中一個是有序體，另一個則不是。

　　一個**體**（field）是一個集合，在它的元素上定義了兩個二元運算，它們滿足下面所列體公理的各個條件。（我們使用 a、b、c 來表示集合之中的元素。因為我們最熟悉的體即為實數，而其具有的二元運算即為加法與乘法，我們使用「$\oplus$」與「$\odot$」這兩個符號來代表這些運算。）

加法	乘法
1. S 在加法運算下具有**封閉性**。如果 a 與 b 屬於 S，則 ab 也屬於 S。	1. S 在乘法運算下具有**封閉性**。如果 a 與 b 屬於 S，則 $a \odot b$ 也屬於 S。
2. 加法滿足**結合律**。$(a \oplus b) \oplus c = a \oplus (b \oplus c)$。	2. 乘法滿足**結合律**。$(a \odot b) \odot c = a \odot (b \odot c)$。
3. 加法滿足**交換律**。$a \oplus b = b \oplus a$。	3. 乘法滿足**交換律**。$a \odot b = b \odot a$。
4. 在 S 之中存在**加法單位元素**，我們把這個元素稱作 0。$a \oplus 0 = a$。	4. 在 S 之中存在**乘法單位元素**，我們把這個元素稱作 1。$a \odot 1 = a$。
5. 對每一個 S 之中的元素 a，都存在**加法反元素**，以 $-a$ 表示。$a \oplus -a = 0$。	5. 對每一個 S 之中除了 0 以外的元素 a，都存在**乘法反元素**，以 a^{-1} 表示。$a \odot a^{-1} = 1$（$a \neq 0$）。
6. 乘法對加法的**分配律** $a \odot (b \oplus c) = (a \odot b) \oplus (a \odot c)$。 7. $1 \neq 0$。	

　　我們之前已提到過，有理數系是體的一個例子。同時，也可以輕易地由過去的經驗，發現有理數的確滿足上述十二個條件。

　　另外，尚有另一些我們剛學過的體的結構，諸如：有限體等。舉例來說，取一個集合 {0，1，2，3，4}，並如下表所示地定義兩個運算「⊕」與「⊙」。

⊕	0	1	2	3	4
0	0	1	2	3	4
1	1	2	3	4	0
2	2	3	4	0	1
3	3	4	0	1	2
4	4	0	1	2	3

⊙	0	1	2	3	4
0	0	0	0	0	0
1	0	1	2	3	4
2	0	2	4	1	3
3	0	3	1	4	2
4	0	4	3	2	1

　　這個集合以及表中所定義的兩個運算，被稱為「模 5 的有限體」（a finite field modulo 5）。我們可以透過數值檢驗的例子，來驗證上述系統滿足體的所有公設。例如，2 的加法反元素，可以從表中得到。我們觀察第一個表裡面標示 2 的那一行，往下找到 0 的位置，左邊對應所得的 3，即為所求。這是因為從上表中所得的關係式 2 ⊕ 3 = 0，說明了 3 是 2 的加法反元素。至於分配律公理，則如下說明：

$$2 \odot (3 \oplus 4) = 2 \odot 2 = 4$$
$$(2 \odot 3) \oplus (2 \odot 4) = 1 \oplus 3 = 4$$

因此，

$$2 \odot (3 \oplus 4) = (2 \odot 3) \oplus (2 \odot 4)$$

圖 8-7

在小學數學科書之中，類似這類的有限體，我們稱之為**模算術**（modular arithmetic），有時也把它稱作「時鐘算術」（clock arithmetic），這是因為它的加法表，可以透過在圖 8-7 所示之 5 小時時鐘上，加上相對應的「小時數」來衍生得到。如果我們從這個時鐘的 2 點開始，往前 3 格，此時到達 0 時，這正是我們加法表所描述的 2 ⊕ 3 = 0。至於乘法表，則可以利用多種不同的方式來導出，其中一種方式是在時鐘上，重複地進行加法，另一個常用的方式則是採用原本常用的乘法，再減去 5 的倍數，於是：

$$2 \cdot 3 = 6$$
$$2 \odot 3 = 6 - 5 = 1$$
$$3 \cdot 4 = 12$$
$$3 \odot 4 = 12 - 2 \cdot 5 = 2$$

至此，我們已經認識了模算術以及有理數系等兩個關於體的例子。然而，有理數還具有另一個有限體所沒有的性質：**順序性質**（ordered properties）。在此，我們只說明其中的差異。如果符號「>」代表「大於」的意思，則 5 > 3 讀作「5 大於 3」。

「大於」具有下述之性質：

1. 對於任兩個數 a 與 b 而言，
$a > b$，$b > a$，$a = b$ 恰有一式為真。

2. 如果 $a > b$ 且 $b > c$，則 $a > c$。

3. 如果 $a > b$ 則 $a + c > b + c$。

我們可以簡單地驗證有理數具有上述之順序性質。

現在，我們再來看一看，當我們在模 5 的算術（modular 5 arithmetic）之中，使用「大於」的關係以及上述性質 (1)，(2)，(3) 時，會發生什麼事。首先，假設 $1 > 0$。則我們可得：

$$1 + 1 > 0 + 1 \text{（性質 (3)）}$$

因此，

$$2 > 1 \text{（性質 (3)）}$$

又因為，

$$1 > 0 \text{（性質 (2)）}$$

我們可得，

$$2 > 0$$

類似地，

$$3 > 0$$
$$4 > 0$$
$$0 > 0$$

這與性質 (1) 相矛盾。利用相同的方式，我們也可以假設 $0 > 1$ 來導出 $0 > 0$。又因為無論假設 $1 > 0$ 或 $0 > 1$ 都會導出矛盾，從性質 (1) 我

們可以得到 1 = 0，這與公理 7 相矛盾（第 338 頁）。

上述這個例子所說明的，便是一個非有序的有限體。

有理數的性質可以邏輯式地從有序體公理導出的這個觀點，在十九世紀末期得到發展。戴德金在 1871 年描述了一個關於體的特殊例子。而**韋伯**（Heinrich Weber, 1842-1913）則在 1882 年與 1893 年，構造了抽象的進路。美國數學家**莫爾**（E. H. Moore）也在數年之後，同樣地提出一套抽象的構式。有限體，特別是某些近年來的新研究面向，大都發展於二十世紀。這些研究成果的重要性，不單只是因為它們為許多古老的系統，提供了較佳的理解以及較簡單而清楚的結構。同時，也因為它們引導並刺激了許多新的算術與代數系統的發展，其中部分結構與古典數學大異其趣。這些差異（有些新代數結構具有非交換性或是非結合性）不只是令人感興趣，同時，它們的重要性在於進一步刺激了數學的發展，並且在許多領域之中得到預想不到的應用成效。舉例來說，非交換的向量與四元數代數雖然都不具有體的結構，但是在機械以及其他物理或工程學的研究上，卻扮演了十分重要的角色。

本節設想的目的，是為了闡明初等的數學結構，如何在漫長數個世紀之中發展成形。我們的素描也點出：許多現代數學結構的元素，在古代通常都是相當自然地萌芽成長，而現代數學的成就，便是將它們「合而為一」，將那些緊要的元素呈現成為一個廣袤結構的部分，進而發明全新的系統。

習題 8-11

1. 試證明由元素 a、b、c 所構成，並且加法與乘法運算的定義滿足下表的集合，是一個體。

$\oplus$	a	b	c
a	a	b	c
b	b	c	a
c	c	a	b

$\odot$	a	b	c
a	a	a	a
b	a	b	c
c	a	c	b

2. 請使用本節之中所給的模 5 有限體的表，解下列方程式。

   (a) $2 \oplus x = 4$

   (b) $2 \oplus x = 0$

   (c) $2 \oplus x = 1$

   (d) $2 \odot x = 4$

   (e) $2 \odot x = 0$

   (f) $2 \odot x = 1$

3. 請利用 0、1、2 取代習題 1 表中的 a、b、c。使用新的表，解下列方程式。

   (a) $2 \oplus x = 0$

   (b) $2 \oplus x = 1$

   (c) $2 \oplus x = 2$

   (d) $2 \odot x = 0$

   (e) $2 \odot x = 1$

   (f) $2 \odot x = 2$

4. 請在模 5 的系統之中，解習題 3 的方程式。

5. 作一個四小時時鐘的 $\oplus$ 與 $\odot$ 表（使用 0、1、2、3）。並證明這個系統並不是一個體。

8-12 現代記數系統

在本書的最後一節，我們回到第 1-1 節的主題：記數。今日，這世界上絕大多數的商業與科學活動皆使用印度—阿拉伯數碼，即使伴隨它們討論過程中所寫的字母符號，與我們慣用的符號不同。然而，

在阿拉伯與印度的社會裡，反而使用了這些數字的不同表示方法。表8-1 所呈現的，便是拉本的數碼以及今日在阿拉伯與印度社會中所慣用的。圖 8-8 之中的現代郵票，則可以發現這些數碼的蹤跡。

表 8-1

	0	1	2	3	4	5	6	7	8	9
拉本（971-1029）	٠	١	٢	٣	٣	٤	٦	٧	٨	٩
阿拉伯（今日）	٠	١	٢	٣	٤	٥	٦	٧	٨	٩
印度（今日）	०	१	२	३	४	५	६	७	८	९

圖 8-8　埃及郵票中的現代阿拉伯數碼

大數，百萬、十億、一兆等等大數目，對於一般的小孩與大人而言，總是充滿了吸引力。在《數沙術》（*The Sand Reckoner*）一書之中，[4] 阿基米德展示了如何計算一個充滿細沙的世界裡，總共有多少的細沙。而下面這個問題也挑戰了他的思考：我們是否可以寫得出這種大數，同時也能用於計算呢？我們必須記住，希臘人所使用的數字，

---

4 譯按：《數沙術》（*The Sand Reckoner*）是現存論述算術的隨筆，設計一種可以表示任何大數目的方法，糾正有的人認為沙子是不可數的，或者即使可數也無法用算術符號表示的錯誤看法。

缺乏我們今日的位值系統概念。

　　古代的印度教徒同樣也發現大數的魅力。他們以不同的名稱，區別了十進位之中的不同位值。下列摘要自亞諾德（Edwin Arnold）所寫的《亞洲之光》（*The Light of Asia*）的其中一部分，它是有關於年輕的佛陀接受其老師眾友仙人（Viswamitra）教育的相關傳說記錄。它指出了數字命題以及大數在早期印度算術研究上的重要性。

> 眾友仙人接著說：「夠了，
> 我們來看數
> 跟著我一起往上數
> 一直數到 lakh 那麼大的數
> 一、二、三、四，到十，然後到數十
> 到數百再到數千。」接在他之後，這位孩童
> 說出了個位、十位、百位的名號；毫不停歇，
> 直到圓滿的 lakh，但他輕聲地繼續細語，
> 「然後來了 koti、nahut、ninnahut，
> Khamba、viskhamba、abab、attata、
> 到 kumuds、gundhikas 與 utpalas，
> 從 pundarikas 直到 padumas
> 最後一級就是你去數算
> 哈士達吉里的穀物被磨到最細微狀態的顆粒
> 但在那之外的數目，還有
> Katha，用來清點夜晚的星星；
> Koti-Katha，屬於海中的水滴；
> Ingga，用來計算旋轉；
> Sarvanikchepa，是你用來數算
> 恆河所有的沙粒，直到
> Antah-Kalpas，那時的單位是
> 萬萬恆河沙。如果有人尋求

更完整的尺度，就看 Asankya

的算術，就是在故事裡

下了一萬年的雨到諸世界

所有的雨滴總和；

直到 Maha Kalpas，到時

諸天神佛將數算祂們的未來與過去。」

……………………………………………………

…「老師！如果合適，

我將會讀出在一由旬的長度中

從一頭到另一頭，有多少塵埃。」

在那時毫無困難地，小王子

把所有粒子的數目正確說出。

但眾友仙人聽聞，即俯伏敬拜

在男孩面前；他呼喊：

「汝為汝師之師範—汝，非吾，

為大師。」[5]

　　許多年前，報章雜誌上報導了一篇關於「古高爾（googol）」
（1 後面有 100 個零，即 10 的 100 次方）以及「古高爾普克勒斯
（googolplex）」（1 後面有 1 個古高爾這麼多個零，即 10 的古高爾
次方）」這兩個創新文字的文章。這兩個字引發了哥倫比亞大學的卡
斯納（Edward Kasner）以及一些幼稚園小朋友們的討論。而這些小

5　譯按：這首 19 世紀英國詩人寫下的詩，提到很多古印度的大數名稱，例如
　　洛叉（lakh）、胝（koti）、那由他（nahut）等等。這些大數字大多是 10
　　的某個很大的次方。這些大數名稱在中文佛經有音譯，在中國古代算書也或
　　有提及，但是對於這些數實際的值，則有各種不同解讀。另外，這首詩的作
　　者在將古印度語言的詞彙轉寫為英文時，許多的寫法與當代英語的轉寫方式
　　不同，所以有些詞彙的意義從現在看來不甚明確。譯者儘可能忠實地呈現詩
　　人的想法，但為了避免誤譯，那些古印度大數名稱，翻譯團隊決定保留詩中
　　的原文。

朋友們對於如何描述某一個春天裡，落在紐約市的雨滴量感到興趣。他們知道這是非常龐大的數目，但仍舊只是可以被命題或寫出來的有限數字。而「古高爾」以及「古高爾普克勒斯」這兩個字則是卡斯納的九歲大外甥所創造。

　　上述所描述的數字，都可以很方便地利用**標準記號**（科學記號）來表示。使用這種記號，每個數字都可以被寫成一個 1 至 10 之間的數字，再乘上 10 的某個冪次。因此，

$$45 = 4.5 \times 10^1$$
$$452 = 4.52 \times 10^2$$
$$4526392000 = 4.263925 \times 10^9$$

我們現在以這個概念來寫出下列的數字（請注意美國與英國的不同用法）：

$$美國的十億 = 1,000,000,000 = 10^9$$
$$英國的十億 = 1,000,000,000,000 = 10^{12}$$
$$美國的一兆 = 10^{12}$$
$$英國的一兆 = 10^{18}$$
$$一個\ googol = 10^{100}$$
$$一個\ googolplex = 10^{10^{100}}$$

科學家同時還需要表示出非常小的數字，因此，他們使用負的指數冪次來表示：

$$0.45 = 4.5 \times \frac{1}{10} = 4.5 \times 10^{-1}$$
$$0.045 = 4.5 \times \frac{1}{10^2} = 4.5 \times 10^{-2}$$
$$0.000000563 = 5.63 \times 10^{-7}$$

習題 8-12

1. 請依下列指定的方式寫出 4 兆。
   (a) 使用美國的定義，並寫出所有的零。
   (b) 使用英國的定義，並寫出所有的零。
   (c) 使用美國的定義，並以科學記號表示。
   (d) 使用英國的定義，並以科學記號表示。

2. (a) 從太陽到地球的平均距離是 9.3×10^7 英里。請寫出這個數字的完整表示，並利用文字來寫出它的名字。
   (b) 從太陽到地球的平均距離是 8,225,000,000,000,000,000 英里。請用科學記號來表示這個距離。

3. (a) 氦分子的直徑為 1.8×10^{-8} 公分，請用文字完整地寫下這個數字以及它的名稱。
   (b) 請用科學記號來表示 0.00000000027 這個數字。

4. 大數總是令人難以想像，然而，過去人們也嘗試利用不同的策略來描述這些龐大的數字。在 1952 年的一月號的《讀者文摘》（*Reader's Digit*）引述了**海爾頓**（James L. Helton）所寫的話：「將一百萬元換成每張 1000 元的鈔票，疊起來是 8 英寸（吋）高。但是如果我們試著將十億元的鈔票堆疊起來，那將足足有 110 英尺（呎），比華盛頓紀念碑來得高。」請以微米為單位，來測量鈔票的厚度，並檢驗海爾頓所說的話是否屬實。

5. 你能使用文字說出的最大數字是多少呢？羅馬人如何表示大數呢？這個問題的答案也許可以在參考文獻 [46] 之中發現。作一幅關於大數發展史、它們的名稱、符號以及用途的圖表海報，這將會是一件相當有意思的展示品。

參考文獻

關於數目符號，請參見下述之參考資料：

[43] Cajori, Florian, *A History of Mathematical Notations*. Chicago: Open Court

Publishing Company, 1928.

[44] Menninger, Karl, *Number Words and Number Symbols.* Cambridge, Mass. The MIT Press, 1969.

關於實際算術之討論，請參見下述之參考資料：

[45] *The Mathematics Teacher*, Vol. 47 (1954), pp. 482-487, 535-54; Vol. 48 (1955), pp. 91-95, 153-157, 250.

關於大數之命名與討論，請參見下述之參考資料：

[46] *The Mathematics Teacher*, Vol. 45 (1952), pp. 528-530; Vol. 46 (1953), pp. 265-269; Vol. 47 (1954), pp. 194-195.

部分習題的提示及解答

　　任何需要經過思考的證明或方法，我們試圖不去提供所有的步驟或替代的解決方案。我們鼓勵讀者能有所不同且具創意的發想。如果發現到任何錯誤，非常樂意接獲您的告知。

習題 1-3

2. (a) ∩∩/∩∩∩ ‖。(b) ℓℓ ‖‖/‖‖‖。(d) ⌐ℨℨ ℓℓℓ ∩∩/∩ ‖‖‖。

3. (a) 20,507。(b) 2,000,000。(c)100,000。

4. 7。10。

5. ⌐ℓ∩ ‖/‖‖。沒有。45。

6. ⌐∩‖‖ℓℓ∩∩∩。變換每一個記號成下一個更高單位的記號。

習題 1-4

1. (a) $\dfrac{\begin{array}{l}\cap\cap\ \text{|||}\\ \cap\cap\ \text{|||}\\ \cap\cap\ \text{|||}\end{array}}{\begin{array}{l}\cap\cap\cap\ \text{|||||}\\ \cap\cap\cap\ \text{|||||}\end{array}}$ 。

3. (a)

	1	17	
\	2	34	
\	4	68	
	8	136	
\	16	272	總和為 374。

習題 1-5

1. (c)

	1	692	
\	2	1384	
	4	2768	
\	8	5536	
\	16	11072	
\	32	22144	總和為40,136。

2. (c)

58	$\times$	692	
29	$\times$	1384	/
14	$\times$	2768	
7	$\times$	5536	/
3	$\times$	11072	/
1	$\times$	22144	/

答：40136。

3. 是的，如果較大的數作為乘數，則需要 9 次加倍；但是如果以較小的數作為乘數的話，只需要 5 次加倍。

5. (c)

	1	11	
\	2	22	
\	4	44	
	8	88	
\	16	176	總和為 242。

則 $242 \div 11 = 2 + 4 + 16 = 22$。

6. (a) $15 = 2^3 + 2^2 + 2^1 + 2^0$。(c) $22 = 2^4 + 2^2 + 2^1$。
(e) $16 = 2^4$。(g) $968 = 2^9 + 2^8 + 2^7 + 2^6 + 2^3$。

習題 1-6

1. (a)

\	1	20
	$\overline{2}$	10
\	$\overline{4}$	5
\	$\overline{20}$	1

總和為 26。

則 $26 \div 20 = 1 + \overline{4} + \overline{20}$。

(b)

\	1	6
	2	12
	4	24
\	8	48
\	$\overline{6}$	1

總和為 55。

則 $55 \div 6 = 1 + 8 + \overline{6} = 9 + \overline{6}$。

(c)

\	1	21
\	2	42
	$\overline{\overline{3}}$	14
\	$\overline{3}$	7
\	$\overline{21}$	1

總和為 71。

則 $71 \div 21 = 1 + 2 + \overline{3} + \overline{21} = 3 + \overline{3} + \overline{21}$。

(d) $1 + \overline{3} + \overline{18}$。(e) $\overline{2} + \overline{4} + \overline{68}$。(f) $\overline{3} + \overline{36}$。

2. (a)

	1	4
\	$\overline{2}$	2
\	$\overline{4}$	1

總和為 3。

則 $3 \div 4 = \overline{2} + \overline{4}$。

(b)

$$
\begin{array}{cc}
& 1 & 8 \\
\backslash & \bar{2} & 4 \\
& \bar{4} & 2 \\
\backslash & \bar{8} & 1 \quad \text{總和為 5。}
\end{array}
$$

則 $5 \div 8 = \bar{2} + \bar{8}$。

(c)

$$
\begin{array}{cc}
& 1 & 24 \\
& \bar{\bar{3}} & 16 \\
\backslash & \bar{3} & 8 \\
\backslash & \bar{6} & 4 \\
\backslash & \overline{12} & 2 \quad \text{總和為 14。}
\end{array}
$$

則 $14 \div 24 = \bar{3} + \bar{6} + \overline{12}$。

(d) $1 + \overline{16} + \overline{32}$。 (e) $\bar{\bar{3}} + \bar{6}$。 (f) $1 + \bar{3} + \overline{12}$。 (g) $\bar{2} + \bar{8} + \overline{16}$。

(h) $2 + \bar{\bar{3}} + \bar{6}$。

3.　(a) $\dfrac{1}{3} + \dfrac{1}{36}$。 (c) $\dfrac{1}{4} + \dfrac{1}{60}$。

4.　(a) $\dfrac{1}{4} + \dfrac{1}{9}$。 (c) $\dfrac{1}{5} + \dfrac{1}{15}$。

5.　如果 m 是偶數則 $\dfrac{2}{m} = \dfrac{2}{2n} = \dfrac{1}{n}$，其中 n 是正整數且 $\dfrac{1}{n}$ 已是單位分數。

6.　(c) 設 $\dfrac{a}{b} = \dfrac{1}{a_1} + \dfrac{1}{a_2} + \cdots + \dfrac{1}{a_r}$，$a_1 < a_2 < \cdots < a_r$。

接著應用 (a) 於 $\dfrac{1}{a_r}$。

7.　設 $n = am + b$，$1 \le b < m$ 則：

$$
\frac{m}{n} = \frac{1}{a+1} + \left(\frac{m}{n} - \frac{1}{a+1} \right)
$$

$$
= \frac{1}{a+1} + \left(\frac{m}{am+b} - \frac{1}{a+1} \right)
$$

$$= \frac{1}{a+1} + (\frac{m-b}{(am+b)(a+1)})，其中 b \geq 1。$$

在最後一個式子當中，第二個分數的分子比一開始的分數的分子小，因此程序只會有有限個步驟。

8. 習題 7 的證明顯示出表示法是經由妥善定義（well-defined）的演算法則而得到。

習題 1-7

1. (a)

$\overline{12}$	$\overline{6}$	$\overline{3}$	
1	2	4	總和為 7，還剩 5。計算 12 直到你找到 5。

	1	12	
	$\overline{3}$	8	
\	$\overline{3}$	4	
\	$\overline{12}$	1	總和為 5。

因此 $\dfrac{5}{12} = \overline{3} + \overline{12}$，並且 $(\overline{12} + \overline{6} + \overline{3}) + (\overline{3} + \overline{12}) = 1$。

(b) $\overline{6} + \overline{24} + \overline{120}$，或者 $\overline{5} + \overline{60}$。

(c) $\overline{2} + \overline{28}$。 (d) $\overline{3} + \overline{18}$。 (e) $\overline{12}$。 (f) $\overline{2} + \overline{4}$。

(g) $\overline{3} + \overline{12} + \overline{24}$。

(h)

	1	60			
\	$\overline{2}$	30			
	$\overline{4}$	15			
\	$\overline{8}$	7	$\overline{2}$		
	$\overline{16}$	3	$\overline{2}$	$\overline{4}$	
	$\overline{32}$	1	$\overline{2}$	$\overline{4}$	$\overline{8}$
\	$\overline{64}$	$\overline{2}$	$\overline{4}$	$\overline{8}$	$\overline{16}$

接下來計算 $\overline{4} + \overline{8} + \overline{16}$ 求得 1。

$\bar{4} + \bar{8} + \overline{16}$

4　2　1　　　總和為 7，還剩 9。計算 16 直到你找到 9。

1	16
\　$\bar{2}$	8
\　$\overline{16}$	1　　　總和為 9。

則 $9 \div 16 = \bar{2} + \overline{16}$。

$\overline{60}$	1
\　$\overline{120}$	$\bar{2}$
\　$\overline{960}$	$\overline{16}$

於是，由 skm 得 $\bar{2} + \bar{8} + \overline{64} + \overline{120} + \overline{960}$。

2. (a)

1	23	
\　$\bar{2}$	11　$\bar{2}$	總和為 $11 + \bar{2}$。我們還需要 $\bar{2}$。
$\overline{23}$	1	
\　$\overline{46}$	$\bar{2}$	總和為 12。

則 $12 \div 23 = \bar{2} + \overline{46}$。

(b) $\bar{\bar{3}} + \bar{6} + \overline{78}$。(c) $\bar{2} + \bar{4} + \overline{38} + \overline{76}$。(d) $4 + \bar{\bar{3}} + \overline{21}$。

(e) $\bar{6} + \overline{390}$。　(f) $\bar{3} + \overline{24} + \overline{92} + \overline{184}$。

3. 假設 $\dfrac{5}{17} = \dfrac{1}{2^{n_1}} + \dfrac{1}{2^{n_2}} + \cdots + \dfrac{1}{2^{n_k}}$，則 $\dfrac{5}{17} = \dfrac{(2的乘冪之和)+1}{2^{n_k}} = \dfrac{奇數}{偶數}$

推得 $5 \times （偶數）= 17 \times （奇數）$，得（偶數）=（奇數），然而這是不可能的。

習題 1-8

1. (a)

1	1	$\bar{5}$			
2	2	$\bar{3}$	$\overline{15}$		由 $2 \div n$ 表
\　4	4	$\bar{\bar{3}}$	$\overline{10}$	$\overline{30}$	由 $2 \div n$ 表

則商為 4。

(b) 8。

習題 1-9

1. (a) 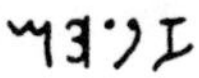。(b) 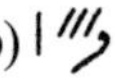。(c) 。(d) 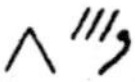。
2. $\frac{1}{21}+\frac{1}{42}=\frac{1}{14}$。
3. $\frac{1}{24}+\frac{1}{48}=\frac{1}{16}$。

習題 1-10

1. (a) 假設為 2，則 $2+\frac{1}{2}\cdot 2=3$。
   $3\neq 16$，所以我們計算 $16\div 3=5\frac{1}{3}$。$5\frac{1}{3}\cdot 2=10\frac{2}{3}$。
   (b) 9。
2. (a) $1\frac{2}{3}$，$10\frac{5}{6}$，20，$29\frac{1}{6}$，$38\frac{1}{3}$。

   (b) (1) 利用試誤法找到前兩項的和：$12\frac{1}{2}$，那麼後三項的和為：$87\frac{1}{2}$。

   (2) 將後三項和乘上 2 減掉 3 倍的前兩項和，答案為 $137\frac{1}{2}$，也可以透過計算兩倍的 9 乘上公差減掉三倍的公差求得。

   (3) 利用試誤法找到公差；答案為：$9\frac{1}{6}$。

   (4) 第一項乘上 2，再加上一個公差可得 $12\frac{1}{2}$，所以第一項為 $1\frac{2}{3}$。

習題 1-11

1. (a) 55,986。

2.　(b) $\dfrac{63}{64}$。

4.　(a)　$113\dfrac{7}{9} \approx 113.78$。(b) 113.04。(c) 0.7%。

習題 2-2

1.　(a)　2：1,0,1 = 3601：2,0,0 = 7200。

2.　(a) 1.375。(b) 12,23 = 743。

3.　(a) 1,22：30。(b) 將六十分進位點往右移動一位。

4.　(a)〔楔形文字〕　(c)〔楔形文字〕　(e)〔楔形文字〕

5.　(a)〔楔形文字〕　(c)〔楔形文字〕　(e)〔楔形文字〕

習題 2-3

1.　$1 \div 12 = 0$：5

　　$1 \div 15 = 0$：4

　　$1 \div 16 = 0$：3,45

　　中間省略

　　$1 \div 54 = 0$：1,6,40

　　$1 \div 60 = 0$：1。

2.　9×0：6,40 = 1

　　10×0：6,40 = 1：6,40

　　11×0：6,40 = 1：13,20

　　中間省略

　　18×0：6,40 = 2。

　　(c) $25 \div 9 = 20 \times 0$：6,40 + 5×0：6,40

　　　　　$= 2$：13,20 + 0：33,20

　　　　　$= 2$：46,40。

3.　(a) 製作從 $\dfrac{1}{5} = 0$：12 至 18×0：12 = 3：36 的乘法表。

(b) 製作從 $\dfrac{1}{10} = 0 ; 6$ 至 $17 \times 0 ; 6 = 1 ; 42$ 的乘法表。

習題 2-4

1.　(a) 3，$3\dfrac{1}{6}$，$3\dfrac{37}{228}$。

　　(b) 3，$2\dfrac{2}{3}$，$2\dfrac{31}{48}$。

　　(c) 4，$3\dfrac{7}{8}$，$3\dfrac{433}{496}$。

　　(d) 5，$5\dfrac{1}{5}$，$5\dfrac{51}{260}$。

2.　第一近似值 $= 40$。

　　第二近似值 $= \dfrac{40 + (40^2 + 10^2)/40}{2} = 40 + \dfrac{100}{2 \cdot 40}$。

習題 2-5

1.　$(15 + a)(15 - a) = 104$；$a = 11$。答案：4，26。

3.　(b) 因為巴比倫人並不知道負數的存在。

　　(c) -1，-29。

5.　$(3x)^2 + 4(3x) = 12$，後面省略。$x = \dfrac{2}{3}$。

習題 2-9

1.　$a = 24$，$b = 10$，$c = 26$；$24^2 + 10^2 = 26^2$。

2.　$2,0$。

3.　(a) $1,12$。(b) $1,0$。

4.　(a) 30。(b) $31\dfrac{1}{4}$。(c) 31.416。(d) 誤差：1.416，

　　百分比：$\dfrac{1.416}{0.31416} \approx 4\dfrac{1}{2}$。

5.　$4\dfrac{1}{2}$。

6. (d) 誤差：3.54，百分比：$4\frac{1}{2}$。

7. (d) 誤差：14.16，百分比：$4\frac{1}{2}$。

8. $R = 10$。令 M 為圓心，由畢氏定理可知，$\triangle\ MBC$ 中，$MB = 8$，$MC = 10$，答案：$CD = 12$。

9. $\left.\begin{array}{l} \dfrac{1}{2}x(y_2 - y_1) + 15y_2 = 420 \\ y_1 - y_2 = 20 \end{array}\right\} \Rightarrow \begin{array}{l} -10x + 15y_2 = 420 \\ y_1 - y_2 = 20 \end{array}$

    $x = \dfrac{15y_2 - 420}{10}$，$y_1 = y_2 + 20$

    將 x 與 y_1 之值代入 $30y_1 = x(y_1 + y_2)$，即可求出 y_2。

    答案：$x = 18$，$y_1 = 60$，$y_2 = 40$。

習題 3-2

1. (a) $\kappa\gamma$。(b) $\rho\zeta$。(c) $\sigma\kappa\zeta$。(d) ,$\eta\sigma\nu\varsigma$。(e) $\overset{o\varsigma}{M}$, $\theta\tau\varepsilon$。

    (f) $\gamma'\varepsilon''\varepsilon''$ 或 $\overset{\varepsilon}{\gamma}$。(g) $\iota\theta'\kappa\alpha''\kappa\alpha''$ 或 $\overset{\kappa\alpha}{\iota\theta}$。

    (h) $\tau\kappa\eta'\varphi\zeta''\varphi\zeta''$ 或 $\overset{\varphi\zeta}{\tau\kappa\eta}$。

2. (a) 35。(c) 566。(e) 856,083。(g) $\dfrac{30}{45}$。(i) $\dfrac{35}{41}$。

3. (a) $\varphi\nu\zeta$。(b) $\overset{\varepsilon}{M}$,$\zeta\sigma\alpha$。

4. $\theta\omega\xi\delta$。

5. (a) $\triangle\ \triangle\ |||$。(c) $HH\triangle\ \triangle\ \boldsymbol{\Gamma}||$。

習題 3-3

1. 先證明 $\triangle\ SWM \cong \triangle\ QPM$。

2. 定理 2 與定理 3。

習題 3-5

1. (a) 9；$8\dfrac{5}{9}$。(c) -3；-3。

2. (a) 是。(b) 否。

3. (a) $23\dfrac{1}{6}$。

4. (a) $5\dfrac{1}{7}$。(b) $10\dfrac{2}{7}$。(c) $6\dfrac{174}{391}$。

習題 3-6

2. $T_n = 1 + 2 + 3 + \ldots + n = \dfrac{1}{2}n(n+1)$。

3. 將代表 P_n 的點集合分成四個子集：其中一個含 n 個點，而其他共有三個 T_{n-1} 個點。$P_n = n + 3T_{n-1} = n + 3 \cdot \dfrac{1}{2}(n-1)n = \dfrac{1}{2}n(3n-1)$。

4. (b)

5. (a)

(b) $T_{n-1} + T_n = \dfrac{1}{2}(n-1)n + \dfrac{1}{2}n(n+1) = n^2 = S_n$。

6. (c) 這個程序並不會產生 $(6, 8, 10)$ 這一組畢氏三元數。

7. (b) $1 + 3 + 5 + \cdots + (1 + (n-1) \cdot 2) = \dfrac{1}{2}n(1 + (2n-1)) = n^2$。

8. 在 $n = 3$ 的情況之下：$2^{n-1}(2^n - 1) = 28$。小於 28 的因數為 1，2，4，7 以及 14。它們的總和為 28。在 $n = 6$ 的情況下，數字為 2016。

小於 2016 的前四大因數之總和已經大於 2016。

9. (a) $n = 7$ 時，可得 $2^6(2^7 - 1) = 2^{13} - 2^6 \approx 2^{13}$；以此類推。答案：4。(c) 77。

10. (a) 第三個理論：$2n + 1$ 整除 $2m$；$2m = k(2n + 1)$；

k 是偶數 $= 2l$；$2m = 2l$; $(2n + 1)$；$m = l(2n + 1)$；$2n + 1$ 整除 m。

習題 3-10

1. (a) n 是奇數或偶數。n 是奇數 $\Rightarrow n^2$ 是奇數，因為 $(2m + 1)^2 = 2(2m^2 + 2m) + 1$。因此 n^2 是偶數 $\Rightarrow n$ 是偶數。

   (b) 同 (a) 部分作法。

3. 假設 $5 + \sqrt{2} = r$，r 是有理數。那麼，$\sqrt{2} = r - 5$ 亦是一個有理數。

5. 假設 $\sqrt{3} = \dfrac{p}{q}$，p 和 q 是整數並且沒有共同的因數。那麼 $p^2 = 3q^2$，意即 p^2 可以被 3 整除。又因為 p 必須是 $3k$、$3k + 1$、或 $3k + 2$ 這三種形式之一，但是 p 不可能是 $3k + 1$ 這種形式，這是因為 $p^2 = (3k + 1)^2 = 3(3k^2 + 2k) + 1$，無法被 3 整除。類似地，$p$ 也不可能是 $3k + 2$ 的形式。所以 p 就一定是 $3k$ 的形式。從這裡可以看出 3 也必須整除 q，不過，這與假設 p 與 q 沒有共同的因數相互矛盾。

習題 4-2

1. $\dfrac{AC^2}{AB^2} = \dfrac{AC^2}{AC^2 + BC^2} = \dfrac{AC^2}{2AC^2} = \dfrac{1}{2}$。

2. (a)

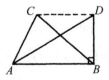

$CD \parallel AB$

$\triangle ABD$ 面積 $= \triangle ABC$ 面積。

(b)

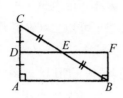

長方形 *ABFD* 面積 = △ *ABC* 面積。

(c)

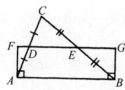

長方形 *ABGF* 面積 = △ *ABC* 面積。

(d) △ *DCG* ∼ △ *GCH*。∴ $\dfrac{DG}{CG} = \dfrac{CG}{CH}$，或 $\dfrac{l}{s} = \dfrac{s}{w}$。

(f) 作一個長方形，使它與給定的梯形有相同的面積。然後再利用 (d) 的作法即可。

(g)

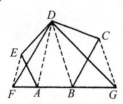

作 △ *FGD* 面積等於五邊形 *ABCDE* 面積（*EF* ∥ *DA*，*CG* ∥ *DB*）。

然後再利用 (b) 和 (d) 的作法即可。

(h) 利用畢達哥拉斯定理。

3.　正方形的邊長為 18。

4.　(a)56。(c)34$\dfrac{1}{2}$。

習題 4-4

1.　(1) 為了證明公式 (4)，需先過 *A* 作 $\overline{AF} \perp \overleftrightarrow{CD}$，並交 $\overleftrightarrow{CD}$ 於 *F*。

在 △ *AFC* 中，$AC^2 = AF^2 + FC^2$

$= (AD^2 - DF^2) + (DF + DC)^2$

$= AD^2 + DC^2 + 2DF \cdot DC > AD^2 + DC^2$。

(2) 因為 $AB^2 < AC^2 + CB^2$，所以 $\angle ACB$ 不可能為直角；利用類似 (1) 中證明 $AC^2 > AD^2 + DC^2$ 的方法，可知 $\angle ACB$ 亦非鈍角，因此，$\angle ACB$ 為銳角。

(3) 完成整個圓 ACB，因為 $\angle ACB$ 為圓周角，所以劣弧 AB 的度數 $= 2\angle ACB < 180°$，故弧 ACB 大於半圓。

2.　(c) 若 $\overline{CF} \perp \overline{AB}$（$F$ 在 $\overline{AB}$ 上），因為 $FB = \dfrac{1}{2}(AB - CD)$，所以可以作出 $\triangle FBC$。

(e) 令 M 為通過 A、B、C 三點的圓之圓心，作 $\triangle ABN$（N 與 C 點在 $\overline{AB}$ 的不同側），使得 $\triangle ABN \sim \triangle ADM$。

3.　(a) 首先算出所對圓心角為 α 的弓形 ABC 面積（如下圖）

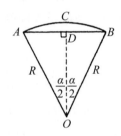

$\therefore \dfrac{扇形 AOBC}{圓 O 面積} = \dfrac{\alpha}{360}$。

$\therefore$ 扇形面積 $AOBC = \dfrac{\alpha}{360} \cdot \pi R^2$

$\qquad \triangle AOB$ 面積 $= \dfrac{1}{2} AB \cdot OD = R \sin \dfrac{\alpha}{2} \cdot R \cos \dfrac{\alpha}{2} = R^2 \sin \dfrac{\alpha}{2} \cos \dfrac{\alpha}{2}$。

$\therefore$ 弓形 ABC 面積 $= (\dfrac{\alpha\pi}{360} - \sin \dfrac{\alpha}{2} \cdot \cos \dfrac{\alpha}{2})R^2$。

接著令 $A_1 O_1 B_1 C_1$ 為半徑 R_1 且所對圓心角為 α 的扇形，則

$$\dfrac{弓形 ABC 面積}{弓形 A_1 B_1 C_1 面積} = \dfrac{(\dfrac{\alpha\pi}{360} - \sin \dfrac{\alpha}{2} \cos \dfrac{\alpha}{2}) R^2}{(\dfrac{\alpha\pi}{360} - \sin \dfrac{\alpha}{2} \cos \dfrac{\alpha}{2}) R_1^2} = \dfrac{R^2}{R_1^2} = \dfrac{AB^2}{A_1 B_1^2}$$。

將這個結果應用在圖 4-8 弓形 I 和弓形 IV，我們可以發現

$$\frac{\text{弓形 IV 面積}}{\text{弓形 I 面積}} = \frac{\overline{AB}^2}{\overline{AD}^2} = \frac{3\overline{AD}^2}{\overline{AD}^2} = 3 \text{。}$$

∴弓形 IV 面積 = 弓形 I 面積 + 弓形 II 面積 + 弓形 III 面積。

(b) 梯形 *ABCD* 面積

= 以 *AB* 為弦的弓形面積 – (弓形 I 面積 + 弓形 II 面積 + 弓形 III 面積) = 以 *AB* 為弦的弓形面積 – 弓形 IV 面積 = 新月形面積。

(c) 參照習題 4-2 第 2 題的 (f)。

4. $\angle CAB = \frac{1}{2}$ 弧 *BC* 度數 $= \frac{1}{2}$ 弧 *AEB* 度數（因為弓形 III ∼ 弓形 IV）。

習題 4-5

1. (a) $x = a\sqrt{2} \Rightarrow x^2 = 2a^2$；$\dfrac{a}{x} = \dfrac{x}{2a}$。

   (b) $x = a\sqrt{2} \Rightarrow x^2 = a^2 + a^2$。

2. 將 $\dfrac{a}{x} = \dfrac{x}{y}$ 與 $\dfrac{a}{x} = \dfrac{y}{2a}$ 的 y 消去。

4. 將 $x^2 = ay$ 和 $y^2 = 2ax$ 相乘 $\Rightarrow x^2y^2 = 2a^2xy$，故 $xy = 2a^2$。

5. $\dfrac{4}{x} = \dfrac{x}{y} = \dfrac{y}{8} \Rightarrow 4y = x^2$ 和 $8x = y^2$。令單位長為 1 吋，畫出兩個方程式的圖形，再應用圖 4-13 的方法。

習題 4-6

1. 令 *M* 為 $\overline{PQ}$ 中點，所以 $\overline{BM} \cong \overline{PM} \cong \overline{MQ} \cong \overline{OB}$（*M* 為直角△ *PBQ* 的外接圓圓心）。再利用△ *BOM* 和△ *MBQ* 為等腰三角形及三角形的外角定理（三角形的任一外角等於它的兩內對角的和）。

2. 作一正三角形即可得其中一內角為 60°。

4. 因為 *GH* < *d*，所以蚌線通過 *G* 點且在 *G* 點有迴圈。

6. (b) 否。

9.

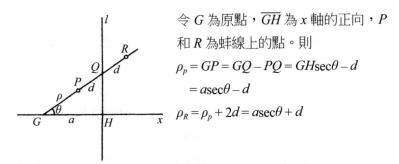

令 G 為原點，$\overline{GH}$ 為 x 軸的正向，P
和 R 為蚌線上的點。則

$$\rho_p = GP = GQ - PQ = GH\sec\theta - d$$
$$= a\sec\theta - d$$
$$\rho_R = \rho_p + 2d = a\sec\theta + d$$

11. 參照第 9 題答案的圖形，若 x 和 y 為 P 點坐標，則 Q 點坐標為 $(a, \dfrac{ay}{x})$

根據兩點距離公式和 P、Q 坐標，可得 $(x - a)^2 + (y - \dfrac{ay}{x})^2 = d^2$。

(b) $\rho = \sqrt{x^2 + y^2}$，$\sec\theta = \dfrac{\sqrt{x^2 + y^2}}{x}$；用 $\rho = a\sec\theta \pm d$ 代入得

$\sqrt{x^2 + y^2} = \dfrac{a\sqrt{x^2 + y^2}}{x} \pm d$，故 $(x - a)\sqrt{x^2 + y^2} = \pm dx$。

12. (a) $\overrightarrow{GH}$（即 x 軸）為對稱軸。

(b) 若 (θ_0, ρ_0) 滿足此方程式，則 $(-\theta_0, \rho_0)$ 也是。

(c) 若 (x_0, y_0) 滿足此方程式，則 $(x_0, -y_0)$ 也是。

習題 4-7

3. (a) 參照習題 4-6 第 2 題的作法。

(b) 將已知線段 $\overline{AB}$ 三等分，作法如下：過 A 作 $\overline{AC}$ 異於 $\overline{AB}$，在 $\overline{AC}$ 任取 $\overline{AD} = \overline{DE} = \overline{EF}$，連接 $\overline{FB}$，再分別過 D、E 作直線平行 $\overline{FB}$ 即可。[1]

4. $75° = 60° + \dfrac{1}{2} \cdot 30°$。

6. 參照例題 3(b) 的作法。

---

[1] 譯按：雖習題與答案不符，但此題解答為原書版本所提供。題目問的是求三等分 60° 角，而參考答案所給的為如何三等分線段，與題意不符。

9.　(a) $n \cdot \dfrac{1}{2} \cdot \dfrac{p}{n} \cdot r = \dfrac{1}{2}pr$。

10. 割圓曲線的定義：$\dfrac{\theta}{\dfrac{1}{2}\pi} = \dfrac{\rho \sin \theta}{r}$。

12. (b) $\displaystyle\lim_{\theta \to 0} \rho = \lim_{\theta \to 0} \dfrac{2r\theta}{\pi \sin \theta} = \lim_{\theta \to 0} \dfrac{2r}{\pi} \cdot \lim_{\theta \to 0} \dfrac{1}{\dfrac{\sin \theta}{\theta}} = \dfrac{2r}{\pi} \cdot 1$。

(c) $e = \displaystyle\lim_{\theta \to 0} \rho$，接著再應用 (b) 所得的結果。

13. 假設 $\dfrac{q}{r} > \dfrac{r}{e}$，必存在一數 a，使得 $a < e$ 並滿足 $\dfrac{q}{r} = \dfrac{r}{e}$。因為 $a < e$，所以存在一線段 $\overline{AP} = a$ 使得 P 點位於 A、E 兩點之間（由圖可知）。

令 $\overline{PR} \perp \overline{AB}$，則 $\dfrac{q}{r} = \dfrac{\text{弧}PQ\text{的長度}}{a}$，因此，弧 PQ 的長度 $= r$，

$\Rightarrow \dfrac{\angle BAR}{\angle BAD} = \dfrac{\overline{RP}}{\overline{DA}}$，

$\Rightarrow \dfrac{\text{弧}PF\text{的長度}}{\text{弧}PQ\text{的長度}} = \dfrac{\overline{RP}}{\overline{DA}}$

$\Rightarrow \dfrac{\text{弧}PF\text{的長度}}{r} = \dfrac{\overline{RP}}{r}$，

$\Rightarrow$ 弧 PF 的長度 $= RP$。

所以，$\dfrac{1}{2}AP \cdot$ 弧 PF 的長度 $= \dfrac{1}{2}AP \cdot RP$，

或扇形 APF 面積 $= \triangle APR$ 面積（→←）。

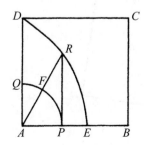

14. (a) 在邊長為 1 的正方形中畫出割圓曲線，並使用文中相同的符號 $\dfrac{q}{r} = \dfrac{r}{e}$。因此，根據已知線段長 e 和 r，可作出線段長 q。又 $4q = 2\pi r = 2\pi$（$\because r = 1$），所以 $\pi = 2q$，故線段長 $2q$ 即為所求。

16. (a) 令 E 為 B 到 $\overline{FP}$ 的垂足，R 為 P 到 $\overline{BD}$ 的垂足，則 $\triangle BEF \cong \triangle BEP \cong \triangle BRP$。

習題 4-8

1. (a) $\dfrac{2}{5}$。 (c) $-5, 5$。 (e) $-2\dfrac{1}{2}, 2\dfrac{1}{2}$。 (g) $-6, 1$。

   (i) $-3, -2$。 (k) $1, 2, 3$。 (m) $-1, 1\dfrac{1}{2}, 2$。

2. (a) $\sqrt{5}$ 為此方程式的一根，但不等於 $\dfrac{5}{1}, -\dfrac{5}{1}, \dfrac{1}{1}, -\dfrac{1}{1}$。

   (b) 利用方程式 $x^3 - 5 = 0$。

   (d) 利用方程式 $x^2 - p = 0$。

3. 利用 $\dfrac{1}{a} = \dfrac{b}{ab}$，所求線段長 ab 為已知線段長 1，a，b 的第四比例項。

4. a/b 為 b，1，a 的第四比例項。

習題 5-2

1. 邊長為 w 的正方形面積為 w^2，面積為其 2 倍的正方形面積 $2w^2$，這個正方形的邊長為 $\sqrt{2w^2} = w\sqrt{2}$。邊長為 w 的正方形，其對角線長為 $\sqrt{w^2 + w^2} = \sqrt{2w^2} = w\sqrt{2}$

3.

5. 請作一個兩股長為 r 的等腰直角三角形。並如習題 3 所示，作長為 $r\sqrt{2}$ 與 $r\sqrt{3}$ 的線段。這些線段以及長度為 $2r$ 之線段即為所求之圓半徑。

7. 如果三角形 ABC 是等腰三角形。

9. 正方形面積等於 64。矩形面積等於 65。在矩形的對角線附近，有一個極細的平行四邊形，並未被覆蓋到。而在左下角頂點的角度並未補滿。

11. (a) 正六邊形的各頂點之角度為 120°，三個共頂點正六邊形，可圍著該頂點鋪滿整個平面。

(b) 正五邊形的各頂點之角度為 108°，360 並不是 108 的倍數。

13. (a) 如果共頂點且不相重疊的角度之角度總和為 360，則這些角會共平面。

(b) 當 $n = 3$，4，5，這些正多邊形內角之度量值的 3 倍分別為 180°，270°，324°，當 n 大於 5 時，其這些正多邊形內角之度量值的 3 倍則會大於或等於 360°。

習題 5-5

1.

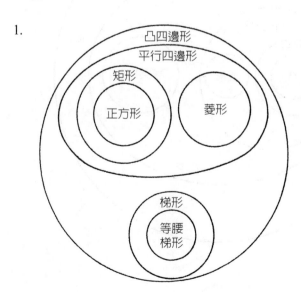

3.

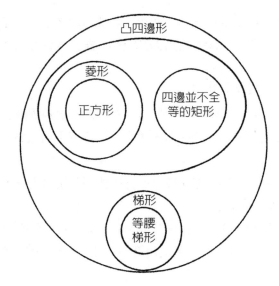

5.

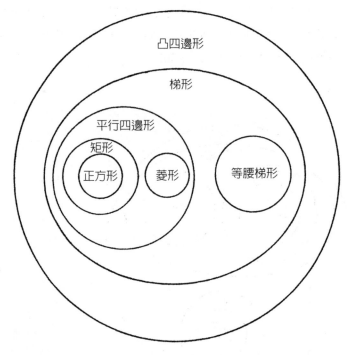

7.　正方形是一個各邊全等且為矩形類的平形四邊形。

9.　長方形是一個相鄰邊不全等的矩形。

11.　轂蓋邊緣的運動是由滑動或移動，與旋轉的合成，然而，輪胎在
　　　路面上滾動時並不會滑行。

習題 6-3

1.　傾斜角，直角，平行直線。

3.　如果你對此感到困難，你可以從偉大的數學家們也把這些視為未
　　　定義項的這個事實之中得到一些心理上的安慰。

5.　線，線的末端，平面的末端，平面角。

習題 6-6

1.　對於第二個圓而言，圓規必須重新設置。

3.　(a)

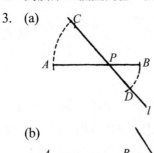

　　　(b)

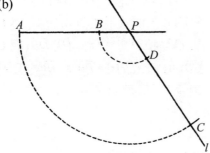

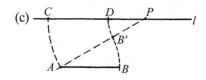

5.

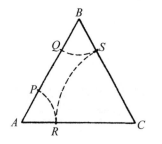

7.

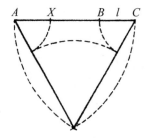

9.

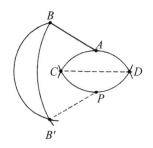

作 $C_1(P, \overline{PA})$，其以 P 點為圓心，而其半徑為 $\overline{PA}$。作 $C_2(P, \overline{AP})$，其以 P 點為圓心，而其半徑為 $\overline{AP}$。C_1 與 C_2 交於 C 點和 D 點。作 $C_3(D, \overline{DB})$ 與 $C_4(C, \overline{CB})$ 相交於點 B'。$\overline{PB'} \cong \overline{AB}$。其中的虛線並不需要用到。

習題 6-7

1. 考慮 $\triangle ABC$ 與 $\triangle BAC$ 之間的一一對應關係：$A \longleftrightarrow B$，$B \longleftrightarrow A$ 以及 $C \longleftrightarrow C$。則 $\overline{AB} \cong \overline{BA}$，$\overline{BC} \cong \overline{AC}$，$\overline{AC} \cong \overline{BC}$，所以 $\triangle ABC \cong \cong BAC$，所以 $\angle A \cong \angle B$。

3. (a)

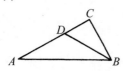

假設 D 點落在 A 點與 C 點之間，則 $\overline{AD} <$ $\overline{AC}$，這與給定的條件 $\overline{AC} \cong \overline{AD}$ 矛盾。所以 D 點不會落在 A 點與 C 點之間。

5. 如前述作出 B 點與 C 點，並作出 $C_1(B, r)$ 與 $C_2(C, r)$ 之交點 D，其中，$r > \dfrac{1}{2} BC$。證明過程不會改變。

7.

作出等邊三角形 $\triangle ABD$，並作出 AD 之中點 E。作出等邊三角形 $\triangle EBC$。

9.

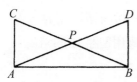

因為所有的直角都全等，所以 $\triangle ABD \cong \triangle BAC$（由 SAS）。所以 $\overline{AD} \cong \overline{BC}$。

11. (a) $\angle CAB \cong \angle DBA$；$\angle DAB \cong \angle CBA$，所以 $\angle CAD \cong \angle DBC$（公理 III）。

(b) 在 $\triangle ABP$ 之中，應用命題 6，可得 $\overline{AP} \cong \overline{BP}$。由公理 III 可得 $\overline{CP} \cong \overline{DP}$。

習題 6-8

1. 證明頂角 $\angle ACD$ 比 $\angle ABC$ 大。

3. 可以應用命題 6 與命題 18 來進行直接證明。

5.

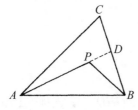

(1) $\overline{AP} + \overline{PB} < \overline{AP} + (\overline{PD} + \overline{DB})$（命題 20）
$= \overline{AD} + \overline{DB} < (\overline{AC} + \overline{CD}) + \overline{DB} = \overline{AC} + \overline{CB}$

(2) $\angle APB > \angle ADB$（命題 16）$> \angle C$

7. 否。

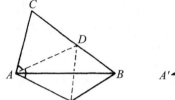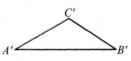

9.

令 $\triangle ABC'' \cong A'B'C'$，並且令 $\overline{AD}$ 平分 $\angle CAC''$，則 $\triangle ADC \cong \triangle ADC''$（命題 4）。所以，$\overline{CD} \cong \overline{C''D}$，$\overline{CB} = \overline{CD} + \overline{DB} = \overline{C''D} + \overline{DB} > \overline{C''B} \cong \overline{C'B'}$。

11. $\angle ADC > \angle B$（命題 16）$\cong \angle C$（命題 6），所以 $\overline{AC} > \overline{AD}$（命題 19）。

12.

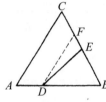

假設 $\overline{BE} < \overline{BD}$，作 $\overline{DF} \parallel \overline{AC}$，並在等邊三角形 $\triangle DBF$ 之中，應用習題 11 的結論。

13. 使用習題11與習題12的結果，證明 $\overline{AD}$ 與 $\overline{DE}$ 都比另一邊來得小。

15.

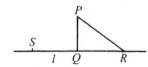

$\angle PQR \cong \angle PQS > \angle PRQ$，所以 $\overline{PR} > \overline{PQ}$。

習題 6-9

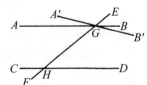

1.

(a) 如果 $\angle EGB \cong \angle FHC$，則 $\angle EGB \cong \angle GHD$，這是因為由命題

15，我們知道 ∠FHC ≅ ∠GHD。所以，再由命題 28a，可知直線 AB 平行直線 CD。

(b) ∠EGB + ∠BGH ≅ 2 個直角。再利用簡單的代換，∠GHD + ∠BGH ≅ 2 個直角。所以，直線 AB 平行直線 CD。

3. 請參見習題 1 答案裡的圖形。由命題 29a 可得 ∠AGF ≅ ∠DHE，並且 ∠EGB ≅ ∠AGF（命題 15），所以 ∠EGB ≅ ∠DHE。

5. 請參見習題 1 答案裡的圖形。

(a) 已知直線 HD 平行直線 GA。作 ∠HGA' ≅ ∠GHD，則直線 GA' 平行直線 HD（命題 27）。因此，直線 GA ≅ 直線 GA'（否則會與命題 B 相矛盾）。所以，∠GHD ≅ ∠HGA。

(b) ∠AGH + ∠BGH ≅ 2 個直角。又知 ∠AGH ≅ ∠GHD，所以，∠GHD + ∠BGH ≅ 2 個直角。

(c) ∠GHD + ∠BGH ≅ 2 個直角，這是因為直線 AB 平行直線 CD。令直線 A'GB' 是一條滿足 ∠B'GH + ∠GHD < 2 個直角的直線。則 ∠B'GH + ∠GHD < ∠BGH + ∠GHD。且再經由代換，∠B'GH < ∠BGH。再者，由命題 B，直線 A'GB' 不平行直線 CD，所以，直線 A'GB 與直線 CD 相交於 GH 在 B' 的那一側（關於上述性質的完整現代證明，將需要與「介於」相關的定義與設準，但歐基里德並未意識到這些定義與設準的需要性）。

7.

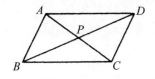

由命題 26 可知，△ ABD ≅ △ CDB，所以 $\overline{AB} ≅ \overline{CD}$，$\overline{AD} ≅ \overline{CB}$，∠A ≅ ∠C，且 ∠ABC ≅ ∠CDA（公理 II）。

9. 請使用習題 7 的圖形，△ APB ≅ △ CPD（ASA），所以 $\overline{AP} ≅ \overline{PC}$。

11. 在習題 7 的圖形之中，如果 $\overline{BP} ≅ \overline{PD}$ 且 $\overline{AP} ≅ \overline{PC}$，則△ APB ≅ △ CPD，所以 ∠ABP ≅ ∠CPD，且 $\overline{AB} ≅ \overline{CD}$。所以，由命題 33 可知，ABCD 是一個平行四邊形。

13.

提出任何的反例皆可。例如：令 I 與 II 是兩個非等腰但全等的直角三角形，並且可拼合成一個滿足 $\angle A \cong \angle C$ 的四邊形。

因為 $\angle ABD$ 不等於 $\angle CDB$，所以 $\overline{AB}$ 不平行於 $\overline{DC}$。

15.

延長 $\overline{AB}$ 與 $\overline{DC}$ 使之交於 E 點。$\angle A \cong \angle D$，所以 $\overline{AE} \cong \overline{DC}$，

$\angle EBC \cong \angle ECB$，$\overline{BE} \cong \overline{CE}$，由假設可知，

$\overline{AB} \cong \overline{DC}$。

17.

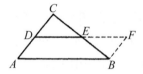

由 SAS，$\triangle DCE \cong \triangle FBE$。$\overline{AD} \cong \overline{DC} \cong \overline{BF}$，$\angle DCE \cong \angle FBE$，所以，$ADFB$ 是一個平行四邊形，而且 $\overline{DE} \parallel \overline{AB}$。

習題 6-10

1.

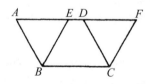

$\triangle ABE \cong \triangle DCF$，

$EBCD \cong EBCD$，

所以，平行四邊形 $ABCD$ 之面積等於平行四邊形 $EBCF$ 之面積。

3. 使用命題 37 以及直接論證。

5. 請利用命題 38。

7. 作一個有相同高且底邊長為 3 倍的三角形（或者有相同的底而高為 3 倍的三角形）。

9.

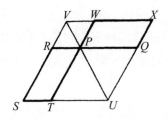

在 $\overline{PQ}$ 的延長線上作平行四邊形 $PRST$ 與平行四邊形 $ABCD$ 全等。接著延長 $\overline{ST}$ 與 $\overline{SR}$，然後作 $\overleftrightarrow{QU} \parallel \overline{PT}$ 且與 $\overleftrightarrow{ST}$ 交於 U 點，$\overleftrightarrow{UP}$ 與 $\overleftrightarrow{SR}$ 交於 V 點。我們可得平行四邊形 $PQXW$ 與平行四邊形 $PRST$ 之面積相等。

習題 6-11

1. 作線段 BK 與線段 AE，$ECML$ 的面積等於 2 倍 $\triangle ECA$ 的面積。$ACKH$ 的面積等於 2 倍 $\triangle BCK$ 的面積。$\triangle ECA \cong \triangle BCK$，所以 $ECML$ 的面積與 $ACKH$ 的面積相等。

3. 令 P 點與 Q 點分別為線段 AB 與線段 FC 以及線段 AD 與線段 FC 之交點，$\angle FPB \cong \angle APQ$，$\angle PFB \cong \angle PAQ$，所以 $\angle AQP \cong \angle FBP \cong$ 直角。

5. 令 I 點與 J 點分別為射線 HC 與線段 AB 和線段 MN 之交點。令 K 點與 L 點分別為射線 MA 與線段 BE 以及射線 NB 與線段 FG 之交點。

   $\overline{AK} \cong \overline{HC} \cong \overline{BL} \cong \overline{AM} \cong \overline{BN}$。平行四邊形 $ADEC$、平行四邊形 $AKHC$、平行四邊形 $MAIJ$、平行四邊形 $BFGC$、平行四邊形 $BLHC$、平行四邊形 $NBIJ$ 的面積皆相等。利用將相等面積加總的方式，可得證此一定理。

7. 取 $m\angle C = 90°$ 以及平行四邊形 $ACED$ 和 $CBFG$ 分別為 $\overline{AC}$ 與 $\overline{CB}$ 上的正方形。

習題 6-13

1. (a) 令 $AB = a + b$，在 $\overline{AB}$ 上作正方形 $ABCD$，並作對角線 $\overline{AC}$。取 EF 平行 AD，以及 GH 平行 AB，其中與 AD 和 AB 之距離

皆為 a。EF 與 GH 交 AC 於 P 點,形成 2 個正方形以及 2 個全等的矩形。

(b) 如果一線段被分成 2 個部分,則此線段所形成的正方形面積,等於這兩部分所形成的正方形面積和,再加上以這兩部分為長寬的長方形面積的兩倍。

3.

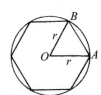

因為 $m\angle AOB = 60°$ 且 $\triangle AOB$ 為等腰三角形,所以此三角形為等邊三角形且 $AB = r$。而正四邊形與正六邊形的對邊平行,所以平行咬合的扳手最適用。

5. 如果正九邊形可以尺規作圖,則 $40°$ 與 $20°$ 角 ($= \frac{1}{2} \cdot 40$) 可以尺規作圖。但利用尺規作圖的方式,要作出 $\frac{1}{3} \cdot 60° = 20°$ 是不可能的。

習題 6-14

1. $496 = 1 + 2 + 4 + 8 + 16 + 31 + 62 + 124 + 248$。

3. (a) 15。(b) 26。(c) 12。(d) 12。

習題 7-2

1. (a) 2, 3, 5, 7, 11, 13, 17, 19, 23, 29, 31, 37, 41, 43, 47, 53, 59, 61, 67, 71, 73, 79, 83, 89, 97。

(c) 最大的質數小於 $\sqrt{n}$。

2.

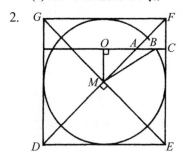

(a) 此圖表示由包含圓柱的軸直線 $\overleftrightarrow{MO}$ 的平面所截出，圓錐、球及圓柱的交叉部分。$\overline{OA}$、$\overline{OB}$ 以及 $\overline{OC}$ 是由圓錐、球和圓柱對平面 P 所切出的圓形區域的半徑。令這些半徑為 r_1、r_2 和 r_3。

$m\angle OMA = 45° \Rightarrow OM = OA = r_1$。

$MB = \dfrac{1}{2} GF = OC = r_3$。

$OB^2 = MB^2 - OM^2$，或 $r_2{}^2 = r_3{}^2 - r_1{}^2$。

$\therefore \pi r_2{}^2 = \pi r_3{}^2 - \pi r_1{}^2$。

(b) 令 P' 為與 P 平行且與 P 距離 $\dfrac{2r_3}{n}$（n 是一個很大的整數）的平面。那麼圓錐、球與圓柱介於 P' 與 P 之間的部分（包含它們的內部）可被視為體積是 $\pi r_1{}^2 \cdot \dfrac{2r_3}{n}$、$\pi r_2{}^2 \cdot \dfrac{2r_3}{n}$ 與 $\pi r_3{}^2 \cdot \dfrac{2r_3}{n}$ 的薄圓盤。如此一來我們會有

$\pi r_2{}^2 \cdot \dfrac{2r_3}{n} = \pi r_3{}^2 \cdot \dfrac{2r_3}{n} - \pi r_1{}^2 \cdot \dfrac{2r_3}{n}$。把圓錐、球和圓柱每個都想成是一疊這麼薄的圓盤，那麼球裡一疊圓盤的體積，與圓柱裡一疊圓盤的體積減掉圓錐裡一疊圓盤的體積會相等。

(c) 球的體積 $= \dfrac{4}{3} \pi r_3{}^3$、圓柱的體積 $= \pi r_3{}^2 \cdot 2r_3$、

圓錐的體積 $= 2 \cdot \dfrac{1}{3} \cdot \pi r_3{}^2 \cdot r_3$；$\dfrac{4}{3} \pi r_3{}^3 = 2\pi r_3{}^3 - \pi r_3{}^3$。

3. (a) 方程式：$\rho = \theta$。

(c) 放置此給定的角使其頂點對準 O 點，一邊沿著正 x 軸，另一邊落在第一或第二象限內。令 P 點為另一邊與螺旋曲線的交點，而 P' 為螺旋曲線上的點使得 $OP' = \dfrac{1}{3} OP$。那麼由 $\overline{OP'}$ 與正 x 軸所構成的角即為此給定角的 $\dfrac{1}{3}$。

習題 7-3

2. 畫出 △ ABC 兩邊的垂直平分線。

3. 由此三直線構成的三角形中，平分兩個角或一個角及一個外角。

5. 若三直線共點或三直線互相平行。沒有。

7. (a) 令 $\overline{CD}$ 為△ABC 的高（假設 D 介於 M 和 B 之間）。
   那麼我們會有

   $$CD^2 = m^2 - MD^2 \qquad (1)$$

   $$CD^2 = b^2 - (MD + \frac{c}{2})^2 \qquad (2)$$

   $$CD^2 = a^2 - (\frac{c}{2} - MD)^2 \qquad (3)$$

   消去 CD 和 MD，例如由方程式(2)和(3)的和減掉兩倍方程式(1)。

   (b) 利用 $m = \frac{c}{2}$ 的事實。

習題 7-4

2. 令 $\overline{CD}$ 為△ABC 的高（假設 D 介於 A 和 B 之間）；令 $CD = h$ 以及 $AD = x$。那麼 $h^2 = b^2 - x^2$ 以及 $h^2 = a^2 - (c - x)^2$，也因此 $b^2 - x^2 = a^2 - (c - x)^2$。求解 x，我們得到 $x = \dfrac{b^2 + c^2 - a^2}{2c}$。因此，

$$h^2 \left(= b^2 - x^2\right) = b^2 - \left(\frac{b^2 + c^2 - a^2}{2c}\right)^2$$

$$= \left(b + \frac{b^2 + c^2 - a^2}{2c}\right)\left(b - \frac{b^2 + c^2 - a^2}{2c}\right)$$

$$= \frac{(b+c)^2 - a^2}{2c} \cdot \frac{a^2 - (b-c)^2}{2c}$$

$$= \frac{2s \cdot (2s - 2a)(2s - 2c)(2s - 2b)}{4c^2}$$

$$= \frac{4}{c^2} \cdot s(s-a)(s-b)(s-c)。$$

$$\therefore 面積△ABC = \frac{1}{2} c \cdot h = \frac{1}{2} c \sqrt{\frac{4}{c^2} \cdot s(s-a)(s-b)(s-c)}$$

$$= \sqrt{s(s-a)(s-b)(s-c)}。$$

3. 8, 12。

4.　3, 7。

6.　(a) $60x^2 + 2520$。(b) $x^4 - 12x^2 + 36$。

　　(c) $3x^5 - 4x^4 + 13x^2 + 45x - 228$。

7.　(a) $\varsigma\overline{\lambda\beta}\overset{o}{M}\overline{\theta}$。(b) $\Delta^Y\overline{\mu\alpha}\text{A}\overset{o}{M}\overline{\gamma}$。(c) $K^Y\overline{\beta}\overset{o}{M}\overline{\mu\eta}\text{A}\Delta^Y\overline{\gamma}$。

習題 7-5

2.　(a) $2\pi^2 r^2 R$。(b) $\dfrac{3\pi^2}{8}$。(c) $4\pi^2 rR$。(d) $\dfrac{3\pi^2}{2}$。

5.　(a) $DE \cdot DO = DC^2$，$DE \cdot \dfrac{AC + BC}{2} = AC \cdot BC$，$DE = \dfrac{2AC \cdot BC}{AC + BC}$。

6.　證明 $(AE + EC) \cdot BD = AB \cdot CD + AD \cdot BC$。

7.　長度為 k 的弦所對應的中心角度為 2α。將這個角等分成兩半。

習題 8-1

1.　(a) MMDCCLXVII。(c) MCDXXIII。

2.　(a) MCXI。

習題 8-4

1.　(a) 　(c)

2.　(a) 36146。(c) 8760。

3.　(a) 7239。(c) 否。

4.　(a) 是。

習題 8-6

1. (a) 5。(c) 21。(e) 380。
2. (a) 24_5。(c) 31_5。(e) 100_5。
3. (a) 34003_5。(c) 222333_5。
4. (a) 5_6。(c) 40_6。(e) 104_6。(g) 1304_6。
5. (a) 6611。(c) 37。
6. $1 \times 52_{12}$。
7. (a) 101_2。(c) 10110_2。(e) 1010001_2。
8. 105_8。
9. (a) 9。

習題 8-7

1. (a) 1055_6。(c) 5120_6。
2. (a) 1405_8。(c) 6240_8。
3. (a) 202_5。(c) 401_5。
4. (a) 106_7。(c) 41643_7。

習題 8-8

3. (a) 2132221_4。(c) 20100330_4。
4. (a) 14616_7。(c) 14044656_7。
5. (a) 11000110_2。(c) 100111101010_2。
6. (a) 123_4。(c) 123_4。
7. (a) 542_7。(c) 345_7。

習題 8-9

1. (a) 261.25。(c) $261.008\overline{3}$。(e) 0.1。(g) 261.25°。
2. (a) 8; 45。(c) 4, 1; 10。

3. (a) 0; 7, 30。(b) 133°53'55"。(c) 25; 19, 34, 52, 30。

(d) 20°10'31"8'"12""。

4. (a) 0; 30。(c) 0; 12。(e) 0; 6。(g) 0; 32。(i) 0; 26。

5. (a) 0; 7, 30。(c) 0; 3, 20。(e) 0; 2, 24。(g) 0; 1, 52, 30。

6. (a) 0; $\overline{5, 27, 16, 21, 49}$。(c) 0; 4, $\overline{17, 8, 34}$。

8. (a) $\dfrac{1}{2}$, $\dfrac{1}{4}$, $\dfrac{1}{5}$, $\dfrac{1}{8}$。(c) $\dfrac{1}{2}$, $\dfrac{1}{3}$, $\dfrac{1}{4}$, $\dfrac{1}{6}$, $\dfrac{1}{8}$, $\dfrac{1}{9}$。

11. (c)

　　F.　I.

　　91　10　1

13. 6°16'54"11'"15""。

習題 8-10

2. (a) $0.1\overline{6}$。(c) $0.\overline{285714}$。(e) $0.5\overline{4}$。(g) $0.\overline{076923}$。(i) 1.4。

4. (a) $\dfrac{14}{99}$。(c) $\dfrac{1}{2}$。

習題 8-11

2. (a) 2。(c) 4。(e) 0。

3. (a) 1。(c) 0。(e) 2。

4. (a) 3。(c) 0。(e) 3。

5. 2 沒有乘法反元素。

習題 8-12

1. (c) 4×10^{12}。(d) 4×10^{18}。

2. (b) 8.225×10^{18}。

3. (a) 0.000,000,018. 英國制的十八億分之一。

博雅科普 021

數學起源：進入古代數學家的另類思考

作　　者	盧卡斯·奔特、菲利普·瓊斯、傑克·貝迪恩特
譯　　者	黃美倫、林美杏、邱珮瑜、王瑜君、黃俊瑋、劉雅茵
發 行 人	楊榮川
總 經 理	楊士清
總 編 輯	楊秀麗
主　　編	王正華
責任編輯	金明芬
封面設計	良憶工作室
出 版 者	五南圖書出版股份有限公司
地　　址	106 台北市大安區和平東路二段 339 號 4 樓
電　　話	(02)2705-5066
傳　　真	(02)2706-6100
劃撥帳號	01068953
戶　　名	五南圖書出版股份有限公司
網　　址	http://www.wunan.com.tw
電子郵件	wunan@wunan.com.tw
法律顧問	林勝安律師事務所 林勝安律師
出版日期	2019 年 3 月初版一刷
	2020 年 6 月初版二刷
定　　價	新臺幣 420 元

國家圖書館出版品預行編目資料

數學起源：進入古代數學家的另類思考 / 盧
卡斯·奔特，菲利普·瓊斯，傑克·貝迪恩特
著；黃美倫等譯. -- 初版 . -- 臺北市：五南，
2019.03
　　面； 　公分
譯自：The historical roots of elementary
　　　mathematics
ISBN 978-957-763-236-4（平裝）
1. 數學　2. 歷史
310.9　　　　　　　　　　　　107023203